高等职业教育机电类专业新形态教材

公差配合与技术测量
第 2 版

主　编　朱　超　姜　涛
副主编　胡照海　段　玲
参　编　邱　红　吴廷婷　李海鹏　朱留宪
　　　　侯训波　宋育红　潘　丽　童疏影
　　　　孙　博　武小越

机械工业出版社

本书针对机械结构和加工工艺设计、零件加工、产品检测、设备维修等岗位群对高等职业教育机械设计制造类相关专业学生掌握几何量公差识读、选用及几何量检测的知识与技能的要求,根据任务驱动、成果导向的教学改革实践,按照"任务→必备知识→必备技能→任务实施→知识与技能拓展→立体化资源"这一线索编排内容。本书内容紧跟技术进步,引入"三新"知识,采用现行国家标准,突出信息化教学改革的优势,在重要知识点和关键技能点配有微课视频、检测视频和动画等数字化资源,是一本精心打造的新形态一体化教材。

本书主要内容包括线性尺寸公差、几何公差、表面粗糙度、圆锥公差、键和花键的公差、滚动轴承的公差与配合、螺纹公差、圆柱齿轮公差等知识,以及相关误差(偏差)的检测方法与计量器具的知识。

本书可作为高职院校机械设计与制造、数字化设计与制造技术、数控技术、机械制造及自动化、智能制造装备技术等装备制造大类各专业的教学用书,也可供机械行业工程技术人员及检测、计量人员参考。

本书配有电子课件,凡使用本书作教材的教师可登录机械工业出版社教育服务网(http://www.cmpedu.com),注册后免费下载。咨询电话:010-88379375。

图书在版编目(CIP)数据

公差配合与技术测量/朱超,姜涛主编. —2版. —北京:机械工业出版社,2022.6(2025.7重印)
高等职业教育机电类专业新形态教材
ISBN 978-7-111-70690-8

Ⅰ.①公… Ⅱ.①朱… ②姜… Ⅲ.①公差-配合-高等职业教育-教材 ②技术测量-高等职业教育-教材 Ⅳ.①TG801

中国版本图书馆CIP数据核字(2022)第076305号

机械工业出版社(北京市百万庄大街22号 邮政编码100037)
策划编辑:王英杰　　责任编辑:王英杰　杨　璇
责任校对:郑　婕　李　婷　封面设计:张　静
责任印制:李　昂
涿州市京南印刷厂印刷
2025年7月第2版第7次印刷
184mm×260mm・14.75印张・363千字
标准书号:ISBN 978-7-111-70690-8
定价:49.00元

电话服务　　　　　　　　　　网络服务
客服电话:010-88361066　　　机 工 官 网:www.cmpbook.com
　　　　　010-88379833　　　机 工 官 博:weibo.com/cmp1952
　　　　　010-68326294　　　金 书 网:www.golden-book.com
封底无防伪标均为盗版　　　　机工教育服务网:www.cmpedu.com

前言

随着新一代信息化技术和职业教育的迅速发展，任务驱动、成果导向，基于工作过程系统化、项目化的课程开发与教学理念得到普遍认同。为了更好地贯彻党的教育方针，落实立德树人根本任务，强化素质和能力培养，及时反映课程建设与教学改革的成果，对《公差配合与技术测量》进行了全新改版。第2版相对于第1版的内容进行了较大调整，编排的章节做了增删和调整；涉及的国家标准进行了全面更新。为重要知识点和技能点配套制作了微课视频、检测视频和动画。校企合作开发了工作任务，并配有任务实施的内容，方便读者自学，也可为教师开展项目化教学提供参考。本书具有以下特点：

1. 校企合作开发，实现双元育人

校企合作组建编写团队，由教学经验丰富的教授和工厂计量检测部门的高级工程师共同担任主编，组织校内专任教师和企业技术人员深入企业调研，内容选取上紧紧围绕机械设计制造类专业涉及的典型岗位能力标准中对公差配合知识、精度设计知识和车间现场几何量误差检测的能力要求，引入了较多的真实生产项目和典型工作任务，做到理论和实践相统一。紧跟产业和行业发展趋势，引入新技术、新工艺、新规范，书中所涉及（参考）的标准和核心专用名词全部来自国家和行业现行的标准和规范，用检测视频介绍了最新的检测技术和设备，拓宽了读者的视野。

2. 内容组织符合学生认知规律，便于实施理实一体化教学

按照"任务→必备知识→必备技能→任务实施→知识与技能拓展→立体化资源"的线索组织本书内容，符合学生认知规律。通过设置"工作任务"激发学生思考；通过完成"工作任务"取得"工作成果"，促进学生学习；通过与"任务实施"对比，引导学生发现学习中的欠缺，及时弥补和巩固提升。参考书中的"任务"，教师可以方便地进行理实一体化教学。

3. 兼具"教学材料"和"学习资料"的功能

考虑到本课程内容之间的逻辑关系比较紧密，抽象概念比较多，为便于教师教学和学生知识的有序化，书中保留了"章"和"节"等结构。为了方便学生学习，突出以学生为中心的理念，通过大量的"任务"以及"任务实施"和拓展内容，突出任务驱动、成果导向，强化"学习资料"的功能。

4. 新形态一体化教材，便于个性化学习

发挥"互联网+职业教育"和"互联网+教材"的优势，配备二维码学习资源，读者通过扫码即可获得微课、动画、检测视频、拓展资源等数字化资源，便于学生个性化学习和泛在学习。

5. 配套在线精品课程，便于教学模式创新

本书主要内容与编写团队部分成员建设的在线精品课程"零件几何量检测"（中国大学慕课网，网址为：https://www.icourse163.org/course/SCGCZY-1207067801）配套，便于教师借此进行线上教学或线上线下混合式教学等模式创新。

6. 融入素质教育元素、强化综合素质培养

在有关章节增加了"中国古代标准化探秘""世界上最早的'卡尺'""探寻中国古代的误差学说""荀子对粗大误差的认识"等知识点，既增加了课程的知识性，又融入素质提升素材；既可以让读者感受我国古代在测量领域的先进思想和技术，又方便教师开展学生综合素质培养方面的教学拓展。

本书由四川工程职业技术学院朱超、中国第二重型机械集团有限公司（简称二重）装备检测中心姜涛任主编，由四川工程职业技术学院胡照海、二重装备检测中心段玲任副主编，参编人员还有四川工程职业技术学院邱红、吴廷婷、李海鹏、朱留宪，大连创新零部件制造公司侯训波，西安航空职业技术学院宋育红，大连职业技术学院潘丽，四川工程职业技术学院童疏影、孙博、武小越。

本书共分9章，第1章由邱红、朱超编写；第2章由邱红、吴廷婷编写；第3章由朱超、姜涛、童疏影编写；第4章由李海鹏、宋育红编写；第5章由朱留宪、潘丽编写；第6章由胡照海、武小越编写；第7章由胡照海、孙博编写；第8章由李海鹏、侯训波、童疏影编写；第9章由朱留宪、段玲、吴廷婷编写。全书由朱超负责统稿。

由于编者水平有限，书中不足之处在所难免，敬请广大读者批评指正。编者联系邮箱：scgcyzc@scetc.edu.cn。

编　者

目 录

前言
第1章 互换性与标准化 ... 1
1.1 互换性概述 ... 1
1.1.1 互换性的含义 ... 1
1.1.2 互换性的分类 ... 1
1.1.3 互换性的技术经济意义 ... 2
1.2 标准化与标准 ... 2
1.2.1 标准化与标准的含义 ... 2
1.2.2 标准的分类和分级 ... 3
1.2.3 优先数和优先数系 ... 4
习题与实践 ... 6

第2章 线性尺寸公差及孔、轴尺寸的检测 ... 7
2.1 线性尺寸公差的术语和定义 ... 7
任务2-1 识读尺寸标注，计算极限尺寸，绘制公差带图 ... 7
2.1.1 基本术语 ... 7
2.1.2 孔和轴 ... 8
2.1.3 最大（最小）实体状态和最大（最小）实体尺寸 ... 8
2.1.4 偏差与公差 ... 9
2.1.5 公差带与公差带图 ... 10
2.2 标准公差系列和基本偏差系列 ... 10
2.2.1 标准公差系列 ... 10
2.2.2 基本偏差系列 ... 12
任务2-1 实施 ... 18
2.3 配合 ... 18
任务2-2 计算极限间隙（或过盈）和配合公差，并绘制配合公差带图 ... 18
2.3.1 有关配合的术语 ... 19
2.3.2 配合的种类 ... 19
2.3.3 配合公差 ... 20
任务2-2 实施 ... 21
2.4 线性尺寸的一般公差 ... 22
2.5 基准制 ... 22
任务2-3 确定钻模基准制、公差等级和配合种类 ... 22
任务2-4 根据配合的极限间隙确定公差带代号 ... 23
2.5.1 基孔制配合 ... 23
2.5.2 基轴制配合 ... 24
2.6 国家标准规定的公差带与配合 ... 24
2.6.1 优先和常用公差带代号 ... 24
2.6.2 优先和常用配合 ... 25
2.7 公差与配合的选用 ... 26
2.7.1 基准制的选用 ... 26
2.7.2 公差等级的选用 ... 27
2.7.3 配合的选择 ... 29
任务2-3 实施 ... 32
任务2-4 实施 ... 33
2.8 计量器具与测量方法简介 ... 34
2.8.1 计量器具的分类 ... 34
2.8.2 计量器具的主要技术指标 ... 34
2.8.3 零件和计量器具的清洁、防锈及维护保养 ... 35
2.8.4 计量器具的检定 ... 36
2.8.5 测量方法的分类 ... 36
2.9 车间通用计量器具 ... 38
任务2-5 用游标卡尺检测盖板的长度、宽度、厚度、槽宽、台阶高度、孔心距 ... 38
2.9.1 游标卡尺 ... 38
任务2-5 实施 ... 42
2.9.2 外径千分尺 ... 43
任务2-6 用外径千分尺检测传动轴的直径 ... 43

2.9.3 内径百分表 …………………… 47
任务 2-7 用内径百分表检测轴套内径 …… 47
2.9.4 机械比较仪 …………………… 51
任务 2-8 用机械比较仪或立式光学计
　　　　 检测心轴的直径 ………… 51
2.9.5 立式光学计 …………………… 53
2.10 测量误差及数据处理 ……………… 54
2.10.1 测量误差的基本知识 ………… 54
2.10.2 各类测量结果的数据处理 …… 57
2.11 车间条件下孔、轴尺寸的检测 …… 61
2.11.1 用通用计量器具测孔、轴尺寸 … 61
任务 2-6 实施 ……………………… 67
任务 2-7 实施 ……………………… 68
任务 2-8 实施 ……………………… 69
2.11.2 光滑极限量规检验孔和轴 …… 70
习题与实践 ……………………………… 73

第3章　几何公差及几何误差的检测 …… 75

3.1 几何公差概述 ……………………… 75
任务 3-1 几何公差的识读 …………… 75
3.1.1 几何要素的术语和定义 ……… 75
3.1.2 几何公差的特征项目及符号 … 77
3.1.3 几何公差带的特征 …………… 77
3.1.4 几何公差规范标注 …………… 79
3.2 几何公差定义 ……………………… 83
3.2.1 形状公差 ……………………… 83
3.2.2 方向公差 ……………………… 86
3.2.3 位置公差 ……………………… 94
3.2.4 跳动公差 ……………………… 97
3.2.5 轮廓度公差 …………………… 101
任务 3-1 实施 ……………………… 103
3.3 几何误差及其评定 ………………… 104
3.3.1 形状误差及其评定 …………… 104
3.3.2 方向误差及其评定 …………… 106
3.3.3 位置误差及其评定 …………… 106
3.3.4 跳动误差及其评定 …………… 107
3.4 基准的建立和体现 ………………… 107
3.5 几何公差与尺寸公差的关系 ……… 108
3.5.1 独立原则 ……………………… 108
3.5.2 包容要求 ……………………… 109
3.5.3 最大实体要求（MMR）……… 110
3.5.4 最小实体要求（LMR）……… 112
3.5.5 可逆要求（RPR）…………… 114
3.6 几何公差的选用 …………………… 116

任务 3-2 减速器输出轴几何公差选用 … 116
3.6.1 几何公差特征项目的选用 …… 116
3.6.2 基准要素的选择 ……………… 116
3.6.3 几何公差值的确定 …………… 117
3.6.4 独立原则与相关要求的选择 … 126
3.6.5 几何公差的未注公差值 ……… 127
任务 3-2 实施 ……………………… 128
3.7 直线度误差的检测 ………………… 129
任务 3-3 用框式水平仪检测导轨的
　　　　 直线度误差 ………………… 129
3.7.1 节距法测直线度误差 ………… 129
任务 3-3 实施 ……………………… 132
3.7.2 间隙法测直线度误差 ………… 133
3.7.3 指示表法测直线度误差 ……… 135
3.8 平面度误差的检测 ………………… 135
任务 3-4 检测小平板的平面度误差 … 135
3.8.1 指示表法测平面度误差 ……… 136
任务 3-4 实施 ……………………… 137
3.8.2 节距法测平面度误差 ………… 138
3.8.3 干涉法测平面度误差 ………… 139
3.9 圆度误差的检测 …………………… 140
任务 3-5 用两点法和三点法检测销轴的
　　　　 圆度误差 …………………… 140
3.9.1 用两点法和三点法测圆度
　　　 误差 ………………………… 140
任务 3-5 实施 ……………………… 142
3.9.2 圆度仪法测圆度误差 ………… 143
3.10 方向误差的检测 …………………… 144
3.10.1 平行度误差的检测 …………… 144
3.10.2 垂直度误差的检测 …………… 145
3.10.3 倾斜度误差的检测 …………… 146
3.11 位置误差的检测 …………………… 147
3.11.1 同轴度误差的检测 …………… 147
3.11.2 对称度误差的检测 …………… 147
3.12 跳动误差的检测 …………………… 147
任务 3-6 在偏摆检查仪上测台阶轴的
　　　　 径向圆跳动误差和轴向圆
　　　　 跳动误差 …………………… 147
3.12.1 圆跳动误差的检测 …………… 148
3.12.2 全跳动误差的检测 …………… 150
任务 3-6 实施 ……………………… 151
3.13 三坐标测量技术（知识拓展）…… 153
习题与实践 ……………………………… 153

第4章　表面粗糙度及其检测 …… 157
4.1　概述 …… 157
任务4-1　表面粗糙度代号的识读 …… 157
4.1.1　表面结构 …… 157
4.1.2　表面粗糙度对零件使用性能和寿命的影响 …… 158
4.2　表面粗糙度的评定 …… 159
4.2.1　中线 …… 159
4.2.2　取样长度和评定长度 …… 159
4.2.3　表面粗糙度常用评定参数 …… 160
4.3　表面粗糙度的图形符号及其标注 …… 161
4.3.1　表面粗糙度的图形符号 …… 161
4.3.2　表面粗糙度参数及其他补充要求在图形符号中的注写位置 …… 162
4.3.3　表面粗糙度代号的标注 …… 162
4.3.4　加工方法或相关信息的注法 …… 163
4.3.5　表面纹理的注法 …… 163
4.3.6　表面粗糙度代号在图样上的标注 …… 164
4.3.7　图样中的简化注法 …… 165
任务4-1　实施 …… 166
4.4　表面粗糙度的选用 …… 167
任务4-2　表面粗糙度评定参数及其数值选择 …… 167
任务4-2　实施 …… 171
4.5　表面粗糙度的检测 …… 172
任务4-3　用手持式粗糙度仪测量零件的表面粗糙度 …… 172
4.5.1　比较法测量表面粗糙度 …… 173
4.5.2　用触针式仪器测量表面粗糙度 …… 173
任务4-3　实施 …… 176
习题与实践 …… 177

第5章　圆锥公差及角度与锥度的检测 …… 179
5.1　圆锥的基础知识与圆锥公差 …… 179
5.1.1　圆锥配合的特点与基本参数 …… 179
5.1.2　圆锥配合的分类及其形成方法 …… 180
5.1.3　锥度与锥角系列 …… 181
5.1.4　圆锥公差及其给定方法 …… 183
5.2　角度和锥度检测 …… 187
任务5-1　用游标万能角度尺检测圆锥角 …… 187
5.2.1　游标万能角度尺 …… 187
任务5-1　实施 …… 188
任务5-2　用正弦规检测锥度偏差 …… 189
5.2.2　正弦规 …… 189
任务5-2　实施 …… 190
5.2.3　比较法测锥度或圆锥角 …… 191
习题与实践 …… 192

第6章　键和花键联接的公差与检测（网络资源） …… 193

第7章　滚动轴承的公差与配合（网络资源） …… 194

第8章　普通螺纹的公差及其检测 …… 195
8.1　螺纹的分类及普通螺纹的主要参数 …… 195
8.1.1　螺纹的种类及使用要求 …… 195
8.1.2　普通螺纹的基本牙型和主要几何参数 …… 195
8.2　螺纹几何参数对互换性的影响 …… 198
任务8-1　计算作用中径 …… 198
8.2.1　螺距偏差对互换性的影响 …… 199
8.2.2　牙侧角偏差对互换性的影响 …… 199
8.2.3　中径偏差对互换性的影响 …… 200
8.2.4　作用中径及螺纹中径合格性的判断原则 …… 200
8.2.5　螺纹大、小径对互换性的影响 …… 201
任务8-1　实施 …… 201
8.3　普通螺纹的公差与配合 …… 202
任务8-2　螺纹标注的识读 …… 202
8.3.1　普通螺纹的公差带 …… 202
8.3.2　普通螺纹公差带与配合的选用 …… 208
8.3.3　普通螺纹的标记 …… 208
任务8-2　实施 …… 209
8.4　用螺纹千分尺检测外螺纹单一中径 …… 210
任务8-3　用螺纹千分尺检测单一中径并判断合格性 …… 210
8.4.1　螺纹千分尺的结构和测量原理 …… 210
8.4.2　螺纹千分尺的使用注意事项 …… 211
任务8-3　实施 …… 211
8.5　用三针法检测螺纹单一中径 …… 212
8.5.1　三针法的测量原理 …… 212
8.5.2　量针及其选用 …… 213
8.6　用工具显微镜检测螺纹的主要参数 …… 216

任务 8-4　用工具显微镜检测螺纹件的
　　　　　单一中径、螺距和牙侧角 …… 216
8.6.1　工具显微镜简介 ………………… 216
8.6.2　工具显微镜测螺纹的方法 ……… 217
8.6.3　工具显微镜的维护保养 ………… 220
任务 8-4　实施 ………………………… 220
8.7　螺纹的综合检验 …………………… 221
8.7.1　用螺纹工作量规检验外螺纹 …… 221
8.7.2　用螺纹工作量规检验内螺纹 …… 222
8.7.3　使用螺纹量规的注意事项 ……… 223
习题与实践 ………………………………… 224

第 9 章　渐开线圆柱齿轮公差及其检测
　　　　　（网络资源） ………………… 226

参考文献 …………………………………… 227

第1章

互换性与标准化

1.1 互换性概述

1.1.1 互换性的含义

在日常生活中，人们经常会遇到使用可以相互替换的零部件的情况，如自行车上某个零件坏了，我们只要到维修店更换一个同样规格的零件即可。这里就体现了一个在产品设计、制造、维修中广泛使用的原则——互换性。

零部件的互换性是指在同一规格的一批零部件中，可以不经选择、调整或修配，任取一件就能装配在机器上，并能达到规定的使用性能要求。

互换性是广泛用于产品设计、制造、维修中的重要原则。我们把能够保证产品具有互换性的生产，称为遵守互换性原则的生产。

微课：什么是互换性

1.1.2 互换性的分类

互换性按其互换程度可分为完全互换性与不完全互换性。

1. 完全互换性

完全互换是指一批零部件在装配前不需要进行选择，装配时也不需要修配和调整，装配后即可满足预定的使用要求，这种互换性称为完全互换性。

微课：完全互换性与不完全互换性

2. 不完全互换性

当装配精度要求很高时，若采用完全互换将使零件的尺寸公差很小，加工困难，成本高，甚至无法加工。这时可以采用不完全互换法进行生产，将其制造公差适当放大，以便于加工。在完工后，再对零件进行测量并按实际尺寸大小分组，按组进行装配。这种仅是组内零件可以互换，组与组之间不可互换的方法，称为分组互换法。分组互换法既可保证装配精度与使用要求，又可降低生产成本。

在机器装配时，允许用补充机械加工或钳工修刮的方法来获得所需的精度，称为修配法。例如，卧式车床尾座部件中的垫板，其厚度需在装配时再进行修磨，以满足主轴轴线与尾座顶尖等高的要求。

在装配时，用调整的方法，改变某零件在机器中的尺寸和位置，以满足其功能要求，称为调整法。例如，机床导轨中的镶条，装配时可沿导轨移动方向调整其位置，以满足间隙要求。

分组互换法、修配法和调整法都属于不完全互换法。不完全互换只限于部件或机构在制造厂内装配时使用。对厂际协作，往往要求完全互换。具体究竟采用哪种方式为宜，要由产品精度、产品复杂程度、生产规模、设备条件及技术水平等一系列因素决定。

一般大量生产和成批生产，如汽车厂、拖拉机厂大都采用完全互换法生产；精度要求高的行业，如轴承行业，常采用分组装配，即不完全互换法生产；而小批和单件生产，如矿山、冶金等重型机器行业，则常采用修配法或调整法生产。

1.1.3 互换性的技术经济意义

互换性原则被广泛采用，它不仅能对生产过程产生影响，而且对产品的设计、使用、维修等各个方面都能带来很大的方便，有利于制造业的高质量发展。

微课：互换性的作用　　微课：互换性的实现

就设计而言，由于采用具有可互换的标准件、通用件，可使设计工作简化，缩短设计周期，并便于进行计算机辅助设计。

就制造而言，因零件具有互换性，故可以采用分散加工、集中装配。这样有利于组织专业化协作生产，有利于使用现代化的工艺装备，有利于组织智能化生产方式。装配时，不需辅助加工和修配，既可减轻工人的劳动强度，又可缩短装配周期，从而既保证了产品质量，又可以提高劳动生产率和降低成本。

就使用、维修而言，当机器的零件突然损坏或按计划需要定期更换时，可在最短时间内以备用件加以替换，从而提高了机器的利用率并延长了机器的使用寿命。

综上所述，互换性对保证产品质量，缩短设计周期，提高制造和维修的效率，加快建设制造强国具有重要的技术经济意义。互换性不仅在大批量生产中被广泛采用，而且随着现代生产逐步向多品种、小批量的综合生产系统方向转变，互换性也为小批生产，甚至单件生产所采用。但是应当指出，互换性原则不是在任何情况下都适用的，有时零件只能采用单配才能制成或才能符合经济原则，如发动机的气阀与阀座是成对研磨而制成的。然而，即使在这种情况下，不可避免地还是要采用具有互换性的刀具、量具等工艺装备。因此，互换性仍是必须遵循的基本技术经济原则。

1.2　标准化与标准

微课：标准化与标准

1.2.1　标准化与标准的含义

在实行互换性生产的过程中，要求各分散的工厂、车间等局部生产部门和生产环节之间必须在技术上保持一定的统一性，而标准和标准化正是实现这一要求的一项重要技术保证，是实现互换性生产的基础。

1. 标准化的含义

GB/T 20000.1—2014《标准化工作指南　第 1 部分：标准化和相关活动的通用术语》

中对标准化的定义为："为了在既定范围内获得最佳秩序，促进共同效益，对现实问题或潜在问题确定共同使用和重复使用的条款以及编制、发布和应用文件的活动。"所谓标准化，就是指标准的制定、发布和贯彻实施的全部活动过程，包括从调查标准化的对象开始，经过试验、分析和综合归纳，从而制定和贯彻标准，以后还要有修订标准等活动。标准化是一个动态的、不断循环、不断提高的过程。

2. 标准的含义

标准化的主要体现形式是标准。GB/T 20000.1—2014 对标准的定义为："通过标准化活动，按照规定的程序经协商一致制定，为各种活动或其结果提供规则、指南或特性，供共同使用和重复使用的文件。"所谓标准，就是指为了取得国民经济的最佳效果，对需要协调统一的、具有重复特征的物品（如产品、零部件等）和概念（如术语、规则、方法、代号、量值等），在总结科学试验和生产实践的基础上，由有关方面协调制定，经一个公认机构批准后，在一定范围内作为活动的共同准则和依据。

我国古代标准化探秘

我国古代对标准和标准化的研究和应用走在世界的前列。3000 多年前的青铜器以及用铜合金铸成的钱币就是那时标准化的典型产物。秦始皇统一六国后，规定"车同轨，书同文"，是对当时中国标准化方面的重要记载，也是当时标准化的重要写照。当时还实现了度、量、衡的统一，颁布的《工律》就规定"为器同物者，其大小、短长、广夹（狭）必等"，这样的律条实质上就是对标准的规定，说明我国古代从秦开始，就开始研究和使用标准化，并用法律手段保护和推进标准化。类似的标准化范例还有：用《工律》规定手工业产品的标准，用《金布律》规定布匹的尺寸标准，用《田律》规定农业和种子的耕作使用规范等，范围之广，内容之多，堪称古代世界史中推行标准化方面的典范。

1.2.2 标准的分类和分级

1. 标准的分类

标准的范围广泛，种类繁多，涉及人类生活的方方面面。

按性质不同，标准可分为技术标准、生产组织标准和经济管理标准三类；按适用程度不同，标准可分为基础标准和一般标准两类。本课程研究的公差与配合、表面粗糙度、术语、计量单位、优先数系等标准属于基础标准。

涉及人身安全、健康、卫生及环境保护等的标准属于强制性标准，其代号为"GB"。强制性标准颁布后，必须严格执行。其余标准属于推荐性标准，其代号为"GB/T"。

2. 标准的分级

按制定的范围不同，标准可分为国际标准、国家标准、地方标准、行业标准和企业标准五个级别。在国际范围内制定的标准称为国际标准，用"ISO"和"IEC"等表示；在我国范围内统一制定的标准称为国家标准，用"GB"表示；对于没有国家标准而又需要在某个行业范围内统一的技术要求，可制定行业标准，如机械标准（JB）等；对于既没有国家标准又没有行业标准而又需要在某个范围内统一的技术要求，可制定地方标准或企业标准，分别用"DB"和"QB"表示。

世界各国的经济发展过程表明，标准化是实现现代化的一个重要手段，是联系科研、设计、生产和使用的纽带，是建设质量强国、发展贸易、提高产品在国际市场上竞争力的技术保证。

1.2.3 优先数和优先数系

微课：优先数和优先数系

在产品设计或生产过程中，各种参数的简化、协调和统一，是标准化的一项重要工作内容。

在进行机械产品设计时，需要确定许多技术参数。当选定一个数值作为某产品的参数指标后，这个数值就会按照一定的规律向产业链相关的制品、材料等的有关参数指标传播扩散。

例如，螺栓的尺寸确定后，就将影响螺母、丝锥、板牙等的尺寸，进一步传递给加工螺栓孔的钻头的尺寸，这种技术参数的传播，在实际生产中非常普遍，并且跨越行业和部门的界限。如果没有一个统一的标准，必然会导致各种参数的规格繁多杂乱，以至给组织生产、协作配套及使用、维修等带来很大的困难。因此，各种技术参数的制定，必须从全局出发、协调一致。

优先数系是国际上统一的数值分级制度，是一种无量纲的分级数系，适用于各种量值的分级，是对各种技术参数的数值进行协调、简化和统一的一种科学的数值标准。GB/T 321—2005《优先数和优先数系》就是其中的一个重要标准，在确定机械产品的技术参数时，应尽可能地选用该标准中的数值。

GB/T 321—2005《优先数和优先数系》中规定了 5 个不同公比的十进制近似等比数列，作为优先数系。各数列分别用 R5、R10、R20、R40 和 R80 表示，依次称为 R5 系列、R10 系列、R20 系列、R40 系列和 R80 系列，前 4 个系列是基本系列、常用系列，R80 系列为补充系列，仅在参数分级很细或者基本系列中的优先数不能适应实际情况时才可考虑采用。它们的公比分别是：

R5 系列　　公比为 $q_5 = \sqrt[5]{10} \approx 1.6$

R10 系列　　公比为 $q_{10} = \sqrt[10]{10} \approx 1.25$

R20 系列　　公比为 $q_{20} = \sqrt[20]{10} \approx 1.12$

R40 系列　　公比为 $q_{40} = \sqrt[40]{10} \approx 1.06$

R80 系列　　公比为 $q_{80} = \sqrt[80]{10} \approx 1.03$

可见，优先数系的 5 个数列的公比都是无理数，不便于实际应用，因此在实际工程应用中均采用理论公比经圆整后的近似值。根据圆整的精确程度，可分为计算值和常用值，计算值是对理论值取五位有效数字的近似值，在进行参数系列的精确计算时可以代替理论值；常用值即经常使用的通常所称的优先数，取三位有效数字。优先数的基本系列见表 1-1。

表 1-1　优先数的基本系列

基本系列（常用值）					序号	理论值		基本系列和计算值间的相对误差（%）
R5	R10	R20	R40			对数尾数	计算值	
1.00	1.00	1.00	1.00		0	000	1.0000	0
			1.06		1	025	1.0593	+0.07

（续）

基本系列（常用值）				序号	理论值		基本系列和计算值间的相对误差（%）
R5	R10	R20	R40		对数尾数	计算值	
			1.12	2	050	1.1220	-0.18
			1.18	3	075	1.1885	-0.71
		1.25	1.25	4	100	1.2589	-0.71
			1.32	5	125	1.3335	-1.01
		1.40	1.40	6	150	1.4125	-0.88
			1.50	7	175	1.4962	+0.25
1.60	1.60	1.60	1.60	8	200	1.5849	+0.95
			1.70	9	225	1.6788	+1.26
		1.80	1.80	10	250	1.7783	+1.22
			1.90	11	275	1.8836	+0.87
	2.00	2.00	2.00	12	300	1.9953	+0.24
			2.12	13	325	2.1135	+0.31
		2.24	2.24	14	350	2.2387	+0.06
			2.36	15	375	2.3714	-0.48
2.50	2.50	2.50	2.50	16	400	2.5119	-0.47
			2.65	17	425	2.6607	-0.40
		2.80	2.80	18	450	2.8184	-0.65
			3.00	19	475	2.9854	+0.49
	3.15	3.15	3.15	20	500	3.1623	-0.39
			3.35	21	525	3.3497	+0.01
		3.55	3.55	22	550	3.5481	+0.05
			3.75	23	575	3.7584	-0.22
4.00	4.00	4.00	4.00	24	600	3.9811	+0.47
			4.25	25	625	4.2170	+0.78
		4.50	4.50	26	650	4.4668	+0.74
			4.75	27	675	4.7315	+0.39
	5.00	5.00	5.00	28	700	5.0119	-0.24
			5.30	29	725	5.3088	-0.17
		5.60	5.60	30	750	5.6234	-0.42
			6.00	31	775	5.9566	+0.73
6.30	6.30	6.30	6.30	32	800	6.3096	-0.15
			6.70	33	825	6.6834	+0.25

（续）

基本系列（常用值）				序号	理论值		基本系列和计算值间的相对误差（%）
R5	R10	R20	R40		对数尾数	计算值	
		7.10	7.10	34	850	7.0795	+0.29
			7.50	35	875	7.4989	+0.01
	8.00	8.00	8.00	36	900	7.9433	+0.71
			8.50	37	925	8.4140	+1.02
		9.00	9.00	38	950	8.9125	+0.98
			9.50	39	975	9.4406	+0.63
10.00	10.00	10.00	10.00	40	000	10.0000	0

习题与实践

1. 什么是互换性？互换性分为哪几类？
2. 说明互换性的技术经济意义。
3. 在确定机械产品的技术参数时，为什么要尽可能地选用优先数？

第2章

线性尺寸公差及孔、轴尺寸的检测

2.1 线性尺寸公差的术语和定义

任务 2-1　识读尺寸标注，计算极限尺寸，绘制公差带图

任务描述：某一级减速器输出轴的尺寸标注如图 2-1 所示，查阅相关表格，完成下列问题：

1）说出 φ40n6、φ50k6、φ54r6 尺寸数字后面的字母及数字的含义。
2）计算 φ40n6、φ50k6、φ54r6 的极限尺寸。
3）绘制 φ40n6、φ50k6、φ54r6 公差带图。

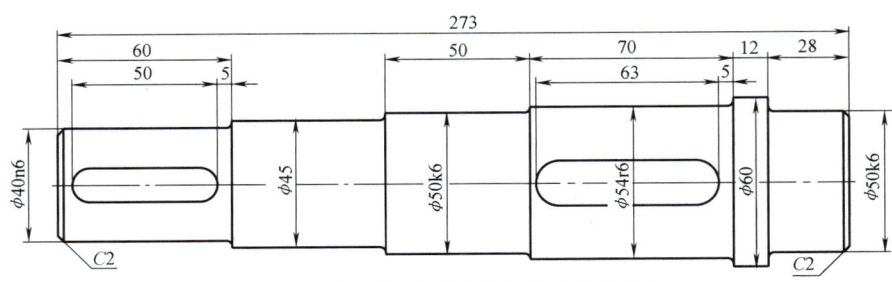

图 2-1　某一级减速器输出轴的尺寸标注

目前我国使用的线性尺寸公差相关的标准包括：GB/T 1800.1—2020《产品几何技术规范（GPS）　线性尺寸公差 ISO 代号体系　第 1 部分：公差、偏差和配合的基础》、GB/T 38762.1—2020《产品几何技术规范（GPS）　尺寸公差　第 1 部分：线性尺寸》。

2.1.1 基本术语

1. 线性尺寸

线性尺寸是以长度单位表征尺寸要素的尺寸，如直径、半径、宽度、深度、高度、中心距等。线性尺寸及其相关公差、极限偏差的单位是毫米（mm），在图样上不标注单位，其单位是缺省的。

2. 线性尺寸要素

线性尺寸要素是具有线性尺寸的尺寸要素。例如：一个球体、一个圆、两条直线、两相对平行面、一个圆柱体、一个圆环等，都是线性尺寸要素。

3. 公称尺寸

公称尺寸是由图样规范定义的理想形状要素的尺寸，是可以用来与极限偏差（上极限偏差和下极限偏差）一起计算得到极限尺寸（上极限尺寸和下极限尺寸）的尺寸。公称尺寸表示尺寸的基本大小，它是根据零件的强度、刚度、结构和工艺性等要求确定的。设计时应尽量采用标准尺寸，以减少加工所用刀具、量具的规格。公称尺寸的孔用 D 表示，轴用 d 表示。公称尺寸可以是毫米（mm）为单位的整数倍，也可以是小数倍，如 30mm、8.75mm、1.5mm 等。

4. 极限尺寸

极限尺寸是尺寸要素的尺寸所允许的极限值。两个极限尺寸中较大的一个称为上极限尺寸，较小的一个称为下极限尺寸。

极限尺寸可大于、小于或等于公称尺寸。合格零件的实际尺寸应在两个极限尺寸之间，也可以达到极限尺寸。孔的上极限尺寸用 D_{max} 表示，孔的下极限尺寸用 D_{min} 表示；轴的上极限尺寸用 d_{max} 表示，轴的下极限尺寸用 d_{min} 表示。

孔的合格条件可表示为：$D_{max} \geq D_a \geq D_{min}$，轴的合格条件可表示为：$d_{max} \geq d_a \geq d_{min}$。$D_a$、$d_a$ 分别为孔和轴的实际尺寸。

2.1.2 孔和轴

微课：孔和轴

1. 孔

孔是指工件的内尺寸要素，包括非圆柱面形的内尺寸要素。孔通常是圆柱形内表面，也包括非圆柱形内表面（如由两个平行平面或切面形成的包容面）。

2. 轴

轴是指工件的外尺寸要素，包括非圆柱面形的外尺寸要素。轴通常是圆柱形外表面，也包括非圆柱形外表面（由两个平行平面或切面形成的被包容面）。

从装配关系讲，孔为包容面，在它之内无材料，且越加工越大；轴为被包容面，在它之外无材料，且越加工越小。

由此可见，孔、轴具有广泛的含义，不仅表示通常理解的概念，即圆柱形的内外表面，而且也包括由两个平行平面或切面形成的包容面和被包容面。图 2-2 所示的各表面，如 D_1、D_2、D_3 和 D_4 各尺寸确定的圆柱形内表面和各组平行平面或切面所形成的包容面都称为孔；如 d_1、d_2、d_3 和 d_4 各尺寸确定的圆柱形外表面和各组平行平面或切面所形成的被包容面都称为轴。因而孔、轴分别具有包容和被包容的功能。如果两个平行平面或切面既不能形成包容面，也不能形成被包容面，则它们既不是孔，也不是轴，如图 2-2 中由 L_1、L_2 和 L_3 各尺寸确定的各组平行平面或切面。

2.1.3 最大（最小）实体状态和最大（最小）实体尺寸

1. 最大实体状态（MMC）

尺寸要素的假定提取组成要素的局部尺寸处处位于极限尺寸且使其具有实体最大（材

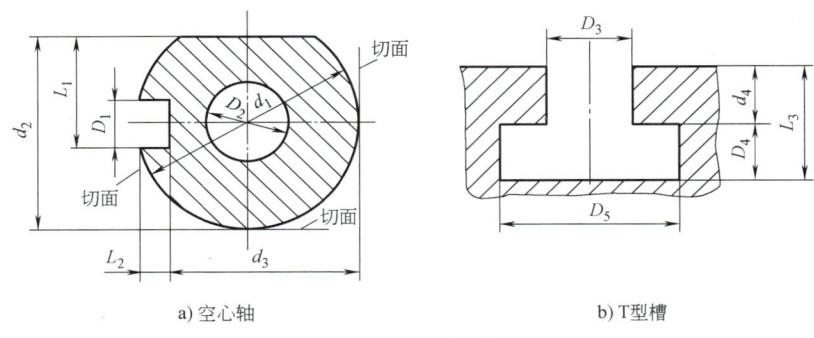

图 2-2 孔与轴

料最多）时的状态称为最大实体状态。

2. 最大实体尺寸（MMS）

最大实体尺寸是指在最大实体状态下的极限尺寸，又称为最大实体极限，即孔的下极限尺寸 $D_{\min}$ 和轴的上极限尺寸 $d_{\max}$ 的统称。

3. 最小实体状态（LMC）

尺寸要素的假定提取组成要素的局部尺寸处处位于极限尺寸且使其具有实体最小（材料最少）时的状态称为最小实体状态。

4. 最小实体尺寸（LMS）

最小实体是指在最小实体状态下的极限尺寸，又称为最小实体极限，即孔的上极限尺寸 $D_{\max}$ 和轴的下极限尺寸 $d_{\min}$ 的统称。

微课：最大实体尺寸和最小实体尺寸

2.1.4 偏差与公差

1. 尺寸偏差（简称为偏差）

偏差是指某值与其参考值之差。对于尺寸偏差，其参考值是公称尺寸。偏差为代数值，可能为正值、负值或零。

（1）极限偏差　相对于公称尺寸的上极限偏差和下极限偏差的统称。

1）上极限偏差：上极限尺寸与公称尺寸的代数差，用符号 ES（用于内尺寸要素）或 es（用于外尺寸要素）表示，如图 2-3 所示。依据定义，孔的上极限偏差 $ES=D_{\max}-D$，轴的上极限偏差 $es=d_{\max}-d$。

2）下极限偏差：下极限尺寸与公称尺寸的代数差，用符号 EI（用于内尺寸要素）或 ei（用于外尺寸要素）表示，如图 2-3 所示。依据定义，孔的下极限偏差 $EI=D_{\min}-D$，轴的下极限偏差 $ei=d_{\min}-d$。

（2）实际偏差　实际尺寸减去其公称尺寸所得的代数差，用符号 E_a（用于内尺寸要素）或 e_a（用于外尺寸要素）表示。孔的实际偏差 $E_a=D_a-D$；轴的实际偏差 $e_a=d_a-d$。

零件的合格条件常用偏差关系式表示。孔的合格条件可表示为：$EI \leq E_a \leq ES$；轴的合格条件可表示为：$ei \leq e_a \leq es$。

微课：尺寸偏差

2. 尺寸公差（简称为公差）

公差是上极限尺寸与下极限尺寸之差，或者是上极限偏差与下极限偏差之差，如图 2-3 所示。用 T_h 表示孔的公差，用 T_s 表示轴的公差，其计

微课：尺寸公差

算式为

孔：$T_h = |D_{max} - D_{min}| = |ES - EI|$

轴：$T_s = |d_{max} - d_{min}| = |es - ei|$

公差是一个没有符号的绝对值。

微课：公差与偏差的关系

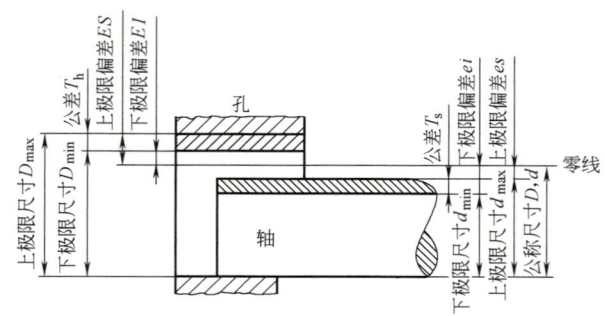

图 2-3 偏差与公差示意图

2.1.5 公差带与公差带图

1. 公差带

公差带是公差极限之间（包括公差极限）的尺寸变动值。公差带包含在上极限尺寸和下极限尺寸之间，由公差大小和基本偏差相对于公称尺寸的位置确定。

2. 公差带图

公差的数值比公称尺寸的数值小得多，不便用同一比例画在一张示意图上，所以采用简明的公差与配合图解，简称公差带图来表示，如图 2-4 所示。

在公差带图中，零线是表示公称尺寸的一条直线，以其为基准确定偏差和公差。通常零线沿水平方向绘制，正偏差位于零线的上方，负偏差位于零线的下方。

微课：尺寸公差带图的绘制

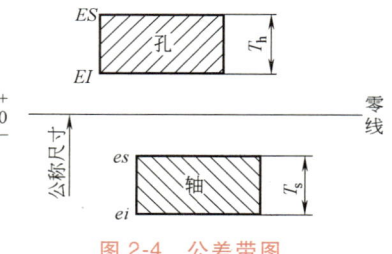

图 2-4 公差带图

2.2 标准公差系列和基本偏差系列

国家标准对线性尺寸的公差带进行了标准化，它的基本组成包括标准公差系列和基本偏差系列，前者确定公差带的大小，后者确定公差带的位置，两者结合就构成了不同的孔、轴公差带代号。

2.2.1 标准公差系列

在线性尺寸公差国家标准中，用以确定公差带大小的任一公差，称为标准公差，用 IT（"国际公差" ISO Tolerance 的缩写）表示。它是由公差等级和公称尺寸确定的。

微课：标准公差系列

第2章 线性尺寸公差及孔、轴尺寸的检测

1. 标准公差等级

标准公差等级是用常用标示符表征的线性尺寸公差组，是确定尺寸精确程度的等级。为了将公差数值标准化，以减少量具和刀具的规格，同时又能满足各种机器所需的不同精度的要求，标准公差等级分为20个公差级，用字母IT和阿拉伯数字组成的代号表示，按顺序为IT01、IT0、IT1~IT18，等级依次降低，标准公差数值依次增大。常用的公差等级为IT5~IT13。

标准公差等级高低、加工难易程度和标准公差数值大小的示意图，如图2-5所示。

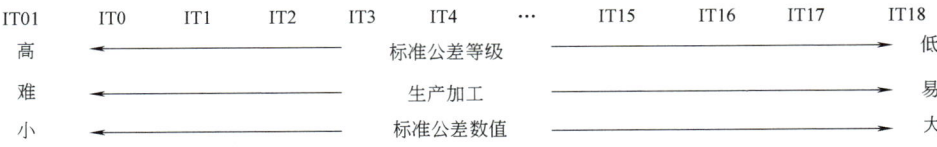

图2-5 标准公差等级高低、加工难易程度和标准公差数值大小的示意图

在同一尺寸分段内的同一公差等级，各公称尺寸的标准公差数值是相同的。同一公差等级对所有公称尺寸的一组公差也被认为具有同等精确程度。故公差数值只与公差等级和公称尺寸有关，而与配合性质无关。

2. 标准公差数值

标准公差数值的大小与公差等级及公称尺寸具有一定的函数关系，根据相关的函数进行计算，经过圆整得到标准公差数值表，见表2-1。

表2-1 公称尺寸至3150mm的标准公差数值

公称尺寸/mm		标准公差等级																		
		IT01	IT0	IT1	IT2	IT3	IT4	IT5	IT6	IT7	IT8	IT9	IT10	IT11	IT12	IT13	IT14	IT15	IT16	IT17	IT18
大于	至	标准公差数值																		
		μm												mm						
—	3	0.3	0.5	0.8	1.2	2	3	4	6	10	14	25	40	60	0.1	0.14	0.25	0.4	0.6	1	1.4
3	6	0.4	0.6	1	1.5	2.5	4	5	8	12	18	30	48	75	0.12	0.18	0.3	0.48	0.75	1.2	1.8
6	10	0.4	0.6	1	1.5	2.5	4	6	9	15	22	36	58	90	0.15	0.22	0.36	0.58	0.9	1.5	2.2
10	18	0.5	0.8	1.2	2	3	5	8	11	18	27	43	70	110	0.18	0.27	0.43	0.7	1.1	1.8	2.7
18	30	0.6	1	1.5	2.5	4	6	9	13	21	33	52	84	130	0.21	0.33	0.52	0.84	1.3	2.1	3.3
30	50	0.6	1	1.5	2.5	4	7	11	16	25	39	62	100	160	0.25	0.39	0.62	1	1.6	2.5	3.9
50	80	0.8	1.2	2	3	5	8	13	19	30	46	74	120	190	0.3	0.46	0.74	1.2	1.9	3	4.6
80	120	1	1.5	2.5	4	6	10	15	22	35	54	87	140	220	0.35	0.54	0.87	1.4	2.2	3.5	5.4
120	180	1.2	2	3.5	5	8	12	18	25	40	63	100	160	250	0.4	0.63	1	1.6	2.5	4	6.3
180	250	2	3	4.5	7	10	14	20	29	46	72	115	185	290	0.46	0.72	1.15	1.85	2.9	4.6	7.2
250	315	2.5	4	6	8	12	16	23	32	52	81	130	210	320	0.52	0.81	1.3	2.1	3.2	5.2	8.1
315	400	3	5	7	9	13	18	25	36	57	89	140	230	360	0.57	0.89	1.4	2.3	3.6	5.7	8.9
400	500	4	6	8	10	15	20	27	40	63	97	155	250	400	0.63	0.97	1.55	2.5	4	6.3	9.7
500	630			9	11	16	22	32	44	70	110	175	280	440	0.7	1.1	1.75	2.8	4.4	7	11
630	800			10	13	18	25	36	50	80	125	200	320	500	0.8	1.25	2	3.2	5	8	12.5
800	1000			11	15	21	28	40	56	90	140	230	360	560	0.9	1.4	2.3	3.6	5.6	9	14
1000	1250			13	18	24	33	47	66	105	165	260	420	660	1.05	1.65	2.6	4.2	6.6	10.5	16.5
1250	1600			15	21	29	39	55	78	125	195	310	500	780	1.25	1.95	3.1	5	7.8	12.5	19.5
1600	2000			18	25	35	46	65	92	150	230	370	600	920	1.5	2.3	3.7	6	9.2	15	23
2000	2500			22	30	41	55	78	110	175	280	440	700	1100	1.75	2.8	4.4	7	11	17.5	28
2500	3150			26	36	50	68	96	135	210	330	540	860	1350	2.1	3.3	5.4	8.6	13.5	21	33

3. 尺寸分段

公称尺寸分段是有利于生产的。根据标准公差的计算式,一个公称尺寸就应该有一个相应的公差数值。由于生产实践中的公称尺寸很多,因此就形成了一个庞大的公差数值表,给设计和生产带来很大的麻烦。生产实践证明,公差等级相同而公称尺寸相近的公差数值差别不大。因此,为简化公差数值表格,以便于使用,国家标准对公称尺寸进行了分段。尺寸分段后,对同一尺寸分段内的所有公称尺寸,在公差等级相同的情况下,规定相同的标准公差数值。

2.2.2 基本偏差系列

1. 基本偏差

基本偏差是确定公差带相对于公称尺寸位置的极限偏差。基本偏差是最接近公称尺寸的那个极限偏差。在公差带图中,基本偏差为最靠近零线或位于零线的那个极限偏差。当整个公差带位于零线上方时,基本偏差为下极限偏差;反之,则为上极限偏差,如图2-6所示。

微课:基本偏差系列

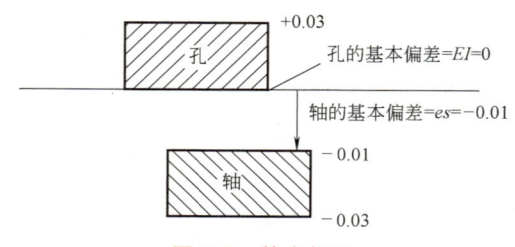

图 2-6 基本偏差

2. 基本偏差代号

基本偏差的作用是确定公差带相对于零线的位置,原则上与公差等级无关。为了满足不同配合性质的需要,国家标准为孔和轴各规定了28种公差带位置,分别由28个基本偏差来确定。基本偏差代号用拉丁字母表示。大写字母表示孔,小写字母表示轴。单写字母21个,双写字母7个。在26个字母中,I、L、O、Q、W(i、l、o、q、w)未用,以避免混淆。

基本偏差的概念不适用于 JS 和 js。它们的公差极限是相对于公称尺寸线对称分布的。

在孔的基本偏差系列中,代号 A~H 的基本偏差为下极限偏差 EI,其绝对值依次减小,其中 A~G 的 EI 为正值,H 的基本偏差为 $EI=0$;代号 J~ZC 的基本偏差为上极限偏差 ES,一般为负值(J 有例外),绝对值依次增大,如图2-7所示。

在轴的基本偏差系列中,代号 a~h 的基本偏差为上极限偏差 es,其绝对值依次减小,其中 a~g 的 es 值为负值,h 的基本偏差为 $es=0$;代号 j~zc 的基本偏差为下极限偏差 ei,一般为正值(j、k 有例外),其绝对值依次增大,如图2-8所示。

由图2-7和图2-8可知,公差带一端是封闭的,由基本偏差决定;而另一端是开口的,其长度取决于标准公差数值的大小。因此,公差带代号都是由基本偏差代号和标准公差等级代号两部分组成。在标注时必须标注出公差带的两大部分。

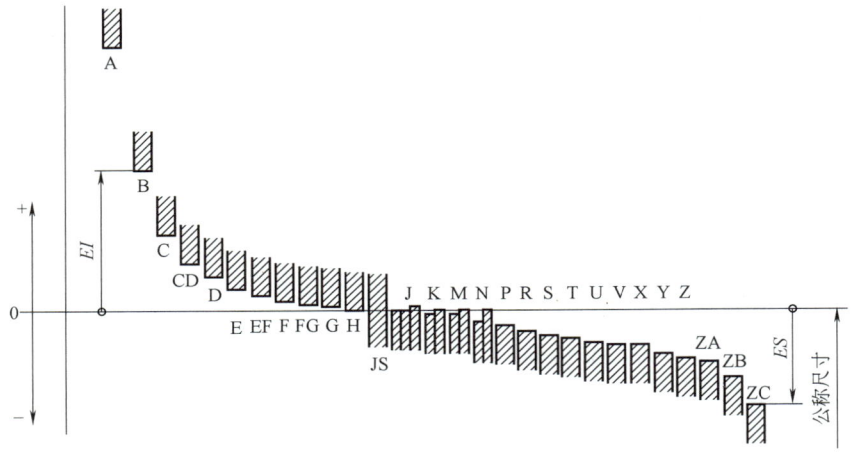

图 2-7 孔的基本偏差系列图

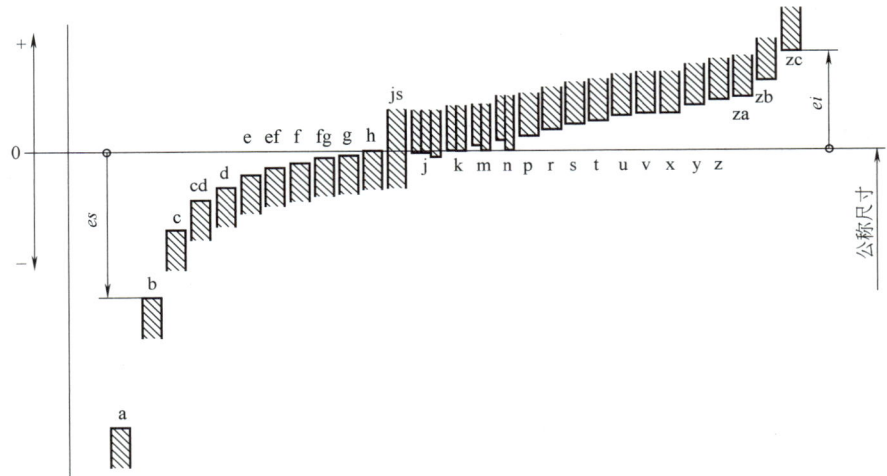

图 2-8 轴的基本偏差系列图

例如，孔的公差带代号：$\phi 30H7$ 或 $\phi 30^{+0.021}_{0}$ 或 $\phi 30H7\left(^{+0.021}_{0}\right)$

$\phi 25F8$ 或 $\phi 25^{+0.053}_{+0.020}$ 或 $\phi 25F8\left(^{+0.053}_{+0.020}\right)$

轴的公差带代号：$\phi 45h6$ 或 $\phi 45^{0}_{-0.016}$ 或 $\phi 45h6\left(^{0}_{-0.016}\right)$

$\phi 56r6$ 或 $\phi 56^{+0.060}_{+0.041}$ 或 $\phi 56r6\left(^{+0.060}_{+0.041}\right)$

配合代号用孔、轴公差带代号的组合表示，写成分数形式，分子为孔的公差带代号，分母为轴的公差带代号。

如：$\phi 25\dfrac{H7}{r6}$ 或 $\phi 45\dfrac{F9}{h9}$ 或 $\phi 30\dfrac{H8}{f7}$

3. 基本偏差数值

轴和孔的基本偏差是按照一系列经验公式计算得到的，具体的数值见表 2-2 和表 2-3。

微课：公差带的表示方法

微课：标准公差数值和基本偏差数值的查阅方法

表 2-2 公称尺寸≤500mm 轴的基本偏

公称尺寸/mm		上极限偏差 es 所有标准公差等级											偏差 = ±ITn/2, 式中, n 是标准公差等级数	IT5 和 IT6	IT7	IT8	IT4 至 IT7
大于	至	a[①]	b[①]	c	cd	d	e	ef	f	fg	g	h	js	j			j
—	3	-270	-140	-60	-34	-20	-14	-10	-6	-4	-2	0		-2	-4	-6	0
3	6	-270	-140	-70	-46	-30	-20	-14	-10	-6	-4	0		-2	-4		+1
6	10	-280	-150	-80	-56	-40	-25	-18	-13	-8	-5	0		-2	-5		+1
10	14	-290	-150	-95	-70	-50	-32	-23	-16	-10	-6	0		-3	-6		+1
14	18																
18	24	-300	-160	-110	-85	-65	-40	-25	-20	-12	-7	0		-4	-8		+2
24	30																
30	40	-310	-170	-120	-100	-80	-50	-35	-25	-15	-9	0		-5	-10		+2
40	50	-320	-180	-130													
50	65	-340	-190	-140		-100	-60		-30		-10	0		-7	-12		+2
65	80	-360	-200	-150													
80	100	-380	-220	-170		-120	-72		-36		-12	0		-9	-15		+3
100	120	-410	-240	-180													
120	140	-460	-260	-200		-145	-85		-43		-14	0		-11	-18		+3
140	160	-520	-280	-210													
160	180	-580	-310	-230													
180	200	-660	-340	-240		-170	-100		-50		-15	0		-13	-21		+4
200	225	-740	-380	-260													
225	250	-820	-420	-280													
250	280	-920	-480	-300		-190	-110		-56		-17	0		-16	-26		+4
280	315	-1050	-540	-330													
315	355	-1220	-660	-360		-210	-125		-62		-18	0		-18	-28		+4
355	400	-1350	-680	-400													
400	450	-1500	-760	-440		-230	-135		-68		-20	0		-20	-32		+5
450	500	-1650	-840	-480													

① 公称尺寸≤1mm 时，不使用基本偏差 a 和 b。

基本偏差数值（摘自 GB/T 1800.1—2020）

差/μm

							下极限偏差 ei							
≤IT3 >IT7							所有标准公差等级							
k	m	n	p	r	s	t	u	v	x	y	z	za	zb	zc
0	+2	+4	+6	+10	+14		+18		+20		+26	+32	+40	+60
0	+4	+8	+12	+15	+19		+23		+28		+35	+42	+50	+80
0	+6	+10	+15	+19	+23		+28		+34		+42	+52	+67	+97
0	+7	+12	+18	+23	+28		+33		+40		+50	+64	+90	+130
0	+7	+12	+18	+23	+28		+33	+39	+45		+60	+77	+108	+150
0	+8	+15	+22	+28	+35		+41	+47	+54	+63	+73	+98	+136	+188
0	+8	+15	+22	+28	+35	+41	+48	+55	+64	+75	+88	+118	+160	+218
0	+9	+17	+26	+34	+43	+48	+60	+68	+80	+94	+112	+148	+200	+274
0	+9	+17	+26	+34	+43	+54	+70	+81	+97	+114	+136	+180	+242	+325
0	+11	+20	+32	+41	+53	+66	+87	+102	+122	+144	+172	+226	+300	+405
0	+11	+20	+32	+43	+59	+75	+102	+120	+146	+174	+210	+274	+360	+480
0	+13	+23	+37	+51	+71	+91	+124	+146	+178	+214	+258	+335	+445	+585
0	+13	+23	+37	+54	+79	+104	+144	+172	+210	+254	+310	+400	+525	+690
0	+15	+27	+43	+63	+92	+122	+170	+202	+248	+300	+365	+470	+620	+800
0	+15	+27	+43	+65	+100	+134	+190	+228	+280	+340	+415	+535	+700	+900
0	+15	+27	+43	+68	+108	+146	+210	+252	+310	+380	+465	+600	+780	+1000
0	+17	+31	+50	+77	+122	+166	+236	+284	+350	+425	+520	+670	+880	+1150
0	+17	+31	+50	+80	+130	+180	+258	+310	+385	+470	+575	+740	+960	+1250
0	+17	+31	+50	+84	+140	+196	+284	+340	+425	+520	+640	+820	+1050	+1350
0	+20	+34	+56	+94	+158	+218	+315	+385	+475	+580	+710	+920	+1200	+1550
0	+20	+34	+56	+98	+170	+240	+350	+425	+525	+650	+790	+1000	+1300	+1700
0	+21	+37	+62	+108	+190	+268	+390	+475	+590	+730	+900	+1150	+1500	+1900
0	+21	+37	+62	+114	+208	+294	+435	+530	+660	+820	1000	+1300	+1650	+2100
0	+23	+40	+68	+126	+232	+330	+490	+595	+740	+920	1100	+1450	+1850	+2400
0	+23	+40	+68	+132	+252	+360	+540	+660	+820	+1000	1250	+1600	+2100	+2600

表 2-3 公称尺寸≤500mm 孔的基本偏

公称尺寸/mm		A[①]	B[①]	C	CD	D	E	EF	F	FG	G	H	JS	J			K[③,④]		M[②,③,④]		N[①,③]	
		下极限偏差 EI												IT6	IT7	IT8	≤IT8	>IT8	≤IT8	>IT8	≤IT8	>IT8
大于	至	所有标准公差等级																				
—	3	+270	+140	+60	+34	+20	+14	+10	+6	+4	+2	0		+2	+4	+6	0	0	−2	−2	−4	−4
3	6	+270	+140	+70	+46	+30	+20	+14	+10	+6	+4	0		+5	+6	+10	−1+Δ		−4+Δ	−4	−8+Δ	0
6	10	+280	+150	+80	+56	+40	+25	+18	+13	+8	+5	0		+5	+8	+12	−1+Δ		−6+Δ	−6	−10+Δ	0
10	14	+290	+150	+95		+50	+32	+23	+16	+10	+6	0		+6	+10	+15	−1+Δ		−7+Δ	−7	−12+Δ	0
14	18	+290	+150	+95		+50	+32	+23	+16	+10	+6	0		+6	+10	+15	−1+Δ		−7+Δ	−7	−12+Δ	0
18	24	+300	+160	+110		+65	+40	+28	+20	+12	+7	0		+8	+12	+20	−2+Δ		−8+Δ	−8	−15+Δ	0
24	30	+300	+160	+110		+65	+40	+28	+20	+12	+7	0		+8	+12	+20	−2+Δ		−8+Δ	−8	−15+Δ	0
30	40	+310	+170	+120		+80	+50		+25		+9	0		+10	+14	+24	−2+Δ		−9+Δ	−9	−17+Δ	0
40	50	+320	+180	+130		+80	+50		+25		+9	0		+10	+14	+24	−2+Δ		−9+Δ	−9	−17+Δ	0
50	65	+340	+190	+140		+100	+60		+30		+10	0	偏差 =±ITn/2,式中,n 为标准公差等级数	+13	+18	+28	−2+Δ		−11+Δ	−11	−20+Δ	0
65	80	+360	+200	+150		+100	+60		+30		+10	0		+13	+18	+28	−2+Δ		−11+Δ	−11	−20+Δ	0
80	100	+380	+220	+170		+120	+72		+36		+12	0		+16	+22	+34	−3+Δ		−13+Δ	−13	−23+Δ	0
100	120	+410	+240	+180		+120	+72		+36		+12	0		+16	+22	+34	−3+Δ		−13+Δ	−13	−23+Δ	0
120	140	+460	+260	+200		+145	+85		+43		+14	0		+18	+26	+41	−3+Δ		−15+Δ	−15	−27+Δ	0
140	160	+520	+280	+210		+145	+85		+43		+14	0		+18	+26	+41	−3+Δ		−15+Δ	−15	−27+Δ	0
160	180	+580	+310	+230		+145	+85		+43		+14	0		+18	+26	+41	−3+Δ		−15+Δ	−15	−27+Δ	0
180	200	+660	+340	+240		+170	+100		+50		+15	0		+22	+30	+47	−4+Δ		−17+Δ	−17	−31+Δ	0
200	225	+740	+380	+260		+170	+100		+50		+15	0		+22	+30	+47	−4+Δ		−17+Δ	−17	−31+Δ	0
225	250	+820	+420	+280		+170	+100		+50		+15	0		+22	+30	+47	−4+Δ		−17+Δ	−17	−31+Δ	0
250	280	+920	+480	+300		+190	+110		+56		+17	0		+25	+36	+55	−4+Δ		−20+Δ	−20	−34+Δ	0
280	315	+1050	+540	+330		+190	+110		+56		+17	0		+25	+36	+55	−4+Δ		−20+Δ	−20	−34+Δ	0
315	355	+1200	+600	+360		+210	+125		+62		+18	0		+29	+39	+60	−4+Δ		−21+Δ	−21	−37+Δ	0
355	400	+1350	+680	+400		+210	+125		+62		+18	0		+29	+39	+60	−4+Δ		−21+Δ	−21	−37+Δ	0
400	450	+1500	+760	+440		+230	+135		+68		+20	0		+33	+43	+66	−5+Δ		−23+Δ	−23	−40+Δ	0
450	500	+1650	+840	+480		+230	+135		+68		+20	0		+33	+43	+66	−5+Δ		−23+Δ	−23	−40+Δ	0

① 公称尺寸≤1mm 时,不使用基本偏差 A 和 B,不使用标准公差等级大于 IT8 的基本偏差 N。
② 特例:对于公称尺寸>250~315mm 的公差带代号 M6,$ES=-9\mu m$(计算结果不是−11μm)。
③ 为确定 K、M、N 和 P~ZC 的值,见 GB/T 1800.1—2020 中的 4.3.2.5。
④ 对于 Δ 值,见本表右边的最后六例。

基本偏差数值（摘自 GB/T 1800.1—2020）

差/μm												Δ值					
	上极限偏差 ES																
≤IT7	>IT7 标准公差等级											标准公差等级					
P 至 ZC③	P	R	S	T	U	V	X	Y	Z	ZA	ZB	ZC	IT3	IT4	IT5	IT6	IT7	IT8
在大于IT7的标准公差等级的基本偏差数值上增加一个Δ值	−6	−10	−14		−18		−20		−26	−32	−40	−60	0	0	0	0	0	0
	−12	−15	−19		−23		−28		−35	−42	−50	−80	1	1.5	1	3	4	6
	−15	−19	−23		−28		−34		−42	−52	−67	−97	1	1.5	2	3	6	7
	−18	−23	−28	−33			−40		−50	−64	−90	−130	1	2	3	3	7	9
					−39		−45		−60	−77	−108	−150						
	−22	−28	−35	−41	−47	−54	−63	−73	−98	−136	−188		1.5	2	3	4	8	12
				−41	−48	−55	−64	−75	−88	−118	−160	−218						
	−26	−34	−43	−48	−60	−68	−80	−94	−112	−148	−200	−274	1.5	3	4	5	9	14
				−54	−70	−81	−97	−114	−136	−180	−242	−325						
	−32	−41	−53	−66	−87	−102	−122	−144	−172	−226	−300	−405	2	3	5	6	11	16
		−43	−59	−75	−102	−120	−146	−174	−210	−274	−360	−480						
	−37	−51	−71	−91	−124	−146	−178	−214	−258	−335	−445	−585	2	4	5	7	13	19
		−54	−79	−104	−144	−172	−210	−254	−310	−400	−525	−690						
	−43	−63	−92	−122	−170	−202	−248	−300	−365	−470	−620	−800						
		−65	−100	−134	−190	−228	−280	−340	−415	−535	−700	−900	3	4	6	7	15	23
		−68	−108	−146	−210	−252	−310	−380	−465	−600	−780	−1000						
		−77	−122	−166	−236	−284	−350	−425	−520	−670	−880	−1150						
	−50	−80	−130	−180	−258	−310	−385	−470	−575	−740	−960	−1250	3	4	6	9	17	26
		−84	−140	−196	−284	−340	−425	−520	−640	−820	−1050	−1350						
	−56	−94	−158	−218	−315	−385	−475	−580	−710	−920	−1200	−1550	4	4	7	9	20	29
		−98	−170	−240	−350	−425	−525	−650	−790	−1000	−1300	−1700						
	−62	−108	−190	−268	−390	−475	−590	−730	−900	−1150	−1500	−1900	4	5	7	11	21	32
		−114	−208	−294	−435	−530	−660	−820	−1000	−1300	−1650	−2100						
	−68	−126	−232	−330	−490	−595	−740	−920	−1100	−1450	−1850	−2400	5	5	7	13	23	34
		−132	−252	−360	−540	−660	−820	−1000	−1250	−1600	−2100	−2600						

任务2-1 实施

1）识读公差带代号。从国家标准规定可知，一个完整的尺寸公差带代号是由公称尺寸、公差带代号（基本偏差代号和标准公差等级）组成的。

在图2-1中，ϕ40n6、ϕ50k6、ϕ54r6 尺寸在公称尺寸后面的字母及数字就是该尺寸的公差带代号。查表2-1和表2-2可得到极限偏差。

2）计算 ϕ40n6、ϕ50k6、ϕ54r6 的极限尺寸。

① ϕ40n6。首先查表2-1，在公称尺寸段>30~50mm、标准公差等级IT6相交的位置可查出公差数值 $T_s=0.016$mm；第二步查表2-2，在公称尺寸段>30~40mm、基本偏差代号 n 相交的位置可查出 $ei=+0.017$mm；第三步根据 $T_s=es-ei$，可计算出 $es=+0.033$mm。所以尺寸 ϕ40n6 也可表示 $\phi 40^{+0.033}_{+0.017}$。

② ϕ50k6。首先查表2-1，在公称尺寸段>30~50mm、标准公差等级IT6相交的位置可查出公差数值 $T_s=0.016$mm；第二步查表2-2，在公称尺寸段>40~50mm、基本偏差代号 k 相交的位置可查出 $ei=+0.002$mm；第三步根据 $T_s=es-ei$，可计算出 $es=+0.018$mm。所以尺寸 ϕ50k6 也可表示 $\phi 50^{+0.018}_{+0.002}$。

③ ϕ54r6。首先查表2-1，在公称尺寸段>50~80mm、标准公差等级IT6相交的位置可查出公差数值 $T_s=0.019$mm；第二步查表2-2，在公称尺寸段>50~65mm、基本偏差代号 r 相交的位置可查出 $ei=+0.041$mm；第三步根据 $T_s=es-ei$，可计算出 $es=+0.060$mm。所以尺寸 ϕ54r6 也可表示 $\phi 54^{+0.060}_{+0.041}$。

3）绘制出的 ϕ40n6、ϕ50k6、ϕ54r6 公差带图，如图2-9所示。

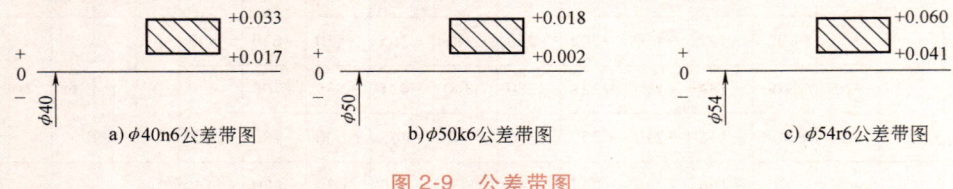

a) ϕ40n6公差带图　　b) ϕ50k6公差带图　　c) ϕ54r6公差带图

图 2-9　公差带图

2.3　配合

任务2-2　计算极限间隙（或过盈）和配合公差，并绘制配合公差带图

任务描述：计算下列3种孔、轴配合的极限间隙（或过盈）和配合公差，并绘制配合公差带图。

1）由孔 $\phi 30^{+0.033}_{0}$mm 与轴 $\phi 30^{-0.020}_{-0.041}$mm 组成的配合。

2）由孔 $\phi 30^{+0.033}_{0}$mm 与轴 $\phi 30^{+0.023}_{+0.002}$mm 组成的配合。

3）由孔 $\phi 30^{+0.033}_{0}$mm 与轴 $\phi 30^{+0.069}_{+0.048}$mm 组成的配合。

2.3.1 有关配合的术语

1. 配合

类型相同且待装配的内尺寸要素（孔）和外尺寸要素（轴）之间的关系称为配合，也就是公称尺寸相同的相互结合的孔、轴公差带之间的关系。

微课：配合

2. 间隙

孔、轴配合中，当轴的直径小于孔的直径时，孔的尺寸减去轴的尺寸所得的代数差称为间隙，用 X 表示，是一个正值。

3. 过盈

孔、轴配合中，当轴的直径大于孔的直径时，孔的尺寸减去轴的尺寸所得的代数差称为过盈，用 Y 表示，是一个负值。

2.3.2 配合的种类

1. 间隙配合

间隙配合指孔和轴装配时总是存在间隙的配合。此时，孔的下极限尺寸大于（或在极端情况下等于）轴的上极限尺寸。在公差带图中，表现为孔的公差带在轴的公差带之上，如图 2-10 所示。

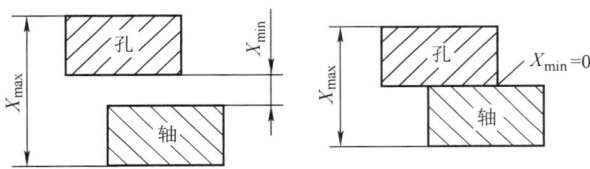

微课：间隙配合

图 2-10 间隙配合

由于孔和轴的实际尺寸在各自的公差带内变动，因此装配后各对孔、轴间的间隙也是变动的。当孔为上极限尺寸、轴为下极限尺寸时，装配后得到最大间隙（X_{max}）；反之，当孔为下极限尺寸、轴为上极限尺寸时，得到最小间隙（X_{min}），即

$$X_{max} = D_{max} - d_{min} = ES - ei$$
$$X_{min} = D_{min} - d_{max} = EI - es$$

2. 过盈配合

过盈配合指孔和轴装配时总是存在过盈的配合。此时，孔的上极限尺寸小于（或在极端情况下等于）轴的下极限尺寸。在公差带图中，表现为孔的公差带在轴的公差带之下，如图 2-11 所示。

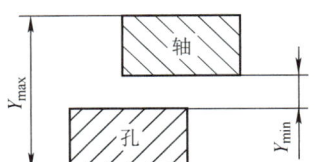 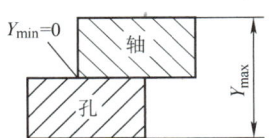

微课：过盈配合

图 2-11 过盈配合

同样，各对孔、轴间的过盈也是变化的。当孔为上极限尺寸、轴为下极限尺寸时，装配后得到最小过盈（$Y_{\min}$）；当孔为下极限尺寸、轴为上极限尺寸时，装配后得到最大过盈（$Y_{\max}$），即

$$Y_{\min} = D_{\max} - d_{\min} = ES - ei$$
$$Y_{\max} = D_{\min} - d_{\max} = EI - es$$

微课：过渡配合

3. 过渡配合

过渡配合指孔和轴装配时可能具有间隙或可能具有过盈的配合。此时，孔的公差带与轴的公差带完全重叠或部分重叠，如图 2-12 所示。

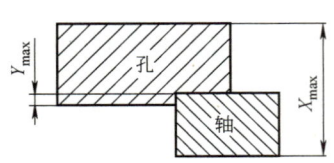 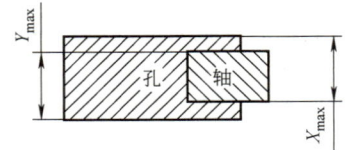 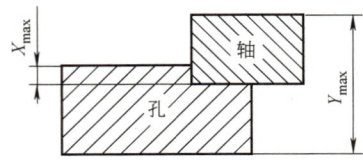

图 2-12 过渡配合

在过渡配合中，各对孔、轴间的间隙或过盈也是变化的。当孔为上极限尺寸、轴为下极限尺寸时，装配后得到最大间隙；当孔为下极限尺寸、轴为上极限尺寸时，装配后得到最大过盈，即

$$X_{\max} = D_{\max} - d_{\min} = ES - ei$$
$$Y_{\max} = D_{\min} - d_{\max} = EI - es$$

2.3.3 配合公差

微课：配合公差

因为孔与轴的尺寸都有公差，所以配合后的间隙或过盈也会在一定范围内变动。我们把允许间隙或过盈的变动量称为配合公差，用 T_f 表示。配合公差反映配合的松紧变化程度，表示配合精度，即配合精度（配合公差）取决于配合的孔与轴的尺寸精度（尺寸公差）。

对于间隙配合：

$$T_f = |X_{\max} - X_{\min}| = (D_{\max} - d_{\min}) - (D_{\min} - d_{\max}) = (D_{\max} - D_{\min}) + (d_{\max} - d_{\min}) = T_h + T_s$$

对于过盈配合：

$$T_f = |Y_{\min} - Y_{\max}| = (D_{\max} - d_{\min}) - (D_{\min} - d_{\max}) = (D_{\max} - D_{\min}) + (d_{\max} - d_{\min}) = T_h + T_s$$

对于过渡配合：

$$T_f = |X_{\max} - Y_{\max}| = (D_{\max} - d_{\min}) - (D_{\min} - d_{\max}) = (D_{\max} - D_{\min}) + (d_{\max} - d_{\min}) = T_h + T_s$$

式中，T_f 是配合公差。

可见各类配合的配合公差等于组成配合的两个尺寸要素的公差之和，即 $T_f = T_h + T_s$。

这一结论说明配合件的装配精度与零件的加工精度有关，若要提高装配精度，使配合后间隙或过盈的变化范围减小，则应减小零件的公差，即需要提高零件的加工精度。

配合公差的特性也可用配合公差带图来表示，如图 2-13 所示。零线以上的纵坐标为正值，代表间隙；零线以下的纵坐标为负值，代表过盈；符号 II 代表配合公差带。配合公差带完全处在零线以上时为间隙配合；完全处在零线以下时为过盈配合；跨在零线上、下两侧时为过渡配合。

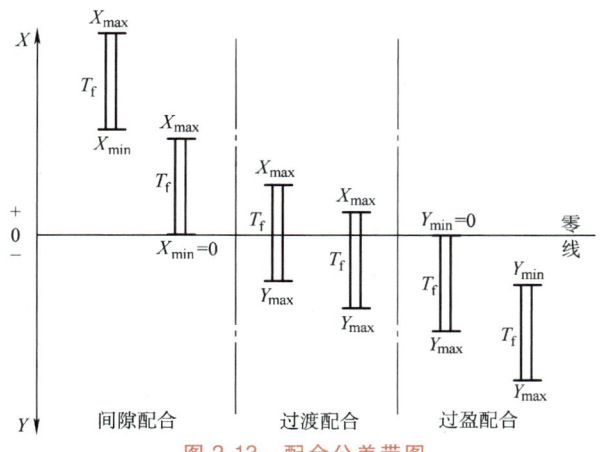

图 2-13 配合公差带图

配合公差带的大小取决于配合公差的大小，配合公差带相对于零线的位置取决于极限间隙或极限过盈的大小。前者表示配合精度，后者表示配合的松紧。

任务 2-2 实施

1) 由孔 $\phi 30^{+0.033}_{0}$ mm 与轴 $\phi 30^{-0.020}_{-0.041}$ mm 组成的配合。

最大间隙：$X_{max} = ES - ei = 0.033\text{mm} - (-0.041\text{mm}) = +0.074\text{mm}$

最小间隙：$X_{min} = EI - es = 0\text{mm} - (-0.020\text{mm}) = +0.020\text{mm}$

配合公差：$T_f = |X_{max} - X_{min}| = |0.074\text{mm} - 0.020\text{mm}| = 0.054\text{mm}$ 或 $T_f = T_h + T_s = 0.033\text{mm} + 0.021\text{mm} = 0.054\text{mm}$

2) 由孔 $\phi 30^{+0.033}_{0}$ mm 与轴 $\phi 30^{+0.023}_{+0.002}$ mm 组成的配合。

最大间隙：$X_{max} = ES - ei = 0.033\text{mm} - (+0.002\text{mm}) = +0.031\text{mm}$

最大过盈：$Y_{max} = EI - es = 0\text{mm} - (+0.023\text{mm}) = -0.023\text{mm}$

配合公差：$T_f = |X_{max} - Y_{max}| = |+0.031\text{mm} - (-0.023)\text{mm}| = 0.054\text{mm}$ 或 $T_f = T_h + T_s = 0.033\text{mm} + 0.021\text{mm} = 0.054\text{mm}$

3) 由孔 $\phi 30^{+0.033}_{0}$ mm 与轴 $\phi 30^{+0.069}_{+0.048}$ mm 组成的配合。

最小过盈：$Y_{min} = ES - ei = +0.033\text{mm} - 0.048\text{mm} = -0.015\text{mm}$

最大过盈：$Y_{max} = EI - es = 0\text{mm} - 0.069\text{mm} = -0.069\text{mm}$

配合公差：$T_f = |Y_{min} - Y_{max}| = |-0.015\text{mm} - (-0.069\text{mm})| = 0.054\text{mm}$ 或 $T_f = T_h + T_s = 0.033\text{mm} + 0.021\text{mm} = 0.054\text{mm}$

绘制出的配合公差带图，如图 2-14 所示。

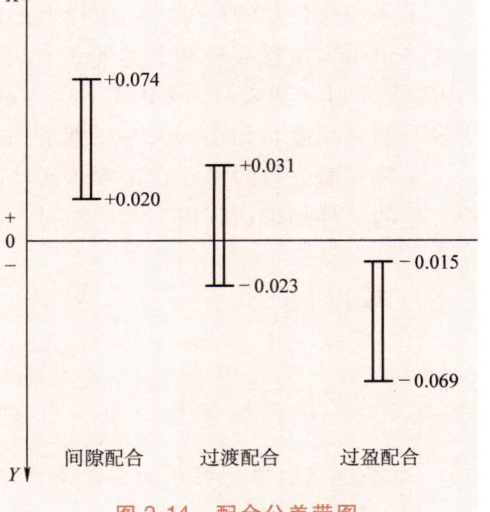

图 2-14 配合公差带图

2.4 线性尺寸的一般公差

微课：线性尺寸的一般公差

线性尺寸的一般公差是指在车间通常加工条件下可保证的公差。在正常维护和操作情况下，它代表车间通常的加工精度。线性尺寸的一般公差主要用于低精度的非配合尺寸。采用一般公差的好处是：可简化制图，使图面清晰；节省图样设计时间；可简化检验要求，有助于质量管理；更加突出重要的或有配合要求的尺寸，以便在加工与检验时，对这些重要且需控制的尺寸更加重视和做出计划安排。

国家标准 GB/T 1804—2000《一般公差 未注公差的线性和角度尺寸的公差》对线性尺寸的一般公差规定了4个公差等级，即 f（精密级）、m（中等级）、c（粗糙级）和 v（最粗级）。线性尺寸一般公差的极限偏差数值见表 2-4，倒圆半径与倒角高度尺寸一般公差的极限偏差数值见表 2-5。

表 2-4 线性尺寸一般公差的极限偏差数值

公差等级	尺寸分段							
	0.5~3	>3~6	>6~30	>30~120	>120~400	>400~1000	>1000~2000	>2000~4000
f（精密级）	±0.05	±0.05	±0.1	±0.15	±0.2	±0.3	±0.5	—
m（中等级）	±0.1	±0.1	±0.2	±0.3	±0.5	±0.8	±1.2	±2
c（粗糙级）	±0.2	±0.3	±0.5	±0.8	±1.2	±2	±3	±4
v（最粗级）	—	±0.5	±1	±1.5	±2.5	±4	±6	±8

表 2-5 倒圆半径与倒角高度尺寸一般公差的极限偏差数值

公差等级	尺寸分段			
	0.5~3	>3~6	>6~30	>30
f（精密级）	±0.2	±0.5	±1	±2
m（中等级)	±0.2	±0.5	±1	±2
c（粗糙级）	±0.4	±1	±2	±4

采用一般公差的尺寸，在图样上只标注公称尺寸，不标注极限偏差，而是在图样上或技术文件中用国家标准号和公差等级代号并在两者之间用一短画线隔开表示。例如，选用 m（中等级）时，则表示为 GB/T 1804—m，这表明图样上凡未注公差的线性尺寸（包含倒圆半径与倒角高度）均按 m（中等级）加工和检验。

采用一般公差的尺寸在正常车间精度保证的条件下一般可不检验。除另有规定，超出一般公差的工件如未达到损害其功能时，通常不应判定拒收。

2.5 基准制

任务 2-3 确定钻模基准制、公差等级和配合种类

任务描述：根据钻模的使用要求，综合运用有关基准制、公差等级和配合种类选择的知识，完成下列任务：

1)确定图 2-15 中钻模板 2 与钻套 3 配合（φ12mm）的基准制、公差等级和配合的种类。

2)确定图 2-15 中轴 4 与衬套 5 配合（φ30mm）的基准制、公差等级和配合的种类。

3)确定图 2-15 中轴 4 与底座 1 配合（φ22mm）的基准制、公差等级和配合的种类。

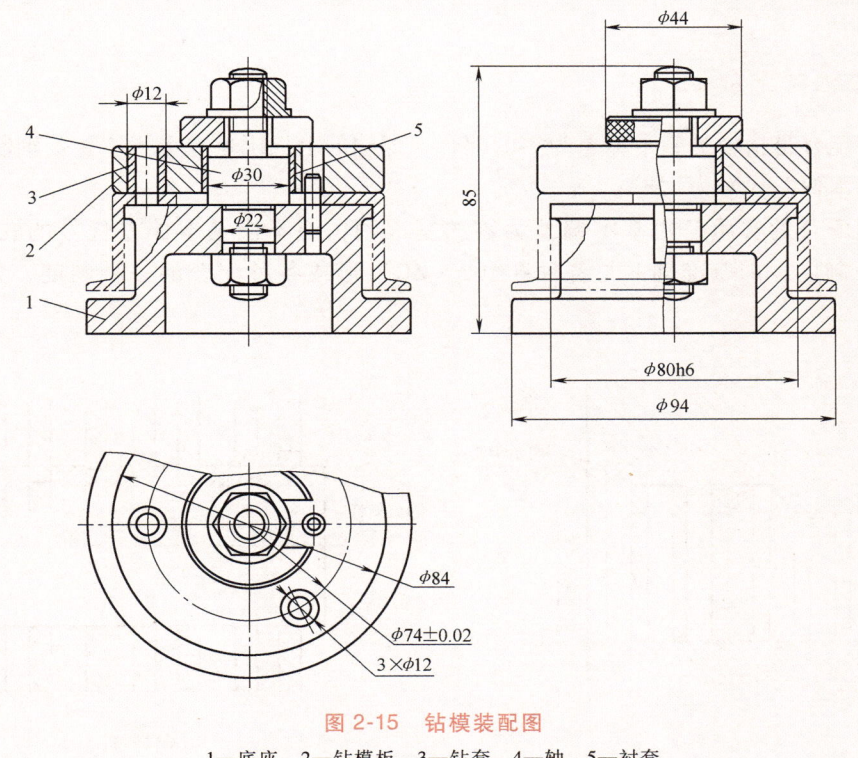

图 2-15 钻模装配图

1—底座　2—钻模板　3—钻套　4—轴　5—衬套

任务 2-4　根据配合的极限间隙确定公差带代号

任务描述：某配合的公称尺寸为 φ45mm，要求间隙在 0.022~0.066mm 之间，确定孔和轴的公差等级及配合代号。

在生产实践中，存在各种不同性质的配合，即使配合公差确定后，也可通过变更孔、轴公差带位置，组成不同性质、不同松紧的配合。为了简化起见，不需要将孔、轴公差带同时变动，只需固定一个，变更另一个，便可满足不同使用性能要求的配合，进而达到减少定值刀、量具的规格数量，且获得良好的技术经济效益的目的。因此，国家标准对孔与轴的配合规定了基孔制配合和基轴制配合两种配合制度。

2.5.1　基孔制配合

基孔制配合是指孔的基本偏差为零的配合，即孔的下极限偏差等于零。基孔制的孔为基准孔，其基本偏差代号为"H"。

微课：基准制

基孔制配合的实质是用基本偏差为零的基准孔，与不同基本偏差代号的轴形成各种配合的一种制度，即基准孔 H 与各种轴（a~zc）形成各种配合的一种制度，如图 2-16a 所示。

基准孔 H 与轴 a~h 形成间隙配合；与轴 j~n 一般形成过渡配合；与轴 p~zc 通常形成过盈配合。

2.5.2 基轴制配合

基轴制配合是指轴的基本偏差为零的配合，即轴的上极限偏差等于零。基轴制的轴为基准轴，其基本偏差代号为"h"。

基轴制配合的实质是用基本偏差为零的基准轴，与不同基本偏差代号的孔形成各种配合的一种制度，即基准轴 h 与各种孔（A~ZC）形成各种配合的一种制度，如图 2-16b 所示。

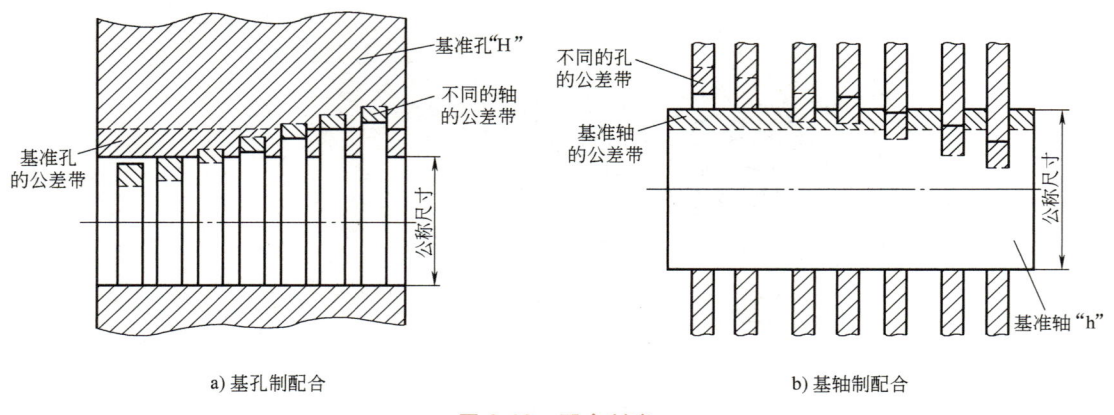

a) 基孔制配合   b) 基轴制配合

图 2-16 配合制度

基准轴 h 与孔 A~H 形成间隙配合；与孔 J~N 一般形成过渡配合；与孔 P~ZC 通常形成过盈配合。

2.6 国家标准规定的公差带与配合

国家标准中规定了 20 个公差等级的标准公差与 28 个基本偏差。所以可以构成的孔、轴公差带代号非常多，由不同的孔与轴公差带代号又可组成很多种配合。为了避免定值刀具、量具不必要的多样性，结合我国生产实际，国家标准对公差带代号和配合选用加以推荐和限制。

2.6.1 优先和常用公差带代号

国家标准推荐了孔和轴的常用、优先公差带代号。图 2-17 所示为孔的优先、常用公差带代号。其中方框中的 17 种为孔的优先公差带代号，应优先选取，其余的 28 种为孔的常用公差带代号。

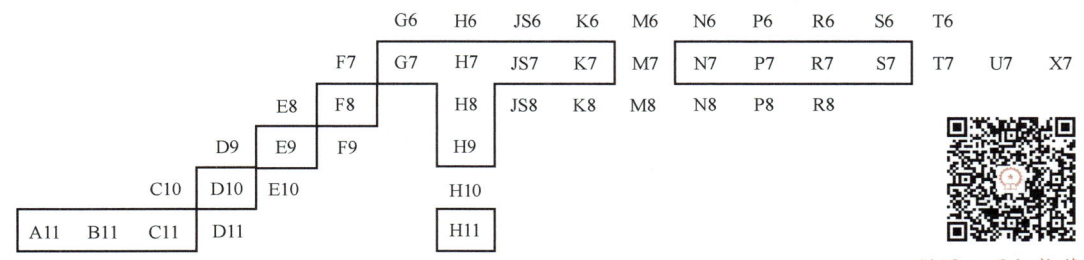

图 2-17 孔的优先、常用公差带代号

图 2-18 所示为轴的优先、常用公差带代号。其中方框中的 17 种为轴的优先公差带代号，应优先选取，其余的 33 种为轴的常用公差带代号。

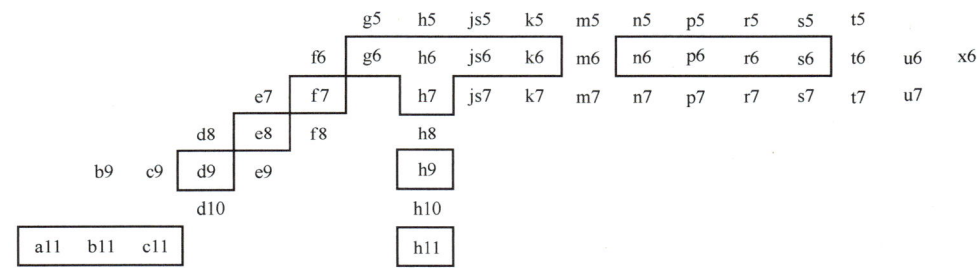

图 2-18 轴的优先、常用公差带代号

2.6.2 优先和常用配合

如图 2-19 所示，基孔制有 29 种常用配合，16 种优先配合（方框中的配合）。如图 2-20 所示，基轴制有 20 种常用配合，18 种优先配合（方框中的配合）。以上列出的配合可以满足普通的工程机构需要，选择时应优先选用优先配合，其次再选择常用配合。

基准孔	轴公差带代号																				
	间隙配合									过渡配合				过盈配合							
H6							g5	h5		js5	k5	m5		n5	p5						
H7						f6	g6	h6		js6	k6	m6	n6		p6	r6	s6	t6	u6	x6
H8					e7	f7		h7		js7	k7	m7					s7		u7		
				d8	e8	f8		h8													
H9				d8	e8	f8		h8													
H10		b9	c9	d9	e9			h9													
H11		b11	c11	d10				h10													

图 2-19 基孔制优先、常用配合

25

基准轴	孔公差带代号											
	间隙配合						过渡配合			过盈配合				
h5					G6	H6	JS6	K6	M6	N6	P6			
h6				F7	G7	H7	JS7	K7	M7	N7	P7	R7	S7	T7	U7	X7
h7			E8	F8		H8								
h8		D9	E9	F9		H9								
h9			E8	F8		H8								
		D9	E9	F9		H9								
	B11	C10	D10			H10								

图 2-20 基轴制优先、常用配合

2.7 公差与配合的选用

公差与配合选择得是否恰当，对产品的性能、质量、互换性及经济性有着重要的影响。在机械设计与制造中的一个重要环节，就是公差与配合的选择，其内容包括选择基准制、公差等级和配合种类三大方面。选择的原则是在满足使用要求的前提下能获得最佳的经济效益，即它是在公称尺寸已经确定的情况下进行的尺寸精度设计。

2.7.1 基准制的选用

微课：基准制的选择

基准制的选用与使用要求无关，主要考虑结构、工艺、装配、经济等方面。

1. 优先选用基孔制配合

从加工工艺方面考虑，中等尺寸、精度较高的孔的加工和检验常采用铰刀、量规等定值刀具和量具，孔的公差带位置固定，可减少刀具、量具的规格，有利于生产和降低成本；而测量轴类零件比较容易，故一般情况下，应优先采用基孔制。

2. 特殊场合选用基轴制配合

1）直接使用冷拉棒料做轴。冷拉棒料按基准轴的公差带制造，有一定公差等级（IT8～IT11）而不再进行机械加工。当需要各种不同的配合时，可选择不同的孔公差带位置来实现。这种情况主要应用于农业、纺织、建筑机械中。

2）在仪表制造、钟表生产、无线电工程中，经常使用经过光轧成形的钢丝直接做轴，用其加工尺寸<1mm 的精密轴，这时采用基轴制比较经济。

3）有些零件根据结构上的需要，同一公称尺寸的轴上装配有不同配合要求的几个孔件时应采用基轴制配合，有利于加工，也便于装配。如图 2-21a 所示，柴油机的活塞销同时与连杆孔和支承孔相配合，连杆要转动，故采用间隙配合，而与支承配合可紧一些，采用过渡配合。如采用基孔制，则如图 2-21b 所示，活塞销需做成中间小、两头大的形状，这不仅对加工不利，同时装配也有困难，易拉毛连杆孔。改用基轴制，如图 2-21c 所示，活塞销可做成光轴，而连杆孔、支承孔分别按不同要求加工，较经济合理且便于安装。

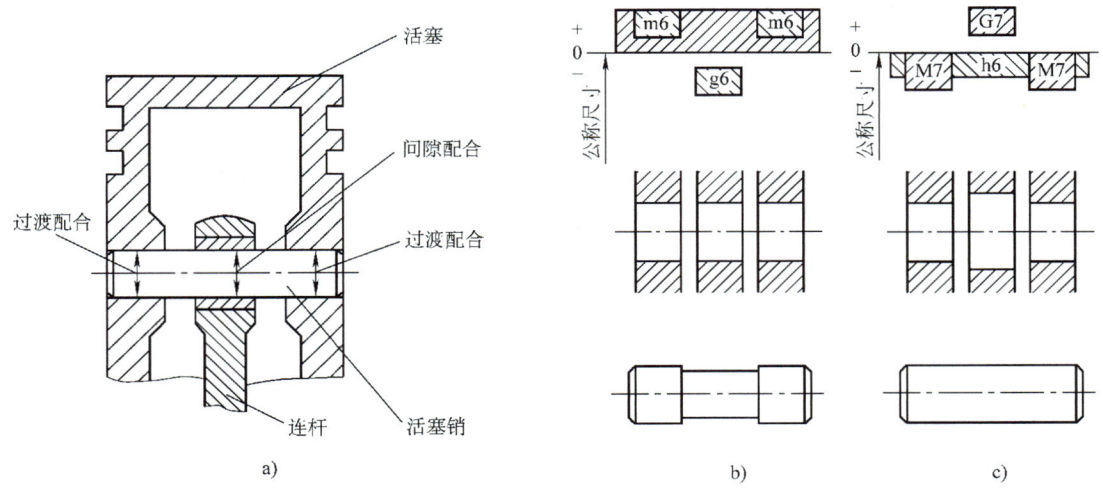

图 2-21 活塞连杆机构

4）与标准件配合时，必须按标准件来选择基准制配合。例如，滚动轴承的外圈与壳体孔的配合必须采用基轴制，滚动轴承的内圈与轴颈的配合必须采用基孔制。

3. 非基准制的配合

非基准制的配合是指相配合的两个零件既无基准孔 H 又无基准轴 h 的配合，是为了满足配合的特殊要求，允许采用任一孔、轴公差带所组成的配合。如图 2-22 所示，轴承端盖与孔的配合为 $\phi 90J7/f9$，挡环孔与轴的配合为 $\phi 40D11/k6$，两处都为非基准制的配合。因为 $\phi 90J7/f9$ 和 $\phi 40D11/k6$ 的定心精度要求低，为了装配的方便应该选用间隙配合，而选择基轴制的孔是不能满足上述要求的。

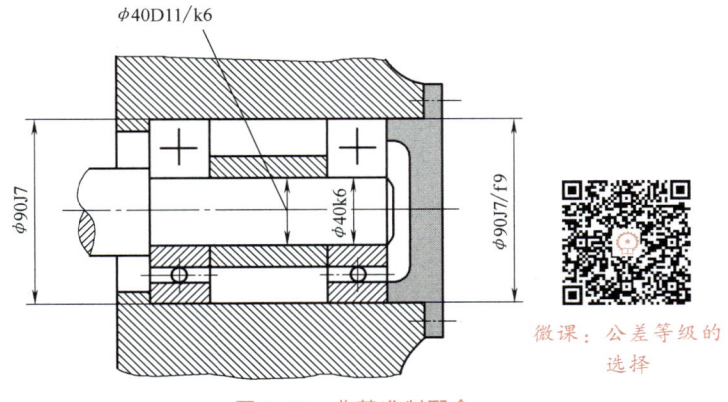

图 2-22 非基准制配合

微课：公差等级的选择

2.7.2 公差等级的选用

合理地选用公差等级，是为了更好地协调机械零部件使用要求与制造工艺及成本之间的矛盾。其选择公差等级的基本原则是：在满足使用要求的前提下，尽量选取较低的公差等级。

通常采用类比法来选择公差等级，也就是参考从生产实践中总结出来的经验资料，进行比较选择。

用类比法选择公差等级时，应掌握各个公差等级的应用范围和各种加工方法所能达到的公差等级，以便有所依据。选用时应考虑如下几点：

1）工艺等价性。公称尺寸≤500mm 时，对于较高公差等级的配合，孔比同级的轴加工困难，加工成本也要高一些，其工艺是不等价的。为了使相互配合的孔、轴工艺等价，当公差等级<IT8 时，孔比轴低一级（如 H7/n6、P6/h5）；当公差等级为 IT8 时，孔与轴同级或孔

比轴低一级（如 H8/f8、F8/h7）；当公差等级>IT8 时，孔、轴为同级（如 H9/e9、F8/h8）。

2）零部件精度的匹配性。例如，与滚动轴承相配合的外壳孔和轴颈的公差等级，跟相配合的滚动轴承的公差等级有关。对于齿轮的基准孔与轴的配合，该孔与轴的公差等级由相关齿轮精度等级确定。

3）常用加工方法所能达到的公差等级见表 2-6，公差等级的应用范围见表 2-7，常用公差等级的应用见表 2-8，选择时可供参考。

表 2-6 常用加工方法所能达到的公差等级

加工方法	公差等级（IT）																		
	01	0	1	2	3	4	5	6	7	8	9	10	11	12	13	14	15	16	17	18
研磨	━	━	━	━	━	━	━													
珩磨						━	━	━	━											
圆磨							━	━	━	━										
平磨							━	━	━	━										
金刚石车							━	━	━											
金刚石镗							━	━	━											
拉削							━	━	━	━										
铰孔								━	━	━	━	━								
车									━	━	━	━	━	━	━					
镗									━	━	━	━	━	━	━					
铣										━	━	━	━	━	━					
刨、插												━	━	━	━					
钻孔												━	━	━	━					
滚压、挤压										━	━	━								
冲压												━	━	━	━	━				
压铸													━	━	━					
粉末冶金成形								━	━	━										
粉末冶金烧结									━	━	━	━								
砂型铸造、气割																	━	━	━	━
锻造															━	━	━	━		

表 2-7 公差等级的应用范围

应用范围	公差等级（IT）																		
	01	0	1	2	3	4	5	6	7	8	9	10	11	12	13	14	15	16	17	18
量块	━	━	━																	
量规			━	━	━	━	━	━	━											
配合尺寸							━	━	━	━	━	━	━							
特别精密零件				━	━	━														
非配合尺寸														━	━	━	━	━	━	━
原材料公差										━	━	━	━	━	━					

表 2-8 常用公差等级的应用

公差等级	应用
IT01~IT1	用于精密的尺寸传递基准、高精密测量工具、极个别特别重要的精密配合尺寸。例如:量规或其他精密尺寸标准块公差,校对 IT6~IT7 级轴用量规的校对量规尺寸公差,个别特别重要的精密机械零件尺寸公差
IT2~IT7	用于检测 IT6~IT16 级工件用的量规的尺寸公差
IT3~IT5	用于高精度和重要配合处。例如:精密机床主轴颈与高精度滚动轴承的配合,车床尾座孔与顶尖套筒的配合,活塞销与活塞销孔的配合
IT6(孔至 IT7)	用于要求精密配合处,在机械制造中广泛应用。例如:机床中一般传动轴与轴承的配合,齿轮、带轮与轴的配合,精密仪器、光学仪器中精密轴的孔,电子计算机中外围设备中的重要尺寸,手表、缝纫机中重要的轴
IT7~IT8	用于精度要求一般的场合,在机械制造中属于中等精度。例如:一般机械中速度不高的带轮,重型机械、农业机械中的重要配合处,精密仪器、光学仪器中精密配合的孔,手表中离合杆压簧,缝纫机中重要配合的孔
IT9~IT10	用于只有一般要求的圆柱件配合。例如:机床制造中轴套外径与孔的配合,操纵系统的轴与轴承的配合,空转带轮与轴的配合,光学仪器中的一般配合,发动机中机油泵体内孔,键与键槽的配合,手表中要求一般或较高的未注公差尺寸,纺织机械中的一般配合零件
IT11~IT12	用于不重要配合处。例如:机床中法兰盘止口与孔,滑块与滑移齿轮凹槽,钟表中不重要的工件,手表制造中用的工具及设备中的未注公差尺寸,纺织机械中的粗糙活动配合
IT12~IT18	用于非配合尺寸及不重要的粗糙连接的尺寸(包括未注公差的尺寸),工序间的尺寸等

4)加工成本。图 2-23 所示为标准公差与相对成本的关系,可以看出,制造公差小时,随着公差等级提高(即标准公差数值减小),其成本迅速增加,在选用高公差等级时要特别慎重。但在低精度时,随着公差等级提高(即标准公差数值增大),成本变化不大。考虑到在满足使用要求的前提下降低加工成本,不重要的相配合件的公差等级可以低二、三级。减速器中箱体孔与端盖定位圆柱面的配合为 $\phi100K9/j7$,轴套与轴颈的配合为 $\phi55F9/j6$。

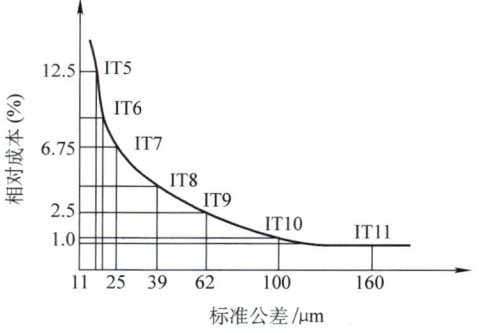

图 2-23 标准公差与相对成本的关系

2.7.3 配合的选择

配合的选择是在基准制和公差等级确定后,选择配合类别和非基准件的基本偏差代号。正确选择配合,对保证机器正常工作,延长使用寿命和降低造价,都起着非常重要的作用。

微课:配合的选择

1. 配合类别的选择

根据孔、轴配合的使用要求,分为间隙配合、过渡配合和过盈配合 3 种情况。

1)装配后有相对运动要求的,应选用间隙配合。小间隙的配合主要用于精确定心又便于拆卸的静连接,或结合件间只有缓慢移动或转动的动连接。如结合件要传递力矩,需加键、销等紧固件。较大间隙的配合主要用于结合件间有转动、移动或复合运动的动连接。

2）装配后需要靠过盈传递载荷的，应选用过盈配合。过盈配合主要用于结合件无相对运动、不可拆卸的静连接。当过盈量较小时，只作为精确定心用，若要传递力矩，则需加键、销等紧固件；过盈量较大时，可直接用于传递力矩。

3）装配后有定位精度要求或需要拆卸的，应选用过渡配合或小间隙、小过盈的配合。过渡配合可能具有间隙，也可能具有过盈，但不论是间隙量还是过盈量都很小，主要用于精确定心、结合件间无相对运动、可拆卸的静连接。若要传递力矩，则需加键、销等紧固件。

确定配合类别后，应尽可能地选用优先配合，其次是常用配合，如仍不能满足要求，可以按孔、轴公差带组成相应的配合。

2. 非基准件基本偏差代号的选择

非基准件基本偏差代号的选择方法有3种：计算法、试验法和类比法。

（1）**计算法** 根据零件的材料和结构，按照一定的理论公式计算出使用要求的间隙或过盈的大小来选择配合。当用计算法选择配合时，由于影响间隙和过盈的因素很多，理论计算也是近似的，所以在实际应用中还需经过试验来确定。

（2）**试验法** 通过模拟试验和分析的方法来确定满足产品工作性能的间隙或过盈范围。按试验法选取配合最为可靠，但成本较高，一般只用于特别重要的、关键性配合的选取，应用比较少。

（3）**类比法** 参照同类型机器或机构中，经过实践验证的配合的实际情况，通过分析对比来确定配合的方法。在实际工作中，大多采用类比法来选择配合，该方法应用最广。

用类比法选择配合时，应首先掌握和熟悉各个基本偏差在配合方面的特征和应用，并尽量采用国家标准规定的优先和常用配合。表2-9列出了尺寸至500mm基孔制配合的特征及应用，表2-10列出了轴的基本偏差选用说明，可供类比时参考。

表2-9 尺寸至500mm基孔制配合的特征及应用

类别	配合特征	配合代号	应用
间隙配合	很大间隙	$\frac{H11}{b11}$ $\frac{H11}{c11}$ $\frac{H10}{b9}$	用于工作条件较差、受力变形或为了便于装配而需要大间隙的配合和高温工作的配合
	较大间隙	$\frac{H11}{h10}$ $\frac{H11}{d10}$ $\frac{H10}{h9}$ $\frac{H10}{e9}$ $\frac{H10}{d9}$ $\frac{H10}{c9}$ $\frac{H9}{e8}$ $\frac{H9}{d8}$ $\frac{H8}{e8}$ $\frac{H8}{d8}$ $\frac{H8}{e7}$	用于高速、重型的滑动轴承或大直径的滑动轴承，也可以用于大跨距或多支点支承的配合
	一般间隙	$\frac{H9}{h8}$ $\frac{H9}{f8}$ $\frac{H8}{f8}$ $\frac{H8}{f7}$ $\frac{H7}{f6}$	用于一般转速的配合。当温度影响不大时，广泛应用于普通润滑油润滑的支承处
	较小间隙	$\frac{H8}{h8}$ $\frac{H8}{h7}$ $\frac{H7}{g6}$	用于精密滑动零件或缓慢间隙回转的零件的配合部位
	很小间隙和零间隙	$\frac{H7}{h6}$ $\frac{H6}{h5}$ $\frac{H6}{g5}$	用于不同精度要求的一般定位件的配合及缓慢移动和摆动零件的配合
过渡配合	绝大部分有微小间隙	$\frac{H8}{js7}$ $\frac{H7}{js6}$ $\frac{H6}{js5}$	用于易于装拆的定位配合或加紧固件后可传递一定静载荷的配合
	大部分有微小间隙	$\frac{H8}{k7}$ $\frac{H7}{k6}$ $\frac{H6}{k5}$	用于稍有振动的定位配合。加紧固件可传递一定载荷。装拆方便，可用木槌敲入

（续）

类别	配合特征	配合代号	应用
过渡配合	大部分有微小过盈	$\dfrac{H8}{m7}\ \dfrac{H7}{m6}\ \dfrac{H6}{m5}$	用于定位精度较高而且能够抗振的定位配合,加键可传递较大载荷,可用铜锤敲入或小压力压入
过渡配合	绝大部分有微小过盈	$\dfrac{H7}{n6}$	用于精密定位或紧密组合件的配合,加键能传递大力矩或冲击性载荷,只在大修时拆卸
过盈配合	轻型	$\dfrac{H7}{p6}\ \dfrac{H7}{r6}\ \dfrac{H6}{n5}\ \dfrac{H6}{p5}$	用于精密的定位配合,一般不能靠过盈传递力矩,要传递力矩尚需加紧固件
过盈配合	中型	$\dfrac{H8}{s7}\ \dfrac{H7}{t6}\ \dfrac{H7}{s6}$	不需要加紧固件就能传递较小力矩和轴向力,加紧固件后能承受较大载荷和动载荷
过盈配合	重型	$\dfrac{H8}{u7}\ \dfrac{H7}{u6}$	不需要加紧固件就可传递和承受大的力矩和动载荷的配合;要求零件材料有高强度
过盈配合	特重型	$\dfrac{H7}{x6}$	能传递和承受很大力矩和动载荷的配合,需要经过试验后方可应用

注：基轴制配合的应用与本表中的同名配合相同,对于少数几个没有对应同名配合的,可以计算出具体的间隙值或过盈值,参照上表确定其特征及应用范围。

表 2-10　轴的基本偏差选用说明

配合	基本偏差	特性及应用
间隙配合	a、b	可得到特别大的间隙,应用很少
间隙配合	c	可得到很大的间隙,一般用于缓慢、松弛的间隙配合;用于工作条件较差(如农业机械)、受力变形或为了便于装配而必须保证有较大的间隙的配合。推荐配合为 H11/c11,其较高等级的 H8/c7 配合,适用于轴在高温工作的紧密间隙配合,如内燃机排气阀和导管
间隙配合	d	一般用于 IT7~IT11 级,适用于较松的转动配合,如密封盖、滑轮、空转带轮等与轴的配合,也适用于大直径滑动轴承配合,如涡轮机、球磨机、轧滚成型机和重型弯曲机以及其他重型机械中的一些滑动轴承
间隙配合	e	多用于 IT7、IT8、IT9 级,具有明显的间隙,用于大跨距及多支点的转轴与轴承的配合以及高速重载的大尺寸轴与轴承的配合,如大型电动机、内燃机的主要轴承处的配合 H8/e7
间隙配合	f	多用于 IT6、IT7、IT8 级的一般转动配合。当温度影响不大时,广泛用于普通润滑油(或润滑脂)润滑的支承,如齿轮箱、小电动机、泵等的转轴与滑动轴承的配合
间隙配合	g	配合间隙很小,制造成本高,除载荷很轻的精密装置外,不推荐用于转动配合,多用于 IT5、IT6、IT7 级,最适合不回转的精密滑动配合,也用于插销等的定位配合,如精密连杆轴承、活塞及滑阀、连杆销等
间隙配合	h	多用于 IT4~IT11 级;广泛用于无相对转动的零件,作为一般的定位配合;若没有温度、变形影响,也用于精密滑动配合
过渡配合	js	偏差完全对称(±IT/2),平均间隙较小的配合,多用于 IT4~IT7 级,要求间隙比 h 轴小,并允许略有过盈的定位配合,如联轴器、齿圈与钢制轮毂。可用木槌装配
过渡配合	k	平均间隙接近于零的配合,适用于 IT4~IT7 级,推荐用于稍有过盈的定位配合,例如,为了消除振动用的定位配合。一般用木槌装配
过渡配合	m	平均过盈较小的配合,适用于 IT4~IT7 级,一般可用木槌装配,但在最大过盈时,要求相当的压入力
过渡配合	n	平均过盈比 m 轴稍大,很少得到间隙,适用于 IT4~IT7 级,用锤或压入机装配,通常推荐用于紧密的组件配合。H6/n5 配合时为过盈配合

（续）

配合	基本偏差	特性及应用
过盈配合	p	与 H6 或 H7 的孔配合时是过盈配合，与 H8 孔配合时则为过渡配合。对非铁类零件，为较轻的压入配合，当需要时易于拆卸。对钢、铸铁或铜、钢组件装配，是标准压入配合
	r	对铁类零件，为中等打入配合；对非铁类零件，为轻打入配合，当需要时可以拆卸。与 H8 孔配合，直径在 100mm 以上时为过盈配合，直径小时为过渡配合
	s	用于钢和铁类零件的永久性和半永久性装配，可产生相当大的结合力。当用弹性材料，如轻合金时，配合性质与铁类零件的 p 轴相当。例如，套环压装在轴上、阀座等的配合。尺寸较大时，为了避免损伤配合表面，需用热胀或冷缩法装配
	t	过盈较大的配合。对钢和铸铁零件适于作为永久性结合，不用键即可传递力矩，需用热胀或冷缩法装配，如联轴器与轴的配合
	u	这种配合过盈大，一般应验算在最大过盈时零件材料是否损坏，要用热胀或冷缩法装配，如火车轮毂和轴的配合
	v、x、y、z	这些基本偏差所组成配合的过盈量更大，目前使用的经验和资料还很少，须经试验后才应用，一般不推荐

此外，还要考虑承受载荷情况、工作时结合件间是否有相对运动、温度变化、润滑条件、装配变形、装拆情况、生产类型以及材料的物理、化学、力学性能等对间隙或过盈的影响。根据不同的工作条件，结合件配合的间隙量或过盈量必须相应地改变。表 2-11 可供类比时参考。

表 2-11　工作情况对间隙量或过盈量的影响

具体工作情况	过盈应增大或减小	间隙应增大或减小	具体工作情况	过盈应增大或减小	间隙应增大或减小
材料许用应力小	减小	—	装配时可能歪斜	减小	增大
经常拆卸	减小	—	旋转速度高	增大	增大
有冲击载荷	增大	减小	有轴向运动	—	增大
工作时，孔温高于轴温	增大	减小	润滑油黏度增大	—	增大
工作时，孔温低于轴温	减小	增大	装配精度高	减小	减小
配合长度较大	减小	增大	表面粗糙度低	增大	减小
配合面几何误差较大	减小	增大			

任务 2-3　实施

1) 选择基准制。各零件配合没有特殊要求，优先选用基孔制。

2) 选择孔、轴的公差等级。在生产实际中，随着公差等级的提高，生产成本也相应提高。应该根据各零件在实际使用中的作用和性能要求，选择合适的公差等级。在满足使用要求的前提下，应选用较低的公差等级，以降低生产成本。根据表 2-7 和表 2-8，结合钻模的使用要求，孔的公差等级选用 IT7，轴的公差等级选用 IT6。

3) 选择配合种类和孔、轴公差带。选择配合种类的方法一般采用类比法，应该先了解配合部位各零件在机器中使用要求和工作条件，了解各常用和优先配合的特征和应用场合。根据表 2-9 选用配合时，应该首选优先配合，当优先配合不满足使用要求时，再选择常用配合。

① 图2-15所示钻模板2与钻套3配合（φ12mm）选择。钻套3装入钻模板2上，工作时一般不需要拆卸，同时钻套3装入钻模板2后，不能产生太大的变形，以保证钻孔的精度要求，因此选用具有微小过盈的过渡配合。参考表2-9，配合代号为φ12H7/n6。

② 图2-15所示轴4与衬套5配合（φ30mm）选择。在装拆被加工零件时，需要将钻模板2拆下，衬套5与轴4之间应该选用间隙配合，但是间隙过大，会影响钻模板的定位，从而影响加工精度，所以选用间隙很小或零间隙的配合。参考表2-9，配合代号为φ30H7/h6。

③ 图2-15所示轴4与底座1配合（φ22mm）选择。轴4安装在底座1中，一般不需要拆卸。为了保证轴在底座中的准确定位，同时又便于安装和拆卸，应该选用有微小间隙的过渡配合。参考表2-9，配合代号为φ22H7/k6。

4）标注配合代号，具体如图2-24所示。

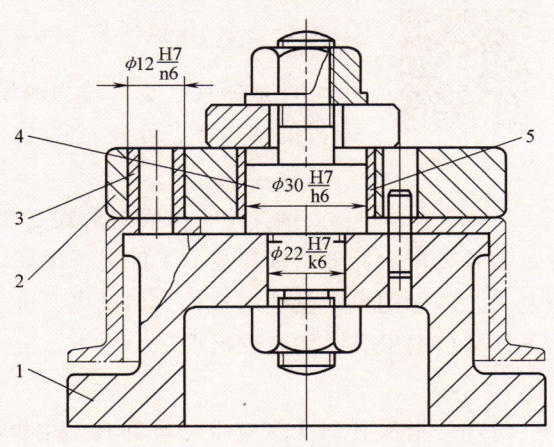

图2-24 钻模配合代号

1—底座　2—钻模板　3—钻套　4—轴　5—衬套

任务2-4　实施

1）选择基准制。该配合没有特殊要求，所以选用基孔制配合，基孔制配合 $EI=0$。

2）选择孔、轴公差等级。根据题意得：$T_f = T_h + T_s = |X_{max} - X_{min}|$。根据使用要求，配合公差 $T'_f = |X'_{max} - X'_{min}| = |0.066 - 0.022|\text{mm} = 0.044\text{mm} = 44\mu\text{m}$。即所选孔、轴公差之和 $T_h + T_s$ 应最接近而不大于 T'_f。

查表得：孔和轴的公差等级介于IT6和IT7之间，因为IT6和IT7属于高的公差等级，所以，一般取孔比轴大一级，故选为IT7，$T_h = 25\mu\text{m}$；轴为IT6，$T_s = 16\mu\text{m}$，则配合公差 $T_f = T_h + T_s = 25\mu\text{m} + 16\mu\text{m} = 41\mu\text{m}$，小于且最接近于 T'_f，因此满足使用要求。

3）确定孔、轴公差带代号。因为是基孔制配合，且孔的标准公差为IT7，所以孔的公差带为 $\phi 45\text{H7}\left(^{+0.025}_{0}\right)$。

又因为是间隙配合，$X_{min} = EI - es = 0 - es = -es$

由已知条件知 $X'_{min} = +22\mu\text{m}$，即轴的基本偏差 es 应最接近于 $-22\mu\text{m}$。

查表，取轴的基本偏差为f，$es = -25\mu\text{m}$，则 $ei = es - T_s = (-25 - 16)\mu\text{m} = -41\mu\text{m}$，所以轴的公差带为 $\phi 45\text{f6}\left(^{-0.025}_{-0.041}\right)$。

4）验算设计结果。所选孔、轴公差带组成的配合为 $\phi 45\text{H7/f6}$。

其最大间隙：$X_{max} = [+25 - (-41)]\mu\text{m} = +66\mu\text{m} = +0.066\text{mm} = X'_{max}$

最小间隙：$X_{min} = [0 - (-25)]\mu\text{m} = +25\mu\text{m} = +0.025\text{mm} > X'_{min}$

所以，间隙在0.022~0.066mm之间，设计结果满足要求，选用 $\phi 45\text{H7/f6}$ 是适宜的。

2.8 计量器具与测量方法简介

2.8.1 计量器具的分类

微课：计量器具的分类

计量器具（也可称为测量器具）是测量仪器和测量工具的总称。按其本身的结构特点可分为量具、量规、量仪和计量装置四类。

1. 量具

量具是指以固定形式复现量值的计量器具，通常用来校对和调整其他计量器具或作为标准用来与被测工件进行比较。量具分为单值量具和多值量具。单值量具是指复现几何量的单个量值的量具，如量块、直角尺等。多值量具是指复现一定范围内的一系列不同量值的量具，如线纹尺等。

2. 量规

量规是指没有刻度的专用计量器具，用以检验零件要素实际尺寸和几何误差的综合结果。使用量规检验的结果不能得到被检验工件的具体实际尺寸和几何误差值，而只能确定被检验工件是否合格，如使用光滑极限量规、螺纹量规、位置量规等进行的检验。

3. 量仪

量仪是指能将被测量几何量的量值转换成可直接观测的指示值或等效信息的计量器具。即计量器具有刻度，能量出具体数值。

4. 计量装置

计量装置是指为确定被测几何量量值所必需的计量器具和辅助设备的总称。它能够测量较多的几何量和较复杂的零件，有助于实现检测自动化或半自动化，如连杆、滚动轴承的零件可用计量装置来测量。

2.8.2 计量器具的主要技术指标

微课：计量器具的技术指标

计量器具的技术指标是表征计量器具技术性能和功用的计量参数，是合理选择和使用计量器具的重要依据。其中的主要指标如下：

1. 标尺间距

标尺间距是计量器具刻度标尺或分度盘上两相邻刻度线之间的距离，旧称刻度间距。为适于人眼观察，标尺间距一般为 1~2.5mm。

2. 标尺间隔（分度值）

标尺间隔（分度值）是对应两相邻标尺标记的两个值之差。一般长度计量器具的分度值有 0.1mm、0.05mm、0.02mm、0.01mm、0.005mm、0.002mm、0.001mm 等几种。例如，图 2-25 所示机械比较仪的分度值为 0.002mm。一般来说，分度值越小，则计量器具的精度就越高。

3. 示值范围

示值范围是指计量器具所能显示（或指示）的最低值到最高值的范围。图 2-25 所示机械比较仪的示值范围为 ±60μm。

4. 测量范围

测量范围是计量器具所能测量尺寸的最小值到最大值的范围。图 2-25 所示机械比较仪的测量范围为 0～180mm。

5. 示值误差

示值误差是指计量器具上的示值与被测真值的代数差。一般来说，示值误差越小，则计量器具的精度就越高。

6. 修正值

修正值是指为了消除或减少系统误差，用代数法加到未修正测量结果上的数值，其大小与示值误差的绝对值相等，而符号相反。例如，示值误差为 -0.004mm，则修正值为 +0.004mm。

7. 测量力

测量力是测量头与被测零件表面在测量时相接触的力。测量力会引起计量器具和被测量工件的弹性变形，影响测量精度。

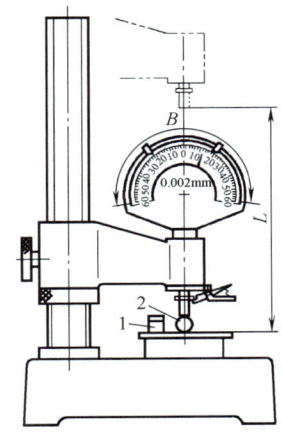

图 2-25 机械比较仪的部分技术性能指标
1—量块 2—被测工件

2.8.3 零件和计量器具的清洁、防锈及维护保养

1. 零件的清洁

在检测前，需要对零件进行清洁处理，以免影响检测的准确性。如果零件表面有防锈油或者其他油污、灰尘等物质，则需要用专门的清洗剂进行清洗。计量室常用的清洗剂有汽油、航空煤油、无水酒精等。在清洗时，应保证良好的通风并对操作者的皮肤及呼吸系统有保护措施。上述清洗剂都是易燃物，应防环境明火和高温。清洗完毕后，可用绸布或者脱脂棉将被测零件擦干待用。

如果零件看起来比较干净，可以不清洗而直接用绸布或者脱脂棉进行擦拭。

2. 计量器具的清洁

在校对零位和检测前，应用绸布或者脱脂棉轻轻擦拭计量器具的测头、工作面等重要部位。对于量块等实物量具，则应用清洗剂将量块表面的防锈油清洗干净，然后用绸布擦干。

3. 计量器具的防锈处理

计量器具在使用完毕后，应用绸布或者脱脂棉将计量器具的测头、工作面等重要部位轻轻擦拭干净，并按照计量器具说明书的规定在需要的部位均匀地涂上防锈油。

4. 计量器具的维护保养

为了保证计量器具的精确度和工作可靠性，必须做好计量器具的维护保养工作。

1）测量前应将计量器具的工作面和被测表面擦拭干净，以免影响测量精确度。不能用精密计量器具测量粗糙的铸、锻毛坯或带有研磨剂的表面。

2）温度对计量器具影响很大，精密量仪应放在恒温室内，维持室温在 20℃ 左右，且相对湿度不要超过 60%。计量器具不要放在热源附近，以免受热变形而失去精确度。

3）不要把计量器具放在磁场附近，以免使计量器具磁化。

4）量具不能当作其他工具使用。例如：把千分尺当作小榔头使用；用游标卡尺划线等都是不可以的。

5）发现精密计量器具有不正常现象时，不允许使用者私自拆修，应交计量室检修。

6）计量器具在使用过程中，不能与刀具堆放在一起，以免碰伤；也不能随便放在机床上，以免因机床振动而使计量器具损坏。

7）计量器具应经常保持清洁，使用后及时擦拭干净，并涂上防锈油，放在专用的盒子里，存放在干燥的地方。

8）清洗光学量仪外表面时，宜用脱脂软细毛的毛笔轻轻拂去浮灰，再用柔软清洁的亚麻布或镜头纸擦拭。如光学零件表面有油渍可蘸一点酒精或二甲苯擦拭，但尽量避免反复擦拭。

9）计量器具应定期送计量室检定，以免其示值误差超差而影响测量结果。

2.8.4　计量器具的检定

1. 计量器具检定的意义

任何计量器具都存在误差，并且这些误差随着计量器具的使用而逐渐增大。因此，对使用中的计量器具必须进行定期性的周期检定，以确定计量器具指示数值的误差是否在允许的范围内，并确定其是否合格。

2. 检定规程

作为检定依据的国家法定技术文件称为检定规程。检定规程的内容包括检定规程的适用范围、计量器具的计量性能、检定项目、检定条件、检定周期以及检定结果的处理等。

零件的互换性是由计量器具来控制的，若计量器具本身的尺寸不准确，零件的互换性也就不能保证。因此，检定工作通过对保证计量器具的准确一致来保证被测零件测得值的准确和一致性，从而对实现零件的互换性起着重要的作用。

微课：测量方法

2.8.5　测量方法的分类

广义的测量方法，是指测量时所采用的测量原理、计量器具和测量条件的综合。但是在实际工作中，测量方法一般是指获得测量结果的具体方式。它可从不同的角度进行分类。

1. 按是否直接量出所需要的量值，可分为直接测量和间接测量

（1）直接测量　直接测量是指在测量过程中可以直接得到被测尺寸的数值或其相对于公称尺寸的实际偏差数值。例如，用游标卡尺、外径千分尺测量零件的直径。

（2）间接测量　间接测量是指在测量过程中先测量出与被测量值有关的几何参数，然后通过计算获得被测量值。例如，在测量大的圆柱形零件的直径 D 时，可以先量出其圆周 L，然后通过公式 $D=L/\pi$ 计算零件的直径 D。

2. 按所测读数是否代表被测量值的绝对数字，可分为绝对测量和相对测量

（1）绝对测量　绝对测量是指在测量过程中测量的读数是被测量值的绝对数值。例如，用游标卡尺直接量出零件的实际尺寸。

（2）相对测量　相对测量是指在测量过程中测量所得的读数是被测尺寸相对于已知标准量（通常用量块体现）的偏差。由于标准量是已知的，因此，被测参数的整个量值等于仪器所指偏差与标准量的代数和。例如，用内径量表测量孔径，测量时先用量块调整百分表零位，百分表指示出的示值为被测孔径相对于量块尺寸的偏差。

3. 按被测零件的表面与测量头是否接触，可分为接触测量和非接触测量

（1）**接触测量**　接触测量是指测量时计量器具的测量头与测量表面直接接触，并有机械作用的测量力存在。例如，用机械比较仪测量轴径。

（2）**非接触测量**　非接触测量是指测量时计量器具的测量头不与被测表面接触。例如，用光切显微镜测量表面粗糙度，用气动量仪测量孔径等。

4. 按零件被测参数的多少，可分为综合测量和单项测量

（1）**综合测量（综合检验）**　综合测量（综合检验）是指同时测量工件上几个相关几何量的综合效应或综合指标，以判断综合结果是否合格，而不要求知道有关单项值。其目的在于限制被测工件在规定的极限轮廓内，以保证互换性的要求。例如，用螺纹通规检验螺纹单一中径、螺距和牙侧角实际值的综合结果（作用中径）是否合格。

（2）**单项测量**　单项测量是指对工件上的每个几何量分别进行测量。例如，用工具显微镜分别测量螺纹单一中径、螺距和牙侧角的实际值，并分别判断它们各自是否合格。通常在分析加工过程中造成次品的原因时，多采用单项测量。

5. 按测量零件时计量器具的测量头与被测零件相对运动的状态，可分为静态测量和动态测量

（1）**静态测量**　静态测量是指在测量过程中，计量器具的测量头与被测零件处于相对静止状态，被测量的量值是固定的。

（2）**动态测量**　动态测量是指在测量过程中，计量器具的测量头与被测零件处于相对运动状态，被测量的量值是变化的。例如，用圆度仪测量圆度误差，用电动轮廓仪测量表面粗糙度值等。

6. 按测量时零件是否在线，可分为在线测量和离线测量

（1）**在线测量**　在线测量是指在加工过程中对工件进行测量的测量方法。测量结果直接用来控制工件的加工过程，以决定是否需要继续加工或调整机床。在线测量能及时防止废品的产生，主要应用在自动化生产线上。

（2）**离线测量**　离线测量是指在加工后对工件进行测量的测量方法。测量结果仅限于发现并剔除废品。

在线测量使检测与加工过程紧密结合，能及时防止废品的产生，以保证产品质量，因此是检测技术的发展方向。

7. 按对同一量进行多次测量时影响测量误差的各种因素是否改变，可分为等精度测量和不等精度测量

（1）**等精度测量**　等精度测量是指对同一量进行多次重复测量时，对影响测量误差的各种因素，包括测量仪器、测量方法、测量环境条件、测量人员等都不改变的情况下所进行的一系列测量。等精度测量主要用来减小测量过程中随机误差的影响。

（2）**不等精度测量**　不等精度测量是指在对同一量进行多次重复测量时，采用不同的测量仪器、测量方法，或改变环境条件所进行的一系列测量。不等精度测量一般是为了在科研中进行高精度测量对比试验。

等精度测量与不等精度测量的性质不同，它们的数据处理方法也不相同，后者的数据处理比前者复杂。在进行等精度测量时，若测量条件发生变化，则客观上属于不等精度测量，这样往往会影响测量结果的可靠性。

2.9 车间通用计量器具

任务 2-5 用游标卡尺检测盖板的长度、宽度、厚度、槽宽、台阶高度、孔心距

任务描述：图 2-26 所示为盖板图样，用游标卡尺检测下列尺寸并判断合格性。①公称尺寸为 128mm 的长度尺寸；②公称尺寸为 100mm 的宽度尺寸；③公称尺寸为 17mm 的厚度尺寸；④标注为（20±0.165）mm 的槽宽尺寸；⑤公称尺寸为 4mm、10mm、4mm 的三处台阶高度尺寸；⑥公称尺寸为 67.5mm 的两孔中心距尺寸。

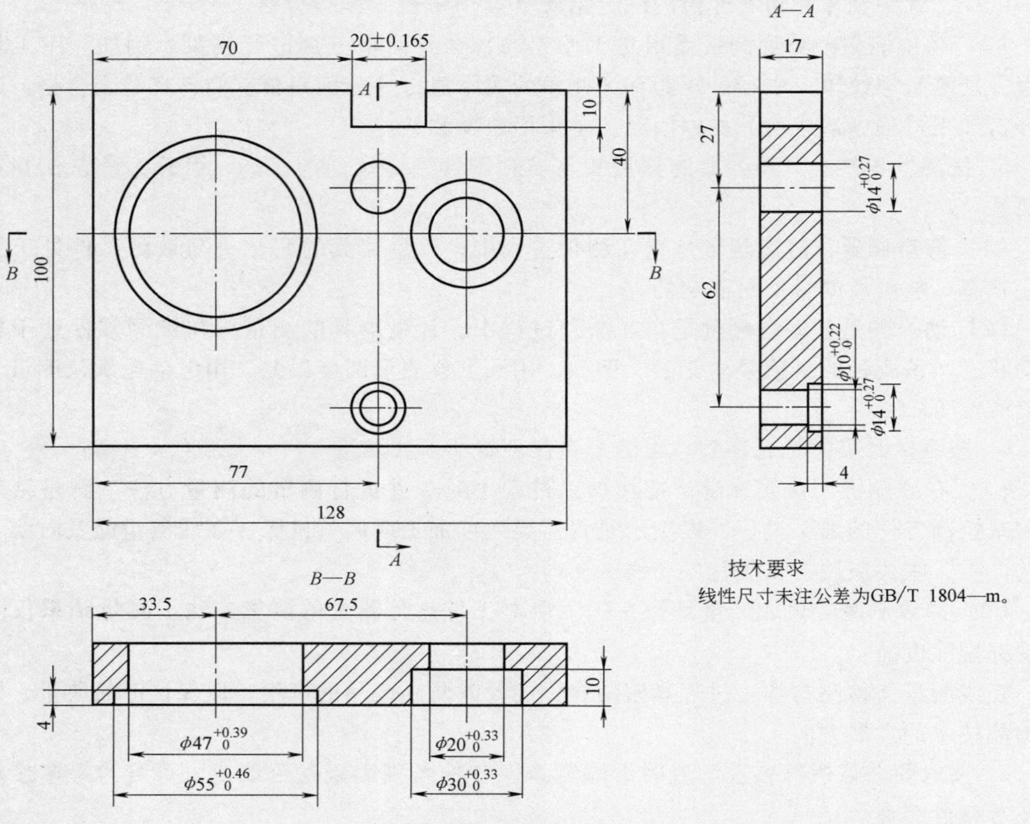

技术要求
线性尺寸未注公差为GB/T 1804—m。

图 2-26 盖板图样

2.9.1 游标卡尺

微课：游标卡尺的结构

1. 游标卡尺的结构

游标卡尺是一种应用游标原理所制成的量具。常见的游标量具有游标卡尺、数显卡尺、游标深度卡尺、游标高度卡尺等，其特点是结构简单、使用方便、测量范围较大，但精度低。它主要应用于车间现场作为低精度测量，常用来测量工件的外径、内径、长度、宽度、深度及孔距等。

游标卡尺的结构形状如图 2-27 所示。它主要由尺身 5 和游标尺 9 组成，紧固螺钉 4 可旋松或拧紧游标尺。外量爪 10 用来测量工件的外径或长度，内量爪 2 可以测量孔径或槽宽，深度尺 7 用来测量孔的深度和台阶高度。

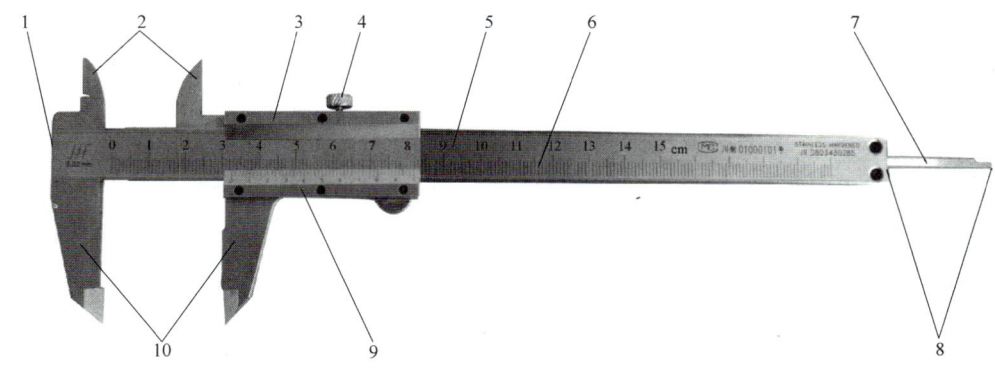

图 2-27 游标卡尺的结构形状

1—尺身端面 2—内量爪 3—尺框 4—紧固螺钉 5—尺身
6—主标尺 7—深度尺 8—深度测量面 9—游标尺 10—外量爪

2. 游标卡尺的刻线原理与读数方法

游标卡尺的读数精度是利用尺身和游标尺刻线间的距离之差来确定的。常用游标卡尺的分度值有 0.1mm、0.05mm、0.02mm。

1）分度值为 0.1mm 的游标卡尺。分度值为 0.1mm 的游标卡尺尺身每小格为 1mm，游标刻线总长为 9mm，并等分为 10 格，因此每格为 0.9mm，则尺身 1 格和游标尺 1 格的差为 0.1mm，所以它的分度值为 0.1mm。

2）分度值为 0.05mm 的游标卡尺。分度值为 0.05mm 的游标卡尺尺身每小格为 1mm，游标刻线总长为 39mm，并等分为 20 格，因此每格为 1.95mm，则尺身 2 格和游标尺 1 格之差为 0.05mm，所以它的分度值为 0.05mm。

3）分度值为 0.02mm 的游标卡尺。分度值为 0.02mm 的游标卡尺尺身每小格为 1mm，游标刻线总长为 49mm，并等分为 50 格，因此每格为 0.98mm，则尺身 1 格和游标尺 1 格之差为 0.02mm，所以它的分度值为 0.02mm。

读数方法为：首先读出游标尺零线左面尺身上的整毫米数，然后看游标尺上哪一条刻线与尺身刻线对齐，该游标刻线的次序数乘以此游标卡尺的分度值，即为小数部分；最后把整数和小数相加其总和就是工件的实际尺寸。

即：实际尺寸 = 尺身整毫米数 + 游标刻线的次序数 × 分度值。

例如，图 2-28 所示为分度值是 0.02mm 的游标卡尺，游标尺零线所对尺身前面的刻度为 14mm，游标尺上的第 10 条线与尺身的一条刻线对齐，即小数部分为 0.02mm × 10 = 0.20mm，所以被测工件实际尺寸为 14mm + 0.20mm = 14.20mm。

微课：游标卡尺的刻线原理与读数方法

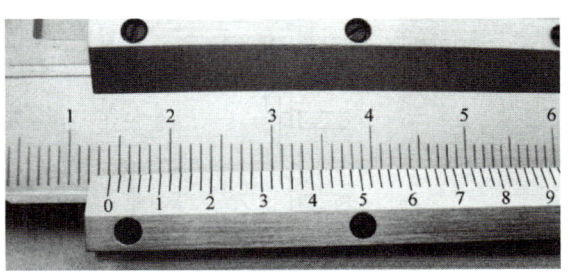

图 2-28 游标卡尺读数

3. 正确使用游标卡尺

(1) 使用前的检查工作

实训视频：游标卡尺的使用

1）游标卡尺如果不干净，要用干净的棉纱或软布将卡尺擦干净，特别是测量爪的测量面；还要注意让卡尺远离强磁场，不能受磁化影响，特别是数显卡尺，要避免内部电子线路受到干扰；还要防潮、防腐蚀和磨损。

2）拉动尺框，尺框在尺身上滑动应灵活平稳，不得有晃动或卡滞现象。

3）轻推尺框，使两外量爪的测量面合拢，两测量面接触后不得有明显的漏光。同时检查尺身与游标尺的零位是否对齐，否则要校对零位或修理。如临时需要测量，可将两个量爪闭合数次，虽不能对零，但如果误差值一致，则记下此零位的系统误差值，对测量结果进行修正。如误差值不一致，则须修理。

校对零位的方法是：擦净两外量爪的测量面（与检查间隙同时进行），使两测量面紧密接触后，看游标尺的零刻线与尺身的零刻线是否重合（对齐），游标尺的尾刻线与尺身的相应刻线是否重合，如果游标尺的零刻线和尾刻线分别与尺身的零刻线和相应刻线重合，则说明卡尺的零位正确，如图2-29所示。

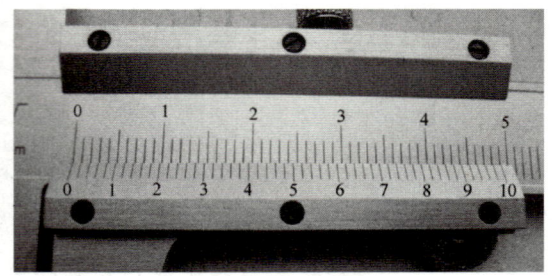

图2-29 正确的零位

4）用紧固螺钉固定尺框时，卡尺的读数不应发生变化。

不能满足以上要求的卡尺，不得使用，而应交付修理或做其他处理。

(2) 测量时的注意事项

1）正确选用量爪。卡尺测外尺寸的外量爪测量面有刀口形和平面形两种。测圆柱形件和平端面宜用平面形量爪；测沟槽和凹形弧面宜用刀口形量爪。内量爪有刀口形和圆弧形两种，用以测量各种内尺寸。

2）找准测量位置。测量时，当两量爪与被测工件接触后，应稍微游动一下量爪，测外尺寸时找最小尺寸位置，如图2-30a所示；测内尺寸时沿径向找最大尺寸，沿轴向找最小尺寸，如图2-30b、c所示。

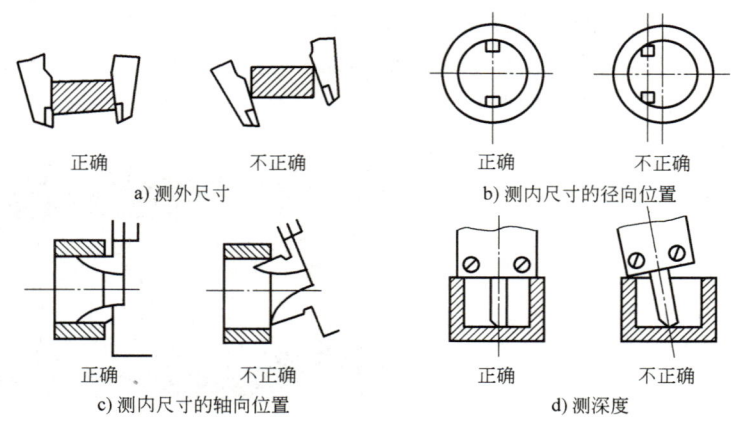

a) 测外尺寸 b) 测内尺寸的径向位置

c) 测内尺寸的轴向位置 d) 测深度

图2-30 游标卡尺测量正误图

测深度时，要使卡尺端面与被测件上的基准平面贴合，同时深度尺要与该平面垂直，如图 2-30d 所示。

3）防止量爪磨损。量爪，特别是刀口形量爪容易磨损，磨损后将直接影响使用质量和测量精度。量爪进入工件的测量部位时，如果测外尺寸应使两量爪测量面间的距离大于被测尺寸；如果测内尺寸应使两量爪测量面间的距离小于被测尺寸。测量时先让固定量爪接触工件，再让与尺框相连的活动量爪接触工件并进行测量。测量完毕后，一定要先移动尺框，使量爪与工件脱离接触并离开一定距离后，再拿开卡尺。决不可从工件上猛力抽下卡尺。

决不能用卡尺去测量运动中的工件，这样不但会严重磨损量爪，还易发生安全事故。卡尺不应与车间杂物混放在一起，以免碰撞损坏。

4）适当控制测量力。卡尺没有控制测量力的机构，测量力主要靠测量者的手感来掌握。如用力过大，会使尺框倾斜而产生测量误差。

5）正确读取读数。游标卡尺刻线密集，读数时一定要仔细，特别要注意尺身刻线与游标刻线的对齐情况，必要时可借助放大镜来观察，以免出现错误。对于游标刻线棱边有一定厚度的卡尺，读数时视线一定要垂直正视刻线。

6）正确测深度。使用深度尺测量时先将其上拉，让深度尺的测量面与工件被测深度的顶面（测量基准面）贴合好之后，再将深度尺下推，直到其另一测量面与被测深度部位接触，此时即可读数，也可用紧固螺钉固定尺框，取出游标卡尺再进行读数。深度尺下方的测量面很小，要注意避免磨损及碰伤。

4. 正确存放游标卡尺

游标卡尺用完后，应平放入木盒。如较长时间不使用，应用汽油擦洗干净，并涂上一层薄薄的防锈油。游标卡尺不能放在磁场附近，以免磁化，影响正常使用。

世界上最早的卡尺

早在 2000 多年前新莽时期，就出现了一种可活动的卡尺，即新莽铜卡尺，如图 2-31 所示。新莽卡尺由固定尺和滑动尺两部分组成，两端有矩形量爪，固定尺正面刻有四十个分格，中间开导槽，滑动尺正面刻有五个寸格，量爪与尺身相连处还有拉环，方便滑动尺移动。当两量爪并拢时，固定尺与滑动尺等长，两尺的刻线大体相同。新莽卡尺的外形同现在的游标卡尺十分相似，虽然它不是利用游标进行读数的，而是一把刻线卡尺，但是用此量具既可测器物的直径，又可测其深度以及长、宽、厚，均较直尺方便和精确。在 2000 多年前，新莽卡尺的发明是长度测量技术的一个重要突破。在美国科普作家罗伯特·K·G·坦普尔所著的《中国——发明和发现的国度》一书中写道"使用完整的有刻度的活动测径器（卡尺），中国比欧洲要早 1600 多年左右"。

图 2-31 新莽卡尺

检测视频：高度游标卡尺的使用

检测视频：深度游标卡尺的使用

任务2-5 实施

- 准备工具和量具

准备测量范围为 0~150mm、分度值为 0.02mm 的游标卡尺。

- 测量步骤

1）用脱脂棉擦干净被测工件表面和游标卡尺的测量面。

2）校对游标卡尺零位。轻推尺框，使两测量面紧密接触后，看游标尺的零刻线与尺身的零刻线是否重合（对齐），游标尺的尾刻线与尺身的相应刻线是否重合，如果游标尺的零刻线和尾刻线分别与尺身的零刻线和相应刻线重合，则说明卡尺的零位正确，如图2-29所示。

3）测量128mm。测量平端面外尺寸时，先调整外量爪之间的距离大于被测工件尺寸，然后推动尺框，使量爪的平面形测量面和被测工件紧密接触，并且稍微游动一下量爪，找最小尺寸位置。然后锁紧螺钉，读数。读数结束后，松开锁紧螺钉，轻轻拉动尺框，使量爪和工件表面分离，然后取出。测量100mm、17mm等外尺寸时采用相同测量方法和步骤。

4）测量10mm。用深度尺测量台阶高度时，先将深度尺上拉，其削角边靠近台阶槽壁，让深度尺测量面与被测台阶上的基准平面贴合，同时深度尺应与基准平面垂直，然后将深度尺下推，直到深度尺另一测量面与台阶底部接触，此时即可读数，也可用紧固螺钉固定尺框，取出游标卡尺再进行读数。测量两处4mm台阶高度尺寸时采用相同测量方法和步骤。

5）测量（20±0.165）mm。测量内尺寸时，先调整刀口内量爪之间的距离，使量爪距离小于被测工件的尺寸，然后将量爪推入被测部位，拉动尺框，使两个内量爪和被测面紧密接触，在这个过程中轻轻摆动卡尺，找出最大尺寸，读数。读数结束后，先将量爪与工件分离，然后取出卡尺。

6）测量67.5mm。测量两孔中心距尺寸时，先用刀口内量爪测量孔 $\phi47_{0}^{+0.39}$ mm 和孔 $\phi20_{0}^{+0.33}$ mm 的直径尺寸 D_1、D_2，然后用外量爪测量两孔孔壁之间的距离 L，最后代入公式 $a=D_1/2+D_2/2+L$，得到两孔中心距尺寸。

7）各尺寸测量3次，将其填入表2-12中，并计算平均值。

8）将平均值与其上极限尺寸和下极限尺寸进行比较，即可判断该尺寸是否合格。

9）测量两孔中心距时，分别测出两孔直径尺寸 D_1、D_2 和两孔孔壁之间的距离 L，将其填入表2-13中，最后代入公式，计算得到两孔中心距 a 的尺寸。

表2-12 内、外尺寸的实际尺寸及尺寸合格性判断　　　　　（单位：mm）

序号	被测尺寸	实际尺寸1	实际尺寸2	实际尺寸3	平均值	上极限尺寸	下极限尺寸	尺寸合格性
1	128	128.12	128.14	128.12	128.13	128.5	127.5	合格
2	10	9.72	9.60	9.80	9.71	10.2	9.8	不合格
3	20±0.165	20.12	20.10	20.14	20.12	20.165	19.835	合格

注：其他内、外尺寸按表中同样步骤测量和数据处理，并判断其合格性。

表2-13 两孔中心距的实际尺寸及尺寸合格性判断　　　　　（单位：mm）

序号	被测尺寸	孔1直径 D_1	孔2直径 D_2	两孔壁距离 L	计算两孔中心距 a	上极限尺寸	下极限尺寸	尺寸合格性
1	67.5	47.20	20.10	33.92	67.57	67.8	67.2	合格

2.9.2 外径千分尺

任务2-6 用外径千分尺检测传动轴的直径

任务描述：图2-32所示为传动轴图样，用外径千分尺检测下列直径并判断合格性。①两处$\phi 50_{0}^{+0.062}$mm的直径尺寸；②$\phi 40_{+0.017}^{+0.079}$mm的直径尺寸；③$\phi 52_{+0.041}^{+0.115}$mm的直径尺寸。

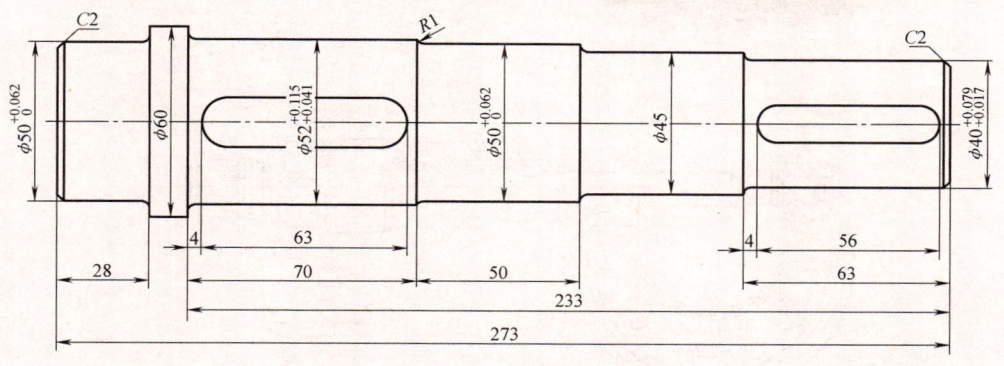

图2-32 传动轴图样

1. 外径千分尺的结构和测量原理

外径千分尺属于微动螺旋类量具，是利用螺旋副进行测量的一种量具。微动螺旋类量具除了最常见的外径千分尺之外，还有内径千分尺、深度千分尺等。其特点是以精密螺纹作为标准量，结构也比较简单，原理误差小，精度比游标类量具高，主要用于车间现场进行一般精度的测量。外径千分尺的外形和具体结构如图2-33所示。

微课：外径千分尺的结构、原理及读数方法

螺旋副原理是利用螺旋副将测微螺杆的旋转运动变成直线位移，测微螺杆在轴线方向上移动的距离与测微螺杆的转角成正比，即

$$L = P \frac{\theta}{2\pi}$$

式中，L是测微螺杆直线位移的距离（mm）；P是测微螺杆的螺距（mm）；θ是测微螺杆的转角（rad）。

图2-33中测微螺杆3和测微螺母（螺纹轴套4）构成螺旋副。测微螺杆3的左端是测杆，带有精密外螺纹，右端通过弹簧套8与微分筒6连接。测微螺母与轴套制成一体，称为螺纹轴套4。当转动微分筒6时，测微螺杆3在螺纹轴套4内与微分筒6同步转动，并做轴向移动，其移动量与微分筒6的转动量成正比。

为了能准确地读出测微螺杆的轴向位移量，在微分筒的斜面上刻有50条等分刻度线。公制千分尺的测微螺杆的螺距$P=0.5$mm，故微分筒每转一周（360°），测微螺杆就直线前进或后退0.5mm。当微分筒转过一个刻度时，测微螺杆移动的距离i为

$$i = \frac{L}{50} = \frac{P\dfrac{\theta}{2\pi}}{50} = \frac{0.5\text{mm} \times \dfrac{2\pi}{2\pi}}{50} = 0.01\text{mm}$$

式中，i是千分尺的分度值（mm）。

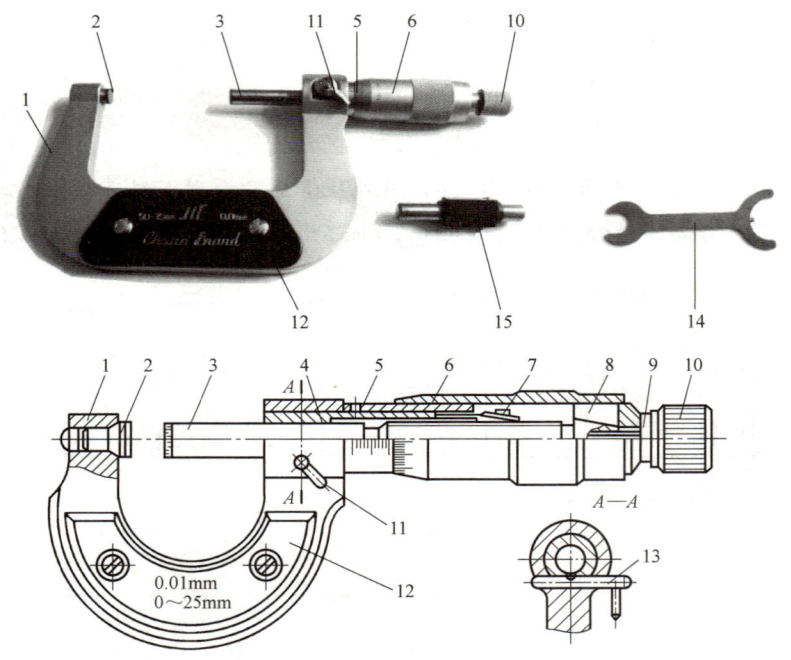

图 2-33 外径千分尺的外形和具体结构

1—尺架 2—测砧（固定测头） 3—测微螺杆 4—螺纹轴套 5—固定套管 6—微分筒
7—调节螺母 8—弹簧套 9—垫圈 10—测力装置 11—锁紧手柄
12—隔热装置 13—锁紧销 14—扳手 15—校对杆

2. 正确使用外径千分尺

（1）**正确选择外径千分尺** 选择外径千分尺应从两方面考虑：一是根据被测尺寸的公差大小选择千分尺，如果上面介绍过的千分尺保证不了测量精度，即满足不了被测工件的公差要求，可选用杠杆千分尺进行比较测量；二是根据被测工件尺寸的大小选择千分尺的测量范围（规格）。

外径千分尺的测量范围见表 2-14。

实训视频：
外径千分尺
的使用

表 2-14 外径千分尺的测量范围（摘自 GB/T 1216—2018）

测量范围/mm
0～25（0～15），25～50，50～75，75～100，100～125，125～150，150～175，175～200，200～225，225～250，250～275，275～300，300～325，325～350，350～375，375～400，400～425，425～450，450～475，475～500，500～600，600～700，700～800，800～900，900～1000

（2）**检查外径千分尺的外观质量和各部位的相互作用** 测量前应检查千分尺及校对杆，它们不应有碰伤、锈蚀、带磁或其他缺陷，刻线应均匀、清晰，微分筒转动和测微螺杆的移动应平稳、无卡住现象；再检查是否有周期检定合格证，有合格证，且在检定周期内，才能使用。

（3）**校对千分尺的零位**

1）零位。当微分筒的零刻线与固定套管的纵刻线对齐时，微分筒锥面的端面与固定套管的零刻线右边缘恰好相切，这时称为零位，如图 2-34a 所示。

2）压线。当微分筒的零刻线已与固定套管的纵刻线对齐时，微分筒锥面的端面已压住、甚至完全盖住固定套管的零刻线，这时称为压线，如图 2-34b 所示。

3）离线。当微分筒的零刻线与固定套管的纵刻线对齐时，微分筒锥面的端面不是与固定套管的零刻线右边缘恰恰相切，而是远离零刻线右边缘，这时称为离线，如图 2-34c 所示。

a）零位　　　　　　　　b）压线　　　　　　　　c）离线

图 2-34　外径千分尺零位、压线和离线

4）校对千分尺零位的方法。以 0~25mm 的千分尺校对零位为例加以说明。校对的方法是：擦净千分尺的两个测量面，左手拿住千分尺的隔热装置，右手的拇指、食指和中指旋转微分筒，当两个测量面快要接触时，改为轻轻旋转测力装置（棘轮），使两个测量面轻轻地接触，当发出"咔咔"的响声后即可进行读数。如果微分筒上的零刻线与固定套管的纵刻线重合，而且微分筒锥面的端面与固定套管的零刻线的右边缘恰好相切，则说明零位正确。如果零位不正确，允许压线不大于 0.05mm，离线不大于 0.10mm，为便于记忆可简称为压 5 离 10。

如果压线或离线值超过上述要求，则不要使用，应将千分尺送到计量室检定和调整零位后再使用。

测量范围大于 25mm 的千分尺，则用校对杆或量块校对零位。

（4）正确读数方法　读数时，先以微分筒的端面为准线，读出固定套管上与微分筒左端面相邻那条刻线的毫米整数；再以固定套管上的水平横线作为读数准线，观察水平横线与微分筒上哪条刻线对齐或接近，读数时应估读到最小刻度的十分之一，即 0.001mm。读数时还要观察微分筒左端面是否超过了半毫米刻线（如图 2-35 所示固定套管上的水平横线下方的竖线即为半毫米刻线），如果超过了半毫米刻线，则在读数中应加上 0.5mm。

在图 2-35a 中，微分筒未过半毫米刻线，所以读数为：6mm+0.360mm=6.360mm。

在图 2-35b 中，微分筒超过了半毫米刻线，所以读数为：6mm+0.5mm+0.360mm=6.860mm。

当微分筒左端面与固定套管上的整毫米刻线或者半毫米刻线处于似压非压状态时，读数一定要仔细，到底这条刻线是否计入读数，应根据微分筒上的读数来判断。当微分筒读数稍大于或等于零时，则表明微分筒已超过了半毫米刻线，应计入读数，如图 2-35c 所示；当微分筒读数稍小于 0.5mm 时，则表明微分筒没有超过半毫米刻线，不应计入读数，如图 2-35d 所示。

在图 2-35c 中，读数为：6mm+0.5mm+0.050mm=6.550mm。

在图 2-35d 中，读数为：6mm+0.450mm=6.450mm。

（5）正确使用千分尺　使用千分尺时，要正确操作微分筒和测力装置。当千分尺的两个测量面与被测表面快接触时，就不要旋转微分筒，而要旋转测力装置，使两个测量面与被测表面接触，等到发出"咔咔"响声后，再进行读数。

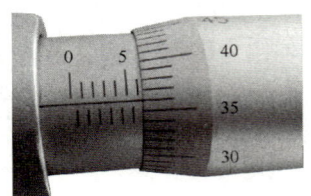
a) 未过半毫米刻线

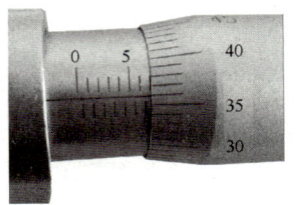
b) 超过半毫米刻线

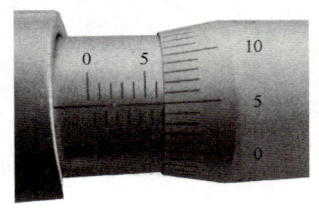
c) 刚好超过半毫米刻线

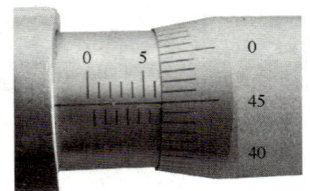
d) 即将超过半毫米刻线

图 2-35　千分尺的读数方法

旋转测力装置要轻而且要慢，不允许猛力转动测力装置，否则测量面靠惯性作用会猛烈冲向被测表面，测力超过测力装置限定的测力，以至测量结果不仅不准确，而且有可能把测微螺杆的螺纹牙型挤坏。退尺时，要旋转微分筒，不要旋转测力装置，以防把测力装置拧松，影响千分尺的零位。测量时，可根据零件的尺寸和测量位置选择双手操作或者单手操作。

双手操作千分尺的方法为：左手拿住千分尺的隔热装置，右手操作微分筒和测力装置进行测量，如图 2-36 所示。这种方法主要用于测量较大的工件。但无论测量大型工件还是小型工件，都必须把工件放置稳固后再测量，以防发生工伤和质量事故。读数前要调整好千分尺的两个测量面与被测表面，使它们接触良好。因此，当两个测量面与被测表面接触，测力装置发出"咔咔"声的同时，要轻轻晃动尺架，凭手感判断两个测量面与被测表面的接触是否良好。在测量轴类工件的直径尺寸时，当两个测量面与被测表面接触后，要左右（沿轴线方向）晃动尺架找出最小值，前后（沿径向方向）晃动尺架找出最大值，只有这样才是被测轴的直径尺寸。

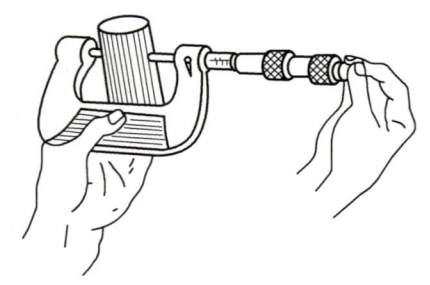
图 2-36　双手操作千分尺

（6）使用外径千分尺的注意事项

1) 在测量前，必须校对零位，测量结束后要再次校对（复查）零位。

2) 要减少温度对测量结果的影响。检定千分尺的各项技术参数是在一定的温度条件下进行的，使用千分尺进行精密测量时，应该在与检定该千分尺相同的环境温度下进行，这样可以减少温度差引起的测量误差。当不能满足这一要求时，应该使被测件和所使用的千分尺在同一条件下放置一段时间，使它们的温度相同后再进行测量。测量时，第一要用手拿住隔热装置，第二动作要快，以防手的温度传到尺架上，致使尺架变形，引起千分尺示值误差的变化。对于大型千分尺，这点尤为重要。

3）用千分尺测量轴的中心线要与工件被测长度方向相一致，不要歪斜。

4）在测量被加工的工件时，工件要在静态下测量，不要在工件转动或加工时测量，否则易使测量面磨损，测微螺杆扭弯，甚至折断，还容易引起人身伤害事故。

5）按被测尺寸调节外径千分尺时，要慢慢转动微分筒或测力装置，不要握住微分筒挥动或摇转尺架，以免精密测微螺杆变形。

检测视频：内径千分尺的使用　　检测视频：杠杆千分尺的使用　　检测视频：内测千分尺的使用　　检测视频：深度千分尺的使用

2.9.3　内径百分表

任务2-7　用内径百分表检测轴套内径

任务描述：图2-37所示为某阶梯轴套图样，用内径百分表检测 $\phi 40H7\left(^{+0.025}_{0}\right)$ 孔径尺寸，并判断其合格性；分析该孔尺寸能否用游标卡尺来测量。

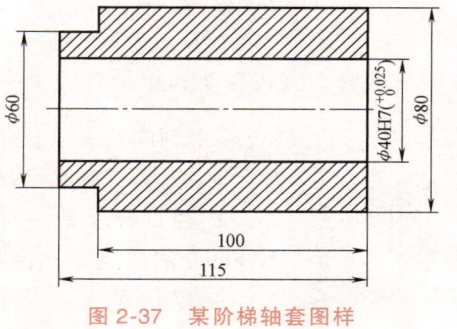

图2-37　某阶梯轴套图样

1. 百分表的结构和测量原理

（1）**百分表的结构**　百分表是利用机械传动机构，将测头的直线移动转变为指针的旋转运动的一种计量器具。它主要用于装夹工件时的找正和检查工件的形状、位置误差。百分表的分度值为0.01mm，测量范围一般有0~3mm、0~5mm和0~10mm共3种。

微课：百分表的结构与原理

目前，用得最多的是齿轮-齿条传动的百分表和杠杆-齿轮传动的杠杆式百分表。齿轮-齿条传动的百分表的外形和具体结构如图2-38所示。

（2）**百分表的测量原理**　以 $z_1 = 16$、$z_2 = 100$、$z_3 = 10$、模数 $m = 0.199$mm 的齿轮-齿条传动的百分表为例。齿条齿距 $t = \pi m = 0.625$mm。

测量杆移动1mm时，齿条移过 $\frac{1}{0.625} = 1.6$ 齿。这时，小齿轮1转过 $\frac{1.6}{16} = \frac{1}{10}$ 圈，大齿轮2也转过 $\frac{1}{10}$ 圈，即转过10个齿。与大齿轮2啮合的中间齿轮3也转过10齿，即转过一圈。所以，长指针6也转了一圈。在长指针的刻度盘上均匀刻有100个圆周刻度。长指针转过一个圆周刻度，测量杆5移动 $\frac{1\text{mm}}{100} = 0.01$mm，即分度值为0.01mm，这就是百分表的测量原理。

另外，与中间齿轮3啮合的还有大齿轮7，大齿轮7的轴上固定着短指针。当中间齿轮

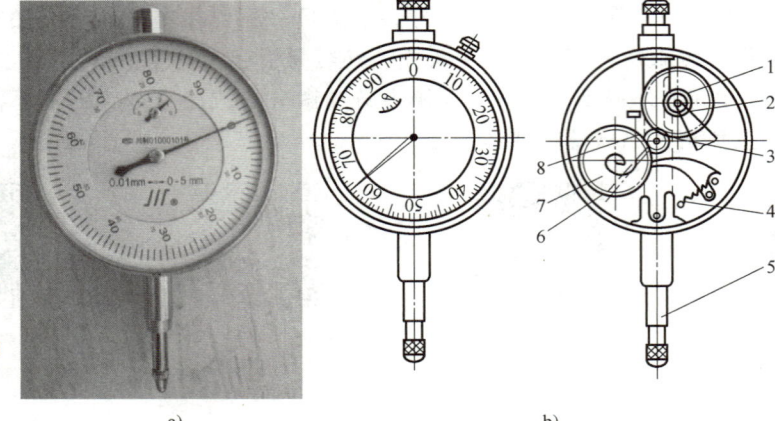

a) b)

图 2-38 齿轮-齿条传动的百分表的外形和具体结构

1—小齿轮 2、7—大齿轮 3—中间齿轮 4—弹簧 5—测量杆 6—长指针 8—游丝

3 转一圈时，大齿轮 7 和短指针转了 $\frac{1}{10}$ 圈。若在短指针的刻度盘上均匀地刻上 10 个圆周刻度，则短指针转过一个刻度就表示长指针转了一圈，也就是测量杆移动了 1mm。

2. 内径百分表的结构和测量原理

内径百分表是一种用相对测量法测量孔径的常用量仪。它可测量 6～1000mm 的内尺寸，特别适宜于测量深孔。

带定位装置的内径百分表的测量范围有 6～10mm、10～18mm、18～35mm、35～50mm、50～100mm、100～160mm、160～250mm、250～450mm、450～700mm、700～1000mm 共 10 种规格。

内径百分表的结构如图 2-39 所示。它由百分表和表架组成。百分表 7 的测量杆与传动杆 5 始终接触，弹簧 6 是控制测量力的，并经传动杆 5、杠杆 8 向外顶着活动测头 1。测量时，活动测头 1 的移动使杠杆 8 回转，通过传动杆 5 推动百分表的测量杆，使百分表的指针偏转。由于杠杆 8 是等臂的，当活动测头 1 移动 1mm 时，传动杆 5 也移动 1mm，推动百分表指针回转一圈。所以，活动测头 1 的移动量，可以在百分表 7 上读出来。

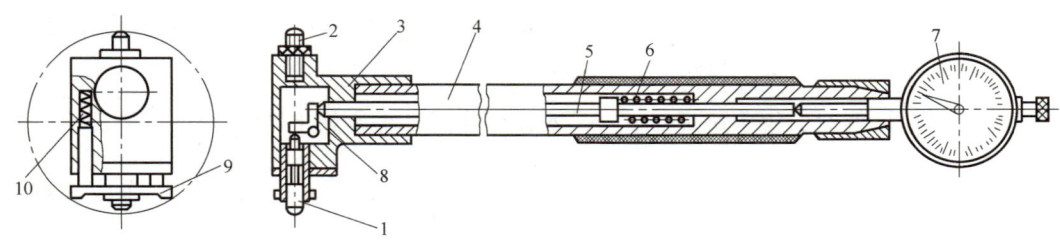

图 2-39 内径百分表的结构

1—活动测头 2—可换测头 3—测头主体 4—套管 5—传动杆
6—弹簧 7—百分表 8—杠杆 9—定位装置 10—弹簧

定位装置9起找正直径位置的作用，因为可换测头2和活动测头1的轴线实为定位装置的中垂线，此定位装置保证了可换测头2和活动测头1的轴线位于被测孔的直径位置上。

3. 正确使用内径百分表

用内径百分表测量孔径的步骤如下：

（1）**选取并调节可换测头**　根据被测孔的公称尺寸选取并调节可换测头，在自由状态下，使两测头之间的距离比被测孔径大0.5mm左右。

（2）**校对内径百分表的零位**　校对内径百分表的零位时，一般需使用量块和量块附件，也可以不用量块而使用标准环规来校对内径百分表零位。

量块是长度尺寸传递的实物标准之一，是无刻度的端面量具，广泛用于量具、量仪的校准与检定以及精密机床及设备的调整和精密工件的测量中。

量块是单值量具，一个量块只代表一个尺寸。量块除具有稳定、耐磨和准确的特性外，由于量块测量面上的粗糙度数值和平面度误差均很小，当测量面留有一层极薄的油膜（约0.02μm）时，在切向推合力的作用下，由于分子之间的吸引力，两量块能研合在一起，这称为量块测量面的研合性。利用量块的研合性，可以在一定的尺寸范围内，将不同尺寸的量块进行组合而形成所需的工作尺寸。根据GB/T 6093—2001《几何量技术规范（GPS）长度标准　量块》的规定，我国生产的成套量块有91块、83块、46块、38块、10块、8块、6块、5块等几种规格。部分成套生产的各种规格量块的级别、尺寸系列、间隔和块数见表2-15。

表2-15　部分成套生产的各种规格量块的级别、尺寸系列、间隔和块数

套别	总块数	级别	尺寸系列/mm	间隔/mm	块数
1	91	0,1	0.5		1
			1		1
			1.001,1.002,…,1.009	0.001	9
			1.01,1.02,…,1.49	0.01	49
			1.5,1.6,…,1.9	0.1	5
			2.0,2.5,…,9.5	0.5	16
			10,20,…,100	10	10
2	83	0,1,2	0.5		1
			1		1
			1.005		1
			1.01,1.02,…,1.49	0.01	49
			1.5,1.6,…,1.9	0.1	5
			2.0,2.5,…,9.5	0.5	16
			10,20,…,100	10	10
3	38	0,1,2	1		1
			1.005		1
			1.01,1.02,…,1.09	0.01	9
			1.1,1.2,…,1.9	0.1	9
			2,3,…,9	1	8
			10,20,…,100	10	10
4	10	0,1	1,1.001,…,1.009	0.001	10
5	10	0,1	0.991,0.992,…,1	0.001	10

量块在组合尺寸时，为减少量块的累积误差，应力求用最少的块数，通常不应多于 4~5 块。为了迅速选择量块，应从所给尺寸的最后一位数字开始考虑，每选取一块应使尺寸的小数位数减少一位，逐一选取。例如，从 91 块一套的量块中选取组成 38.935mm 的尺寸，其结果为 1.005mm、1.43mm、6.5mm、30mm 四块量块。

为了扩大量块的应用范围，可采用量块附件。量块附件中主要是夹持器和各种量爪，如图 2-40 所示。量块及附件装配后，可用于测量外径、内径或精密划线。

微课：量块的结构和精度

检测视频：量块及其附件的使用

微课：量块的应用

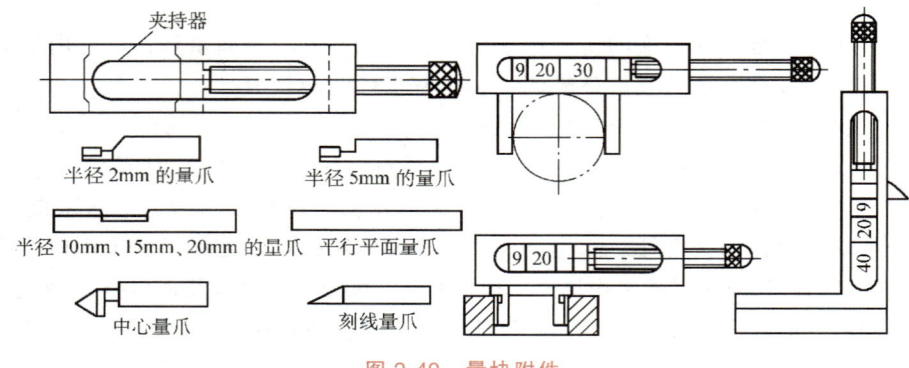

图 2-40　量块附件

校对零位的具体操作为：将量块放到量块夹持器中，如图 2-41 所示，并调节到孔的公称尺寸后锁紧，把内径百分表的两测头压入测量面之间，微微摆动和旋转内径百分表，将百分表长指针顺时针转动最多时的位置（百分表长指针的转折点）调整成零位。

(3) 测量孔径　小心压住定位装置和活动测头，将内径百分表放入被测孔内，摆动内径百分表，找出长指针顺时针转动最大的数值（因为两测头之间的最短距离必垂直于孔壁，而两测头间距离最短时，必是百分表压缩最多时，即长指针转动最多时），如图 2-42 所示。它与零位的差值，就是孔径相对于公称尺寸的偏差。如测量时长指针转得比对零位时还多，则偏差是负的，即孔径小于公称尺寸；如测量时长指针转得比对零位时少，则偏差是正的，即孔径大于公称尺寸。

实训视频：内径百分表测孔径

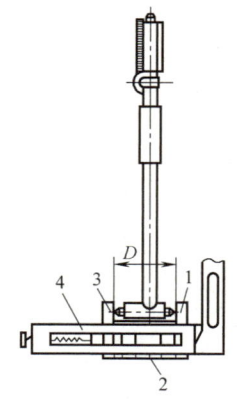

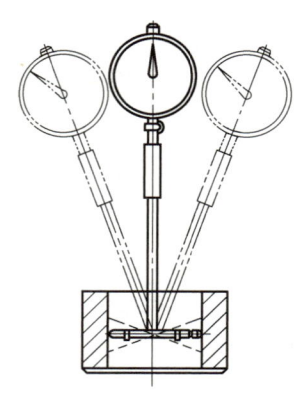

图 2-41　内径百分表校对零位
1、3—量爪　2—量块组　4—量块夹持器

图 2-42　内径百分表测量孔径

(4) 注意事项

1) 按被测内径尺寸选用可换测头,用标准环规或量块校对好内径百分表的零位。在校对零位和测量内径时,一定要找准正确的直径测量位置。摆动内径百分表,在轴向截面内找最小示值的转折点(摆动内径百分表,示值由大变小再由小变大)。

2) 使用内径百分表时,还必须记住测头在自由状态下长指针的读数,以便于观察表盘有否"走动"。如多次使用内径百分表后发现自由状态下长指针读数变了,则必须重校零位。否则,测量结果是不准的。

3) 将内径百分表伸入和拉出量块组及被测孔时,应将活动测头压靠孔壁,使可换测头与孔壁脱离接触,以减小磨损。对于定位装置,在放入和拉出离开时,应用两个手指将其压缩并扶稳,轻轻放入或拉出,以免离开孔口时突然弹开,擦伤定位装置的工作面和被测孔口。

4) 内径百分表需要在孔中摆动,所以,使用旧的内径百分表时,因其固定量杆、活动量杆的球形测头常会被磨平,这时,测量就有误差。因此,使用前先要检查两量杆的球形测头是否完好。

5) 量块及量块夹持器在使用前要清洗干净,用完后再次清洗擦干,并涂上防锈油,收放在专用的木盒内。被测孔壁在测量前也要轻擦干净,最好是清洗干净。

2.9.4 机械比较仪

任务2-8 用机械比较仪或立式光学计检测心轴的直径

任务描述:图2-43所示为心轴图样,分析在车间条件下应选用哪种规格的计量器具来检测 $\phi30h7$ 的直径;检测直径 $\phi30h7$ 并判断其合格性。

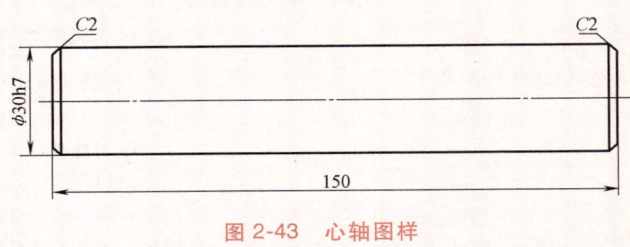

图2-43 心轴图样

1. 机械比较仪的结构和测量原理

机械比较仪主要是指杠杆式比较仪和杠杆-齿轮式比较仪。它们是将测量杆的直线位移,通过机械传动系统转变为指针在表盘上的角位移,其分度值有 $0.5\mu m$、$1\mu m$、$2\mu m$、$5\mu m$ 和 $10\mu m$ 等多种,常用于测量精密工件的几何误差,并可用比较法测量长度尺寸。

杠杆-齿轮式比较仪的结构如图2-44所示。当测量杆移动时,使杠杆绕轴转动,并通过杠杆短臂 R_4 和长臂 R_3,将位移量放大,同时,扇形齿轮带动与其啮合的小齿轮转动,这时小齿轮分度圆半径 R_2 与指针长度 R_1 又起放大作用,使指针在标尺上指示出相应的测量杆位移值。

杠杆-齿轮式比较仪的放大比 K 为

$$K = \frac{R_1}{R_2} \times \frac{R_3}{R_4} = \frac{50}{1} \times \frac{100}{5} = 1000$$

杠杆-齿轮式比较仪的分度值为 0.001mm，标尺的示值范围为 ±0.1mm。

2. 正确使用机械比较仪

使用机械比较仪时，是将其装夹套筒装夹在表架或测量装置相应的孔中，如图 2-45 所示。表头 8 插装在臂架 7 的前孔中，用紧固螺钉 9 紧固。松开紧固螺钉 6，臂架即可水平回转，使比较仪的测头 10 能位于工作台 11 上方的某一位置，此时旋转升降螺母 5，使臂架连同表头一起沿立柱 4 上升或下降，以适应不同高度的被测件。

1）使用前要检查比较仪，不得有影响使用性能的外观缺陷；测量杆移动应平稳、灵活、无卡滞现象；测量杆处于自由状态时，指针应位于负刻度以外 5 个分度以上。

2）一般应先对好零位再进行测量。

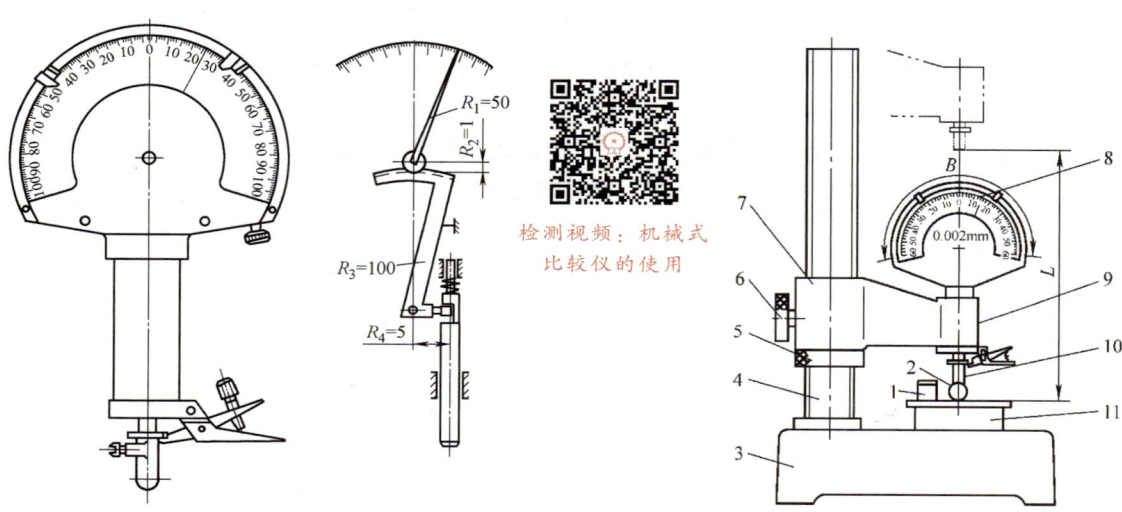

图 2-44 杠杆-齿轮式比较仪的结构

图 2-45 机械比较仪和表架
1—量块 2—被测工件 3—底座 4—立柱
5—升降螺母 6、9—紧固螺钉 7—臂架
8—比较仪（表头） 10—测头 11—工作台

3）对零位或测量时，要使测头与量块或被测件缓慢接触，即调整表架的臂架 7 缓缓下降，以免撞击测量杆，损坏比较仪。升降臂架时，一定要先松开紧固螺钉 6，调好后再拧紧。千万不可先下旋升降螺母 5，后放松紧固螺钉 6，这样势必使测量杆猛然撞击量块或被测件或工作台，严重时会造成事故。

4）转动升降螺母 5 时，一般是用大拇指、食指和中指，这时要注意无名指和小指不要碰触立柱，碰触后一定要清洗立柱的接触处，并再涂上防锈油，否则立柱容易生锈。

5）测量时，尽可能使表盘靠近零值的中间示值部分，因为杠杆传动的理论误差，在零值附近最小。

6）将量块和被测件放上工作台时，一定要先提升比较仪的测头。对零位完毕及测量完毕拿下量块及被测件时，一定要下按测头拨叉或上升臂架，使测头先脱离接触，否则易使测头磨损，并划伤量块及被测件。

7) 使用时的位置姿态要与检定它的位置姿态一致——测量杆垂直向下。

2.9.5 立式光学计

1. 立式光学计的结构和测量原理

立式光学计一般是用标准器（如量块）以比较法测量尺寸的。它可对五等量块，圆柱形、球形、线形及平行平面状的精密量具和零件的外尺寸进行精密测量。仪器头部也可作为一个独立体，在科研、生产过程控制及在线检测等方面，对被测件进行微小位移测量。

图 2-46 所示为 JDG-S1 的数字式立式光学计的外形结构，其光学系统如图 2-47 所示。光源 1 发出的光线通过聚光镜 2 照射位于物镜 3 焦面上的标尺光栅 4。立方棱镜 5 起转折光线和分光的作用。它由两块直角棱镜胶合而成，入射光线在胶合面一半透过一半反射，来自标尺光栅的光线在棱镜界面反射后，经物镜成平行光射出。反射镜 6 使光线折回棱镜界面，其中透射光射向指示光栅 7。由于指示光栅也处在物镜的焦面上，所以在它上面得到标尺光栅的像，使指示光栅的刻线与标尺光栅的刻线的像平行，可以得到无限宽的莫尔条纹。

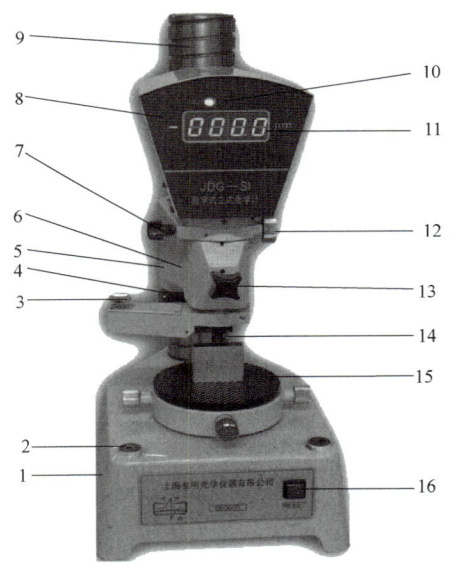

图 2-46 JDG-S1 的数字式立式光学计的外形结构

1—底座 2—方工作台安置螺孔 3—提升器 4—升降螺母 5—横臂紧固螺钉 6—横臂 7—微动螺钉 8—光学计管 9—立柱 10—中心零位指示灯 11—数显窗 12—微动紧固螺钉 13—光学计管紧固螺钉 14—测帽 15—可调工作台 16—置零按钮

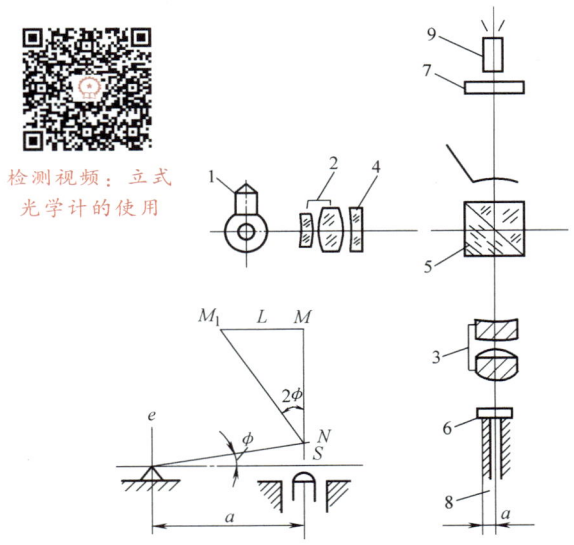

图 2-47 立式光学计的光学系统

1—光源 2—聚光镜 3—物镜 4—标尺光栅 5—立方棱镜 6—反射镜 7—指示光栅 8—测量杆 9—光电三极管

测量杆 8 移动距离 S 时顶动反射镜使之以 e 为轴线摆动 ϕ 角。设 a 为测量杆到 e 的距离，则有 $\tan\phi = S/a$。图 2-47 中 MN 所示为沿物镜光轴传播的光线，当反射镜偏过 ϕ 角时 MN 转到 $M_1 N$ 的位置。

$$\angle M_1 NM = 2\phi$$

令 $MN = F$ 为物镜焦距，$MM_1 = L = MN\tan 2\phi = F\tan 2\phi$ 为标尺光栅的像移过的距离。

可见系统具有光学杠杆传动比：$K=L/S=F\tan2\phi/a\tan\phi$。

因为 ϕ 很小，$\tan2\phi\approx2\phi$，$\tan\phi\approx\phi$，所以 $K=2F/a$。

取 $F=100\text{mm}$，$a=6.4\text{mm}$，求得 $K\approx31.25$。

仪器采用每毫米 40 对线的黑白光栅，其节距 $\omega=0.025\text{mm}$。指示光栅刻成裂相形式，它由四组刻线相互平行但错开四分之一节距的子光栅组成。各组上得到的莫尔条纹信号之间有 $\pi/2$ 的位相差。垂直于纸面排列的四个光电三极管 9 放在指示光栅后面直接接收四组条纹信号，经光电转换和前置放大后向逻辑电路输送正弦、余弦两路电信号。

对应于莫尔条纹亮度一个周期变化（即指示光栅的像移过一个节距的测量杆位移量比光栅节距小 K 倍），即

$$S=\omega/K=0.025\text{mm}/31.25=0.0008\text{mm}$$

正余弦信号经八个细分电子逻辑线路后，最终能达到 $0.1\mu\text{m}$ 的最小读数显示值。

仪器的测量范围为 $0\sim180\text{mm}$，示值范围为 $\pm0.1\text{mm}$，仪器的分度值为 0.001mm。

2. 正确使用立式光学计

（1）根据被测对象，正确选择测帽和工作台　例如：测量量块用带筋工作台和球面测帽；测量球体直径用平面工作台和平面测帽；测量线形零件直径用平面工作台等。

（2）测量前准备　选好测帽后，将它和提升器、工作台安装好。打开电源开关，根据被测件的高度将光学计管粗调到适当的位置。松开光学计管紧固螺钉并旋紧微动紧固螺钉，旋转微动螺钉使上面的红点朝向操作者。预热 10min 后按置零按钮使其出现全零显示。

（3）按被测件的公称尺寸组合量块组

（4）将量块组放在工作台上，按量块组尺寸调零　旋转升降螺母使横臂缓慢下降，测帽与量块组接触后数字即朝正向累加。观察中心零位指示灯，当它点亮时即把横臂紧固螺钉锁紧。中心零位指示灯一般在 $+130\mu\text{m}$ 附近点亮。如果到 $+200\mu\text{m}$ 时仍不见中心零位指示灯亮表明已经粗调过头，这时应反方向旋转升降螺母。锁紧横臂紧固螺钉时往往因位置走动而使指示灯熄灭。正反方向缓缓旋转微动螺钉可方便地重新找到中心零位。锁紧光学计管紧固螺钉后再按置零按钮。经这样调节后测量杆处在测量范围的对称位置。

（5）测量工件　按下提升器，取出量块组，轻轻地将被测件放在工作台上，并在测帽下来回移动，其最高转折点即为测得值。在被测件上任取三个截面，并在互相垂直的两个方向上共测量六次。

（6）合格性判断　按是否超出验收极限尺寸范围判断其合格性。

2.10　测量误差及数据处理

2.10.1　测量误差的基本知识

微课：测量误差的概念

1. 测量误差的基本概念

任何测量过程，无论采用如何精密的测量方法，其测得值都不可能是被测几何量的真值，即使在测量条件相同时，对同一被测几何量连续进行多次测量，其测得值也不一定完全相同，只能与其真值相近似。这种由于计量器具本身的误差和测量条件的限制，而造成的测量结果与被测量真值之差称为

测量误差。

测量误差常采用以下两个指标来评定。

(1) **绝对误差 δ** 绝对误差是测量结果（x）与被测量（约定）真值（x_0）之差，即

$$\delta = x - x_0$$

因测量结果可能大于或小于真值，故 δ 可能为正值也可能为负值。将上式移项可得下式，即

$$x_0 = x \pm \delta$$

可以由被测几何量的量值和测量误差来估算真值所在的范围。测量误差的绝对值越小，则被测几何量的量值越接近于真值，因此，测量精度就越高；反之，测量精度就越低。用绝对误差来表示测量精度，适用于评定或比较大小相同的被测几何量的测量精度。

(2) **相对误差 f** 对于大小不相同的被测几何量，不能用绝对误差 δ 来评定测量精度，这时要用另一项指标——相对误差来评定或比较它们的测量精度。相对误差是测量的绝对误差与被测量（约定）真值（x_0）之比，即

$$f = \delta / x_0$$

由于被测几何量的真值（x_0）不知道，故实际中常以被测几何量的测得值 x 替代真值 x_0，即

$$f = \delta / x_0 \approx \delta / x$$

必须指出：用 x 代替 x_0 其差异极其微小，不影响对测量精度的评定。

2. 测量误差的来源

由于测量误差的存在，使得测得值只能近似地反映被测几何量的真值。为了尽量减小测量误差，必须仔细分析产生测量误差的原因，以便设法减小该误差产生的影响，提高测量精度。在实际测量中，产生测量误差的因素很多，归结起来主要有以下几个方面：

微课：测量
误差的来源

(1) **计量器具误差** 计量器具误差是指计量器具本身所具有的误差，包括计量器具的设计、制造和使用过程中的各项误差，这些误差的总和反映在示值误差和测量的重复性上，而对测量结果的影响各不相同。

(2) **标准器误差** 标准器误差是指作为标准器本身的制造误差和检定误差。例如：用量块作为标准器调整计量器具的零位时，量块的误差会直接影响测得值。因此，为了保证一定的测量精度，必须选择一定精度的量块。

(3) **方法误差** 方法误差是指测量方法的不完善所引起的误差。它包括计算公式不准确，测量方法选择不当，工件安装、定位不准确等。例如，测头和被测量零件表面机械接触，测量力使计量器具、零件表面受力变形产生误差。恒定的测量力可以减少接触比较测量的误差，这是因为调零时的测量力和测量时的测量力大小能保持一致。高精度仪器测量力应在 1N 之内，一般仪器在 2N 以内。

(4) **环境误差** 环境误差是指测量时环境条件不符合标准的测量条件所引起的误差。它会产生测量误差。例如，环境温度、湿度、气压、照明等不符合标准以及振动、电磁场等的影响都会产生测量误差，其中以温度的影响最为突出。例如，在测量长度时，规定的环境条件标准温度为 20℃，但是在实际测量时被测零件和计量器具的温度对标准温度均会产生或大或小的偏差，而当被测零件和计量器具的材料不同时它们的线膨胀系数也不同，这将产生一定的测量误差。

因此，测量时应根据测量精度的要求，合理控制环境温度，以减小温度对测量精度产生的影响。

（5）**人员误差**　人员误差是指测量人员人为的差错。它会产生测量误差。例如，测量人员使用计量器具不正确、测量瞄准不准确、读数或估读错误等，都会产生测量误差。

总之，产生误差的因素很多，有些误差是不可避免的，但有些是可以避免的。因此，测量人员应对一些可能产生测量误差的原因进行分析，掌握其影响规律，设法消除或减小其对测量结果的影响，以保证测量精度。

> **探寻中国古代的误差学说**
>
> 古人在大量测量实践的基础上认识到，尽管测量可以做到很精确，但不管是什么测量，总会有一定的误差存在。《淮南子·说林训》中对此有精彩的论述："水虽平，必有波；衡虽正，必有差；尺寸虽齐，必有诡。非规矩不能定方圆，非准绳不能正曲直，用规矩准绳者，亦有规矩准绳焉。"这段话的大意是：水面虽然平静，也有波纹存在；天平虽然平正，结果也会有偏差；尺寸虽然已经对齐，读数也会有误差。没有测量仪器不能进行测量，使用测量仪器必须遵守相应的操作规程。这段话形象地反映了古人在误差理论上获得的一个重要认识，那就是"在测量中，误差不可避免"，同时也强调了遵守操作规程的重要性。

微课：测量误差的分类

3. 测量误差的分类

测量误差的来源是多方面的，就其特点和性质而言，可分为系统误差、随机误差和粗大误差三类。

（1）**系统误差**　系统误差是指在一定测量条件下，多次测量同一量值时，绝对值和符号均保持不变的测量误差，或者绝对值和符号按某一规律变化的测量误差。前者称为定值系统误差，后者称为变值系统误差。例如：在比较仪上用相对法测量零件尺寸时，调整量仪所用量块的误差就会引起定值系统误差；量仪的分度盘与指针回转轴偏心所产生的示值误差会引起变值系统误差。

（2）**随机误差**　随机误差是指在一定测量条件下，多次测量同一量值时，绝对值和符号以不可预计的方式变化着的测量误差。随机误差主要是由测量过程中一些偶然性因素或不确定因素引起的。例如，量仪转动机构的间隙、摩擦，测量力的不稳定以及环境变化等引起的测量误差，都属于随机误差。

（3）**粗大误差**（异常数值）　粗大误差是指超出在一定测量条件下预计的测量误差，即对测量结果产生明显歪曲的测量误差。含有粗大误差的测得值称为异常值，它的数值明显偏离其他测得值。粗大误差的产生有主观和客观两方面的原因：主观原因如测量人员疏忽造成的读数误差；客观原因如外界突然振动引起的测量误差。

应当指出，系统误差和随机误差的划分并不是绝对的，它们在一定的条件下是可以相互转化的。例如：按一定公称尺寸制造的量块总是存在着制造误差，对某一具体量块来讲，可认为该制造误差是系统误差；但对一批量块而言，制造误差是变化的，可以认为它是随机误差。在使用某一量块时，若没有检定该量块的尺寸偏差，而按量块标称尺寸使用，则制造误差属于随机误差；若检定出该量块的尺寸偏差，按量块实际尺寸使用，则制造误差属于系统误差。掌握误差转化的特点，可根据需要将系统误差转化为随机误差，用概率论和数理统计的方法来减小该误差的影响；或将随机误差转化为系统误差，用修正的方法来减小该误差的影响。

2.10.2 各类测量结果的数据处理

对测量结果进行数据处理是为了找出被测量最可信的数值以及评定这一数值所包含的误差。对同一被测量进行多次连续测量，得到一测量列。测量列中可能同时存在系统误差、随机误差和粗大误差，因此，必须对这些误差进行处理。

1. 测量列中系统误差的处理

在实际测量中，系统误差对测量结果的影响往往是不容忽视的，而这种影响并非无规律可循，因此，揭示系统误差出现的规律性，并且消除其对测量结果的影响，是提高测量精度的有效措施。

(1) 发现系统误差的方法　在测量过程中产生系统误差的因素是很复杂的，人们很难查明所有的系统误差，也不可能全部消除系统误差的影响。根据具体测量过程和计量器具进行全面而仔细的分析是发现系统误差的一种有效方法，但这是一件困难而又复杂的工作，目前还没有适用于发现各种系统误差的普遍方法，下面只介绍适用于发现某些系统误差常用的两种方法。

1) 定值系统误差的发现。定值系统误差的大小和符号均不变，一般不影响测量误差的分布规律，只改变测量误差分布中心的位置。要发现某一测量条件下是否存在定值系统误差，可采用实验对比法，即改变产生系统误差的测量条件而进行不同测量条件下的测量。例如，量块按标称尺寸使用时，在被测几何量的测量结果中就存在由于量块的尺寸偏差而产生的大小和符号均不变的定值系统误差，重复测量也不能发现这一误差，只有用另一块等级更高的量块对比时才能发现。即以两者对同一量进行次数相同的多次重复测量，求出其算术平均值之差，作为定值系统误差。

2) 变值系统误差的发现。变值系统误差可用残差观察法来发现，即根据测量列的各个残差大小和符号的变化规律，直接由残差数据或残差曲线图形来判断有无系统误差。它主要适用于发现大小和符号按一定规律变化的变值系统误差。根据测量先后次序，用测量列的残差作图，观察残差的规律，如图 2-48 所示。若各残差大体上正、负相同，又没有明显变化，如图 2-48a 所示，则可认为不存在明显的变值系统误差；若各残差按近似的线性规律递增或递减，如图 2-48b 所示，则可判断存在线性系统误差；若各残差和符号有规律地周期变化，逐渐由正变负或由负变正，如图 2-48c 所示，则可判断存在周期性系统误差；若残差按某种特定的规律变化，如图 2-48d 所示，则可判断存在复杂变化系统误差。

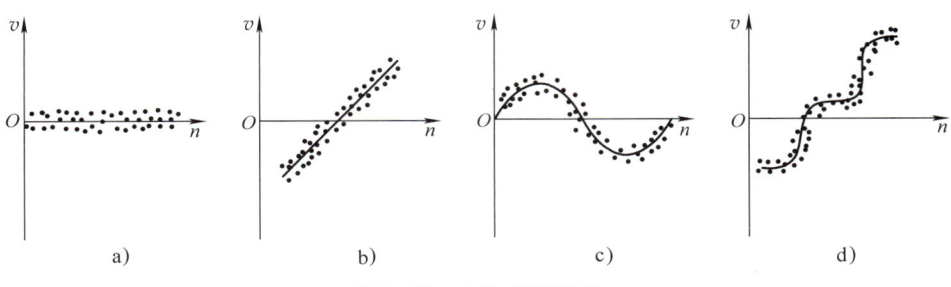

图 2-48　变值系统误差

在应用残差观察法时，必须有足够多的重复测量次数，并要按各测得值的先后顺序作图，否则变化规律不明显，会影响判断的可靠性。

(2) 消除系统误差的方法。

1) 从产生误差的根源上消除系统误差。这要求测量人员对测量过程中可能产生系统误差的各个环节做仔细的分析，并在测量前就将系统误差从产生的根源上加以消除。例如，为了防止测量过程中仪器示值零位的变动，测量开始和结束时都需要检查示值零位。

2) 用修正法消除系统误差。这种方法是预先将计量器具的系统误差检定或计算出来，做出误差表或误差曲线，然后取与误差数值相同而符号相反的值作为修正值，将测得值加上相应的修正值，即可得到不包含系统误差的测量结果。例如，当量块的实际尺寸不等于标称尺寸时，若按标称尺寸使用，就要产生系统误差，而按经过检定的量块实际尺寸使用，就可避免该系统误差的产生。

3) 用两次读数法消除系统误差。这种方法要求在对称位置上分别测量一次，以使这两次测量中测得的数据出现的系统误差大小相等，符号相反，取这两次测量中数据的平均值作为测得值，即可消除定值系统误差。例如，在工具显微镜上测量螺纹螺距时，为了消除螺纹轴线与量仪工作台移动方向倾斜而引起的系统误差，可分别测取螺纹左、右牙面的螺距，然后取它们的平均值作为螺距测得值。

4) 用半周期法消除周期性系统误差。对于周期性系统误差，可以每相隔半个周期进行一次测量，以相邻两次测量数据的平均值作为一个测得值，即可有效消除周期性系统误差。

消除和减小系统误差的关键是找出产生系统误差的根源和规律。实际上，系统误差不可能完全消除，但一般来说，系统误差若能减小到使其相当于随机误差的程度，则可认为已被消除。

2. 测量列中随机误差的处理

随机误差的出现是不可避免和无法消除的。为了减小其对测量结果的影响，可用概率论与数理统计的方法，估计出随机误差的大小和规律，对测量结果进行数据处理。

(1) 随机误差的特性及其分布规律　对某一被测几何量在一定测量条件下重复测量 n 次，得到测量列的测得值为 $x_1, x_2, \cdots, x_n$。设测量列中不包含系统误差和粗大误差，且被测几何量的真值为 x_0，则可得出相应各次测得的随机误差分别为

$$\left.\begin{aligned} \delta_1 &= x_1 - x_0 \\ \delta_2 &= x_2 - x_0 \\ &\vdots \\ \delta_n &= x_n - x_0 \end{aligned}\right\}$$

通过对大量的测试实验数据进行统计后发现，随机误差通常服从正态分布规律，其正态分布曲线如图 2-49 所示（横坐标 δ 表示随机误差，纵坐标 y 表示随机误差的概率密度）。对于服从正态分布的随机误差具有以下四种性质：

1) 对称性。绝对值相等的正误差与负误差出现的次数相等。
2) 单峰性。绝对值小的随机误差比绝对值大的随机误差出现的次数多。
3) 有界性。在一定的测量条件下，随机误差的绝对值不会超出一定界限。
4) 抵偿性。随着测量次数的增加，随机误差的算术平均值趋向零，即各次随机误差的

代数和趋于零。

（2）测量列中随机误差的处理步骤

1）计算测量列中算术平均值 $\bar{x}$。测量列中 n 个等精度的测量数据的算术平均值为测量值的代数和除以测量次数 n，即

$$\bar{x} = \frac{\sum\limits_{i=1}^{n} x_i}{n}$$

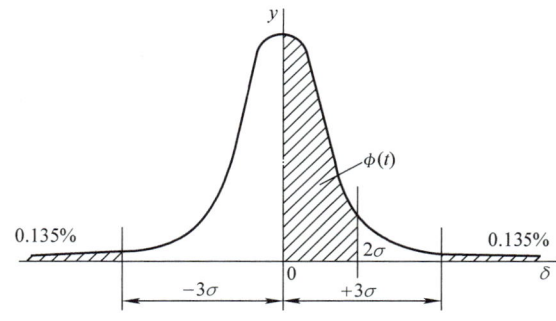

图 2-49　正态分布曲线

式中，$\bar{x}$ 是测量数据的算术平均值。

2）计算残余误差 v_i。残余误差 v_i 是指测量列中一个测得值 x_i 和该测量列的算术平均值 $\bar{x}$ 之差，即

$$v_i = x_i - \bar{x}$$

在测量时，真值是未知的，因为测量次数 $n \to \infty$ 是不可能的，所以在实际应用中以算术平均值 $\bar{x}$ 代替 x_0，以残余误差 v_i 代替 δ_i。

3）计算测量列中单次测得值的标准偏差 σ。标准偏差 σ 是表征对同一被测量进行 n 次测量所得值的分散程度的参数，其估计值为各误差平方和的平均数的平方根，可直观地表示随机误差的极限值，即

$$\sigma = \sqrt{\frac{\sum\limits_{i=1}^{n} v_i^2}{n-1}} = \sqrt{\frac{\sum\limits_{i=1}^{n}(x_i - \bar{x})^2}{n-1}}$$

4）计算测量列算术平均值 $\bar{x}$ 的标准偏差 $\sigma_{\bar{x}}$。误差理论证明，测量列算术平均值 $\bar{x}_i$ 的标准偏差 $\sigma_{\bar{x}}$ 与测量列单次测量值 x_i 的标准偏差 σ 有以下关系，即

$$\sigma_{\bar{x}} = \frac{\sigma}{\sqrt{n}} = \sqrt{\frac{\sum\limits_{i=1}^{n} v_i^2}{n(n-1)}}$$

5）计算测量列算术平均值的极限误差 $\delta_{\lim(\bar{x})}$。对于有限次测量来说，随机误差超出 $\pm 3\sigma$ 范围的可能性几乎为零。因此可将

$$\delta_{\lim} = \pm 3\sigma$$

看作是随机误差的极限值。同理：

$$\delta_{\lim(\bar{x})} = \pm 3\sigma_{\bar{x}}$$

6）确定测量结果。如用单个测得值 x_i（测量列中任意一个）表示测量结果，则可写为

$$x = x_i \pm 3\sigma$$

如用算术平均值表示测量结果，则可写为

$$x = \bar{x} \pm \delta_{\lim(\bar{x})} = \bar{x} \pm 3\sigma_{\bar{x}} = \bar{x} \pm 3\frac{\sigma}{\sqrt{n}}$$

3. 测量列中粗大误差的处理

粗大误差的数值相当大，从而使测量结果严重失真，在测量中应尽可能避免。如果已经产生了粗大误差，则应根据判断粗大误差的准则予以剔除，通常用拉依达准则来判断。

拉依达准则又称为 3σ 准则。当测量量服从正态分布时，在 $\pm 3\sigma$ 外的残差的概率仅有 0.27%，即在连续 370 次测量中只有一次测量的残差超出 3σ（370 次×0.0027≈1 次），而实际上连续测量的次数绝不会超过 370 次，测量列中就不应该有超过 $\pm 3\sigma$ 的残差。因此在有限次的测量时，凡绝对值大于 3σ 的残余误差时，即

$$|v_i| > 3\sigma$$

则认为该残差对应的测得值含有粗大误差，应予以剔除。

当测量次数小于或等于 10 次时，不能使用拉依达准则。

> **荀子对粗大误差的认识**
>
> 荀子曾经列举过过失误差（粗大误差）的例子。他说，在天平没有调平衡的情况下，把重的东西悬挂在高的一侧，人们会觉得它轻；把轻的东西悬挂在低的一侧，人们会觉得它重。这种情况下的测量结果是不正确的，在实践中应该避免。

4. 等精度测量列的数据处理

等精度测量是指在测量条件（包括量仪、测量人员、测量方法及环境条件等）不变的情况下，对某一被测几何量进行连续多次的测量。虽然在此条件下得到的各个测得值不同，但影响各个测得值精度的因素和条件相同，故测量精度视为相等。相反，若在测量过程中全部或部分因素和条件发生改变，则称为不等精度测量。在一般情况下，为了简化对测量数据的处理，大多采用等精度测量。

在这些测得值中，可能同时包含有系统误差、随机误差和粗大误差，为了获得可靠的测量结果，应将测量数据按上述误差分析原理进行处理，现将其处理步骤通过实例加以说明。

例 2-1 对某轴径 d 等精度测量 15 次，按测量顺序将各测量值依次列于表 2-18 中，试求测量结果。

解：

（1）**判断定值系统误差** 假设计量器具已经检定，测量环境已得到有效控制，可认为测量列中不存在定值系统误差。

（2）**求测量列算术平均值 $\bar{x}$**

$$\bar{x} = \frac{\sum_{i=1}^{n} x_i}{n} = 24.957 \text{mm}$$

（3）**计算残差 v_i** 各残差的数值经计算后列于表 2-16 中。按残差观察法，这些残差的符号大体上正、负相间，没有周期性变化，因此可以认为测量列中不存在变值系统误差。

表 2-16 数据处理计算表

测量序号	测得值 x_i/mm	残差（$v_i = x_i - \bar{x}$）/μm	残差的平方 v_i^2/μm²
1	24.959	+2	4
2	24.955	−2	4

(续)

测量序号	测得值 x_i/mm	残差 ($v_i = x_i - \bar{x}$)/μm	残差的平方 v_i^2/μm²
3	24.958	+1	1
4	24.957	0	0
5	24.958	+1	1
6	24.956	−1	1
7	24.957	0	0
8	24.958	+1	1
9	24.955	−2	4
10	24.957	0	0
11	24.959	+2	4
12	24.955	−2	4
13	24.956	−1	1
14	24.957	0	0
15	24.958	+1	1
算术平均值 $\bar{x}$ = 24.957mm		$\sum_{i=1}^{n} v_i = 0$	$\sum_{i=1}^{n} v_i^2 = 26\mu m^2$

(4) 计算测量列单次测量值的标准偏差

$$\sigma = \sqrt{\frac{\sum_{i=1}^{n} v_i^2}{n-1}} = \sqrt{\frac{26}{15-1}} \mu m \approx 1.36 \mu m$$

(5) 判断粗大误差　按照拉依达准则，测量列中没有出现绝对值大于 3σ（$3 \times 1.36 = 4.08\mu m$）的残差，因此，判断测量列中不存在粗大误差。

(6) 计算测量列算术平均值的标准偏差

$$\sigma_{\bar{x}} = \frac{\sigma}{\sqrt{n}} = \frac{1.36}{\sqrt{15}} \mu m \approx 0.35 \mu m$$

(7) 计算测量列算术平均值的极限误差

$$\delta_{\lim(\bar{x})} = \pm 3\sigma_{\bar{x}} = \pm 3 \times 0.35 \mu m = \pm 1.05 \mu m$$

(8) 确定测量结果

$$d_e = \bar{x} \pm \delta_{\lim(\bar{x})} = (24.957 \pm 0.001) mm$$

微课：光滑工件尺寸检测的验收方法

2.11　车间条件下孔、轴尺寸的检测

2.11.1　用通用计量器具测孔、轴尺寸

检测视频：投影仪的使用

1. 检测范围

使用通用计量器具测孔、轴尺寸，是指用游标卡尺、千分尺及车间使用的比较仪、

投影仪等,对公差等级为 IT6～18、公称尺寸至 500mm 的光滑工件尺寸进行检验。GB/T 3177—2009《产品几何技术规范(GPS) 光滑工件尺寸的检验》规定了有关验收的方法和要求。

2. 验收方法

所用验收方法应只接收位于规定尺寸极限之内的工件。但由于计量器具和计量系统都存在误差,故不能测得真值。多数计量器具通常只用于测量尺寸,而不测量工件存在的形状误差。对遵循包容要求的尺寸,应把对尺寸及形状测量的结果综合起来,以判定工件是否超出最大实体边界。

3. 测量误差对工件验收的影响

用普通计量器具在车间条件下测量并验收光滑工件,虽然对测量误差不做修正,但必须考虑误差对工件验收的影响,否则就不能保证工件的质量。

(1) **测量误差和测量不确定度** 在车间条件下测量,由于计量器具本身的误差,加上环境条件较差,各种误差因素较多,肯定会造成测量结果对被测尺寸真值的偏离,偏离程度的大小可用测量不确定度表征。测量不确定度由计量器具不确定度 u_1 和温度、工件形状误差及压陷效应等因素所引起的不确定度 u_2 两部分组成,一般用代号 u 表示。

(2) **误收和误废** 如果以被测工件规定的尺寸极限作为验收的界值,在测量误差的影响下,实际尺寸超出极限范围的工件有可能被判为合格品;实际尺寸处于极限范围之内的工件也同样有可能被判为不合格品。这种现象,前者称为误收,后者称为误废。误收的工件不能满足预定的功能要求,使产品质量下降;误废则会造成浪费。这两种现象都是有害的。相比之下,误收具有更大的危害性。

4. 验收极限和安全裕度

验收极限是检验工件尺寸时判断合格与否的尺寸界限。

(1) **验收极限方式的确定** 验收极限可按下列方式之一确定:

1) 内缩方式。验收极限是从规定的最大实体尺寸(MMS)和最小实体尺寸(LMS)分别向工件公差带内移动一个安全裕度(A)来确定的,如图 2-50 所示。

上验收极限:上极限尺寸(D_{max}、d_{max})-安全裕度(A)。

下验收极限:下极限尺寸(D_{min}、d_{min})+安全裕度(A)。

2) 不内缩方式。规定验收极限等于工件的最大实体尺寸(MMS)和最小实体尺寸(LMS),即 A 值等于零。

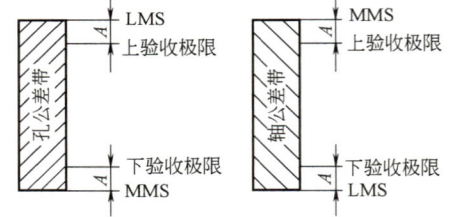

图 2-50 验收极限与工件公差带关系图

(2) **安全裕度** 安全裕度实际上就是测量不确定度 u 的允许值。它表征了各种误差的综合影响。设立安全裕度数值时,必须既要使误收率下降,满足验收要求,又不致使误废率上升过多,增加成本。A 值按工件公差的 1/10 确定,其数值可查阅表 2-17。

(3) **验收极限方式的选择** 验收极限方式的选择要结合尺寸功能要求及其重要程度、尺寸公差等级、测量不确定度和过程能力等因素综合考虑。

1) 对采用包容要求的尺寸、公差等级较高的尺寸,应选用内缩方式。

表2-17 安全裕度(A)与计量器具的不确定度允许值(u_1) (单位：μm)

公差等级			6					7					8					9				
公称尺寸/mm			T	A	u_1			T	A	u_1			T	A	u_1			T	A	u_1		
大于	至				Ⅰ	Ⅱ	Ⅲ			Ⅰ	Ⅱ	Ⅲ			Ⅰ	Ⅱ	Ⅲ			Ⅰ	Ⅱ	Ⅲ
—	3		6	0.6	0.5	0.9	1.4	10	1.0	0.9	1.5	2.3	14	1.4	1.3	2.1	3.2	25	2.5	2.3	3.8	5.6
3	6		8	0.8	0.7	1.2	1.8	12	1.2	1.1	1.8	2.7	18	1.8	1.6	2.7	4.1	30	3.0	2.7	4.5	6.8
6	10		9	0.9	0.8	1.4	2.0	15	1.5	1.4	2.3	3.4	22	2.2	2.0	3.3	5.0	36	3.6	3.3	5.4	8.1
10	18		11	1.1	1.0	1.7	2.5	18	1.8	1.7	2.7	4.1	27	2.7	2.4	4.1	6.1	43	4.3	3.9	6.5	9.7
18	30		13	1.3	1.2	2.0	2.9	21	2.1	1.9	3.2	4.7	33	3.3	3.0	5.0	7.4	52	5.2	4.7	7.8	12
30	50		16	1.6	1.4	2.4	3.6	25	2.5	2.3	3.8	5.6	39	3.9	3.5	5.9	8.8	62	6.2	5.6	9.3	14
50	80		19	1.9	1.7	2.9	4.3	30	3.0	2.7	4.5	6.8	46	4.6	4.1	6.9	10	74	7.4	6.7	11	17
80	120		22	2.2	2.0	3.3	5.0	35	3.5	3.2	5.3	7.9	54	5.4	4.9	8.1	12	87	8.7	7.8	13	20
120	180		25	2.5	2.3	3.8	5.6	40	4.0	3.6	6.0	9.0	63	6.3	5.7	9.5	14	100	10	9.0	15	23
180	250		29	2.9	2.6	4.4	6.5	46	4.6	4.1	6.9	10	72	7.2	6.5	11	16	115	12	10	17	26
250	315		32	3.2	2.9	4.8	7.2	52	5.2	4.7	7.8	12	81	8.1	7.3	12	18	130	13	12	19	29
315	400		36	3.6	3.2	5.4	8.1	57	5.7	5.1	8.4	13	89	8.9	8.0	13	20	140	14	13	21	32
400	500		40	4.0	3.6	6.0	9.0	63	6.3	5.7	9.5	14	97	9.7	8.7	15	22	155	16	14	23	35

公差等级			10					11					12					13			
公称尺寸/mm			T	A	u_1			T	A	u_1			T	A	u_1			T	A	u_1	
大于	至				Ⅰ	Ⅱ	Ⅲ			Ⅰ	Ⅱ	Ⅲ			Ⅰ	Ⅱ	Ⅲ			Ⅰ	Ⅱ
—	3		40	4.0	3.6	6.0	9.0	60	6.0	5.4	9.0	14	100	10	9.0	15	21	140	14	13	21
3	6		48	4.8	4.3	7.2	11	75	7.5	6.8	11	17	120	12	11	18	27	180	18	16	27
6	10		58	5.8	5.2	8.7	13	90	9.0	8.1	14	20	150	15	14	23	33	220	22	20	33
10	18		70	7.0	6.3	11	16	110	11	10	17	25	180	18	16	27	41	270	27	24	41
18	30		84	8.4	7.6	13	19	130	13	12	20	29	210	21	19	32	50	330	33	30	50

（续）

公差等级		10					11					12				13			
公称尺寸/mm		T	A	u_1			T	A	u_1			T	A	u_1		T	A	u_1	
大于	至			I	II	III			I	II	III			I	II			I	II
30	50	100	10	9.0	15	23	160	16	14	24	36	250	25	23	38	390	39	35	59
50	80	120	12	11	18	27	190	19	17	29	43	300	30	27	45	460	46	41	69
80	120	140	14	13	21	32	220	22	20	33	50	350	35	32	53	540	54	49	81
120	180	160	16	15	24	36	250	25	23	38	56	400	40	36	60	630	63	57	95
180	250	185	19	17	28	42	290	29	26	44	65	460	46	41	69	720	72	65	110
250	315	210	21	19	32	47	320	32	29	48	72	520	52	47	78	810	81	73	120
315	400	230	23	21	35	52	360	36	32	54	81	570	57	51	86	890	89	80	130
400	500	250	25	26	38	56	400	40	36	60	90	630	63	57	95	970	97	87	150

公差等级		14				15				16				17				18			
公称尺寸/mm		T	A	u_1		T	A	u_1		T	A	u_1		T	A	u_1		T	A	u_1	
大于	至			I	II			I	II			I	II			I	II			I	II
—	3	250	25	23	38	400	40	36	60	600	60	54	90	1000	100	90	150	1400	140	135	210
3	6	300	30	27	45	480	48	43	72	750	75	68	110	1200	120	110	180	1800	180	160	270
6	10	360	36	32	54	580	58	52	87	900	90	81	140	1500	150	140	230	2200	220	200	330
10	18	430	43	39	65	700	70	63	110	1100	110	100	170	1800	180	160	270	2700	270	240	400
18	30	520	52	47	78	840	84	76	130	1300	130	120	200	2100	210	190	320	3300	330	300	490
30	50	620	62	56	93	1000	100	90	150	1600	160	140	240	2500	250	220	380	3900	390	350	580
50	80	740	74	67	110	1200	120	110	180	1900	190	170	290	3000	300	270	450	4600	460	410	690
80	120	870	87	78	130	1400	140	130	210	2200	220	200	330	3500	350	320	530	5400	540	480	810
120	180	1000	100	90	150	1600	160	150	240	2500	250	230	380	4000	400	360	600	6300	630	570	940
180	250	1150	115	100	170	1800	180	170	280	2900	290	260	440	4600	460	410	690	7200	720	650	1080
250	315	1300	130	120	190	2100	210	190	320	3200	320	290	480	5200	520	470	780	8100	810	730	1210
315	400	1400	140	130	210	2300	230	210	350	3600	360	320	540	5700	570	510	830	8900	890	800	1330
400	500	1500	150	140	230	2500	250	230	380	4000	400	360	600	6300	630	570	950	9700	970	870	1450

2）当过程能力指数 $C_P \geqslant 1$ 时，可选用不内缩方式，但对采用包容要求的尺寸，其最大实体尺寸一边应选用内缩方式。

3）当工件实际尺寸服从偏态分布时，仅对尺寸偏向的一边选用内缩方式。

4）对非配合和一般公差的尺寸，可选用不内缩方式。

5. 计量器具的选择

按照计量器具的测量不确定度允许值（u_1）选择计量器具。选择时，应使所选用的计量器具的测量不确定度值等于或小于选定的 u_1 值。

计量器具的测量不确定度允许值（u_1）按测量不确定度（u）与工件公差的比值分档。

对 IT6～IT11 级分为Ⅰ、Ⅱ、Ⅲ三档，测量不确定度（u）分别为工件公差的 1/10、1/6、1/4。

对 IT12～IT18 级分为Ⅰ、Ⅱ两档。

计量器具的测量不确定度允许值（u_1）约为测量不确定度（u）的 0.9 倍，即 $u_1 = 0.9u$。

一般情况下应优先选用Ⅰ档，其次选用Ⅱ、Ⅲ档。

选择计量器具时，应保证其不确定度值不大于其允许值 u_1。有关计量器具的不确定度值可参考表 2-18～表 2-20。

微课：通用计量器具的选择

表 2-18 千分尺和游标卡尺的不确定度值　　（单位：mm）

尺寸范围	所使用的计量器具			
	分度值为 0.01mm 的千分尺	分度值为 0.01mm 的内径千分尺	分度值为 0.02mm 的游标卡尺	分度值为 0.05mm 的游标卡尺
	不确定度值			
0～50	0.004		0.020	0.050
>50～100	0.005	0.008		
>100～150	0.006			
>150～200	0.007			
>200～250	0.008	0.013		
>250～300	0.009			
>300～350	0.010			0.100
>350～400	0.011	0.020		
>400～450	0.012			
>450～500	0.013	0.025		
>500～600				
>600～700		0.030		
>700～1000				0.150

表 2-19　比较仪的不确定度值　　　　　　　　　　　　　　　　　　（单位：mm）

尺寸范围		所使用的计量器具			
		分度值为 0.0005mm 的比较仪	分度值为 0.001mm 的比较仪	分度值为 0.002mm 的比较仪	分度值为 0.005mm 的比较仪
大于	至	不确定度值			
	25	0.0006	0.0010	0.0017	0.0030
25	40	0.0007			
40	65	0.0008	0.0011	0.0018	
65	90	0.0008			
90	115	0.0009	0.0012	0.0019	
115	165	0.0010	0.0013		
165	215	0.0012	0.0014	0.0020	0.0035
215	265	0.0014	0.0016	0.0021	
265	315	0.0016	0.0017	0.0022	

注：测量时，使用的标准器由 4 块 1 级（或 4 等）量块组成，本表仅供参考。

表 2-20　指示表的不确定度值　　　　　　　　　　　　　　　　　　（单位：mm）

尺寸范围		所使用的计量器具			
		分度值为 0.001mm 的千分表（0 级在全程范围内，1 级在 0.2mm 内），分度值为 0.002mm 的千分表（在 1 转范围内）	分度值为 0.001mm、0.002mm、0.005mm 的千分表（1 级在全程范围内），分度值为 0.01mm 的百分表（0 级在任意 1mm 内）	分度值为 0.01mm 的百分表（0 级在全程范围内，1 级在任意 1mm 内）	分度值为 0.01mm 的百分表（1 级在全程范围内）
大于	至	不确定度值			
	25	0.005	0.010	0.018	0.030
25	40				
40	65				
65	90				
90	115				
115	165	0.006			
165	215				
215	265				
265	315				

其实我国古人早就认识到计量器具选择的重要性，在战国时期的《慎子》中有过这样的论述：如果用钧、石这样的大砝码去称量锱、珠那样的物体，即使让像大禹那样的圣贤去操作，也将茫然不识。

任务 2-6 实施

- 准备工具和量具

准备测量范围为 25~50mm、分度值为 0.01mm 的外径千分尺一把,测量范围为 50~75mm、分度值为 0.01mm 的外径千分尺一把。

- 测量方法和步骤

1) 清洁被测工件以及外径千分尺,尤其注意测头的清洁。

2) 校对外径千分尺的零位。首先将校对杆放到两个测头中间,然后旋转微分筒使测头靠近校对杆。当测头快要接近校对杆但还没有接触到时,改为旋转测力装置使测头来夹紧校对杆。当听见测力装置发出"咔咔咔"的声响时,检查外径千分尺零位是否正确。

3) 测量轴径 $\phi 50_{0}^{+0.062}$ mm。因为该尺寸的上下极限偏差是大于或等于零的,所以应选用测量范围为 50~75mm、分度值为 0.01mm 的外径千分尺。调整两个测头之间的距离,使之大于被测工件尺寸,然后将测头放入,旋转微分筒,使测头来靠近工件,在测头快要接近还没有接触到工件时,改为旋转测力装置使测头缓慢接触工件。在这个过程当中,需要前后左右的晃动外径千分尺,以此来找到最佳的测量位置。那么当听到测力装置发出"咔咔咔"的声响时,扳动锁紧手柄进行锁紧,然后进行读数。读数结束后松开锁紧手柄,旋转微分筒,松开活动测头,将工件旋转 90°,在同一个截面,再次进行测量,然后在工件上任选另外两个截面进行测量,并把这 6 个读数、记录在表 2-21 中。

4) 测量轴径 $\phi 40_{+0.017}^{+0.079}$ mm。选用测量范围为 25~50mm、分度值为 0.01mm 的外径千分尺来测量,测量操作步骤与第 3) 步相同。

5) 测量轴径 $\phi 52_{+0.041}^{+0.115}$ mm。选用测量范围为 50~75mm、分度值为 0.01mm 的外径千分尺来测量,测量操作步骤与第 3) 步相同。

6) 按内缩方式确定验收极限尺寸,6 个实际尺寸均在验收极限范围内,则该被测尺寸合格。

表 2-21 任务 2-6 记录表 (单位:mm)

$\phi 50_{0}^{+0.062}$	方向	截面		
		Ⅰ—Ⅰ	Ⅱ—Ⅱ	Ⅲ—Ⅲ
测量记录	A—A	50.018	50.016	50.013
	B—B	50.017	50.014	50.012
验收极限	上验收极限尺寸	50.0558	下验收极限尺寸	50.0062
合格性	合格			

注:其他尺寸按同样的方法进行数据处理和判断合格性。

任务2-7 实施

- 准备工具和量具

准备测量范围为35~50mm、分度值为0.01mm的内径百分表一把,量块一盒,量块夹持器一个。

- 测量方法和步骤

1) 根据被测孔的公称尺寸选择40mm量块,并把它置于量块夹持器中。再根据被测孔的公称尺寸,选择可换测头,并安装好。

2) 调整内径百分表零位。把内径百分表的活动测头和可换测头放在量块夹持器两个量爪之间,放入时先挤压活动测头,然后再放入可换测头,减少对测头的磨损。左、右轻微摆动和旋转内径百分表,找出百分表指针顺时针偏转最多的位置,转动表盘,将圆周刻度盘的零刻线对准指针所在的上述位置上。反复校对、调整几次,然后将内径百分表两测头从量块夹持器中取出。取出时,先挤压活动测头,然后再缓慢地取出两测头,减少对测头的磨损。

3) 把内径百分表两测头放入被测孔中测量孔径。放入时先挤压活动测头,然后再放入可换测头,减少对测头的磨损。左右缓慢摆动内径百分表,找出百分表指针顺时针偏转最多的位置,读出该位置上的示值。在孔的三个横截面内测量,对每个横截面应相隔90°测两次,并把读数填入表2-22中。

4) 复查零位,零位差不得超过±1~2μm,否则数据无效,需要重测。

5) 数据处理。把6个测出的实际偏差读数分别加上孔径的公称尺寸40mm,计算得到实际尺寸。按内缩方式确定验收极限尺寸,若6个实际尺寸均在验收极限范围内,则该孔径尺寸合格。

表2-22 任务2-7记录表　　　　　　　　　　　(单位:mm)

$\phi 40H7(^{+0.025}_{0})$	方向	截面		
		Ⅰ—Ⅰ	Ⅱ—Ⅱ	Ⅲ—Ⅲ
测量记录 (实际偏差)	A—A	+0.018	+0.016	+0.013
	B—B	+0.017	+0.014	+0.012
数据处理 (实际尺寸)	A—A	40.018	40.016	40.013
	B—B	40.017	40.014	40.012
验收极限	上验收极限尺寸	40.0225	下验收极限尺寸	40.0025
合格性结论	合格			

任务中分析题解答:由于φ40mm孔较深,而游标卡尺的量爪较短,并且该孔的精度较高,用游标卡尺来测量,无法达到它的测量精度要求,因此不能使用游标卡尺来测量该孔径尺寸。

任务2-8 实施

- 选择计量器具的分析过程

查表2-17得φ30h7的公差值$T=0.021$mm，安全裕度$A=0.0021$mm。计量器具不确定度允许值$u_1=0.0019$mm。

由表2-18和表2-19可知，游标卡尺、千分尺的不确定度远大于不确定度允许值u_1（0.0019mm），所以不能选用；分度值为0.002mm、0.001mm、0.0005mm的三种比较仪的不确定度都小于不确定度允许值u_1（0.0019mm），可以选用，为了降低测量成本，在满足要求的前提下应尽量选择精度低的计量器具，所以优先选用分度值为0.002mm的比较仪，如果没有则可以选择其他精度更高的比较仪。

- 准备工具和量具

准备测量范围为0~150mm、分度值为0.001mm的机械比较仪一台，30mm的量块一块。

- 测量方法和步骤

1）根据被测表面的几何形状选择测头。因测量的是圆柱形工件，所以选择刃口形测头。选好测头后，把它安装到测量杆上。

2）根据公称尺寸选取30mm量块，把它和被测工件等一并清洗干净并擦干。

3）调整机械比较仪零位。先将量块放在比较仪工作台上，松开粗调紧固螺钉，旋转粗调升降螺母，使臂架和测微表一起下降，直到测头与量块接触，观察刻度盘指针，使指针对准刻度盘零位，然后锁紧粗调紧固螺钉，观察指针是否还对准零位，如果没有对准零位，则进行微调。微调时，松开微调紧固螺钉，旋转微调升降螺母，观察指针，使指针对准刻度盘零位，然后锁紧微调紧固螺钉，用手指轻轻抬起和放下测头提升器几次，观察指针位置是否发生变化，如果指针位置有了轻微的变化，调整刻度盘调整螺钉，直到指针完全对准零位。

4）用手抬起测头提升器，取下量块，换上被测工件。在工件的三个截面上，相隔90°的径向位置处测量。读数时注意示值的正、负号，示值即为被测工件相对于公称尺寸的实际偏差，将其填入表2-23中。

表2-23 任务2-8记录表 （单位：mm）

φ30H7	方向	截面		
		Ⅰ—Ⅰ	Ⅱ—Ⅱ	Ⅲ—Ⅲ
测量记录（实际偏差）	A—A	+0.0018	-0.0091	-0.0105
	B—B	-0.0107	-0.0093	-0.0108
数据处理（实际尺寸）	A—A	30.0018	29.9909	29.9895
	B—B	29.9893	29.9907	29.9892
验收极限	上验收极限尺寸	29.9979	下验收极限尺寸	29.9811
合格性结论	不合格			

5)取下被测工件,再放上量块,复查其零位,其误差不得超过±0.5μm,否则重测。

6)数据处理。把6个测出的实际偏差读数分别加上公称尺寸30mm,计算得到实际尺寸。用内缩方式计算验收极限尺寸。

上验收极限尺寸:$d_{max}-A=(30-0.0021)\text{mm}=29.9979\text{mm}$

下验收极限尺寸:$d_{min}+A=(30-0.021+0.0021)\text{mm}=29.9811\text{mm}$

若6个实际尺寸均在验收极限范围内,则该直径尺寸合格。本次测量均不合格。

2.11.2 光滑极限量规检验孔和轴

光滑极限量规是一种没有刻度线的专用量具。它不能确定工件的实际尺寸,只能确定工件尺寸是否处于规定的极限尺寸范围内。因量规结构简单、制造容易、使用方便,因此广泛应用于成批、大量生产中。检验时,只要量规的通端能通过被检验工件,而止端不能通过,该工件尺寸即为合格。

1. 光滑极限量规的外形结构与功能

光滑极限量规是一种无刻度的专用定值量具。检验孔用的量规称为塞规,多为圆柱形,有通端与止端之分,成对使用,如图2-51a所示。检验轴用的量规称为环规或卡规,形式较多,多以片状卡规为常见,也是通端与止端成对使用,如图2-51b所示。

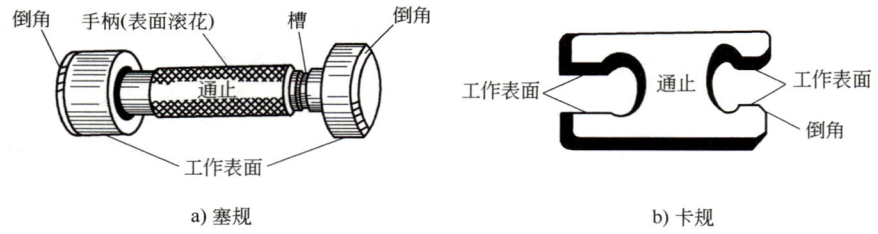

a) 塞规　　　　　　　　　　b) 卡规

图 2-51　光滑极限量规的外形结构

光滑极限量规的功能就是检验孔、轴尺寸的合格性。检验时,通规通过被检孔、轴,止规不能通过,则说明被检孔、轴的尺寸在公差带给定的极限尺寸范围之内,即为合格。

2. 光滑极限量规的分类

光滑极限量规按用途可分为三类:工作量规、验收量规和校对量规,下面将分别进行介绍:

(1) **工作量规**　工作量规是工人在生产过程中检验工件用的量规。它的通规和止规分别用代号T和Z表示。

(2) **验收量规**　验收量规是检验部门或用户验收产品时使用的量规。工厂检验工件时,工人应使用新的或磨损较少的通规;检验部门应使用与生产工人用的量规形式相同但已磨损较多的通规。

用户所使用的验收量规,通规尺寸应接近被检工件的最大实体尺寸,止规尺寸应接近被检工件的最小实体尺寸。

(3) **校对量规**　校对量规是校对轴用工作量规的量规,以检验其是否符合制造公差和在使用中是否达到磨损极限。

3. 光滑极限量规的理论依据

GB/T 1957—2006《光滑极限量规 技术条件》明确了极限尺寸判断原则是量规的主要理论依据。

（1）极限尺寸判断原则

1）孔或轴的实际轮廓不允许超过最大实体边界。最大实体边界的尺寸为最大实体尺寸。对于孔，为它的下极限尺寸；对于轴，为它的上极限尺寸。

2）孔或轴任何部位的实际尺寸都不允许超过最小实体尺寸。对于孔，其实际尺寸不应大于它的上极限尺寸；对于轴，其实际尺寸不应小于它的下极限尺寸。

（2）极限尺寸判断原则对量规的要求　极限尺寸判断原则为综合检验孔、轴尺寸的合格性提供了理论依据，光滑极限量规就是由此而设计出来的。通规对应第一条原则，体现最大实体边界（其尺寸为最大实体尺寸），控制孔、轴实际轮廓，通规测量面是与被检验孔或轴形状相对应的完整表面（即全形量规），其长度应等于被检孔、轴的配合长度。止规对应第二条原则，体现最小实体极限，控制实际尺寸，止规的测量面是两点状的（即非全形量规），其尺寸应为被检孔、轴的最小实体尺寸。

在实际生产中，使用和制造完全符合上述原则要求的量规有时比较困难，这时，在被检工件的形状误差不致影响配合性质的前提下，允许偏离极限尺寸判断原则。如为了使量规标准化，允许通规的长度小于配合长度；用环规不便于检测时允许用卡规代替；检验小尺寸的孔时，为了方便制造可做成全形量规等。

4. 使用量规的注意事项

量规是专用的没有示值的量具，所以使用量规进行检验要特别注意按下列规定的程序进行：

（1）在使用前要注意的事项

1）检查量规上的标记是否与被检验工件图样上标注的标记相符。如果两者的标记不相符，则不要用该量规。

2）检查是否有检定合格证书或标志等证明文件，且在检定期内，才可使用，否则不能使用该量规检验工件。

3）量规是成对使用的，即通规和止规配对使用。有的量规把通端（T）与止端（Z）制成一体，有的是制成单头的。对于单头量规，使用前要检查所选取的量规是否是一对，是一对才能使用。

4）检查外观质量。量规的工作面不得有锈迹、毛刺和划痕等缺陷。

（2）使用中要注意的事项

1）量规的使用条件：温度为20℃，测量力为0N。在生产现场中使用量规很难符合这些要求，因此，为减少由于测量条件不符合规定要求而引起的测量误差，必须注意使量规与被测量工件放在一起平衡温度，使两者的温度相同后再进行测量。这样可减少温差造成的测量误差。

2）注意操作方法，减少测量力的影响。对于卡规来说，当被测件的轴心线是水平状态时，公称尺寸小于100mm的卡规，其测量力等于卡规的自重（当卡规从上垂直向下卡时）；

公称尺寸大于100mm的卡规,其测量力是卡规自重的一部分。所以在使用大于100mm的卡规时,应想办法减少卡规本身的一部分重量。为减少这部分重量所需施加的力,应标注在卡规上。而现在在实际生产中很少这样做,所以要凭经验操作。图2-52所示为正确或错误使用卡规的示意图。

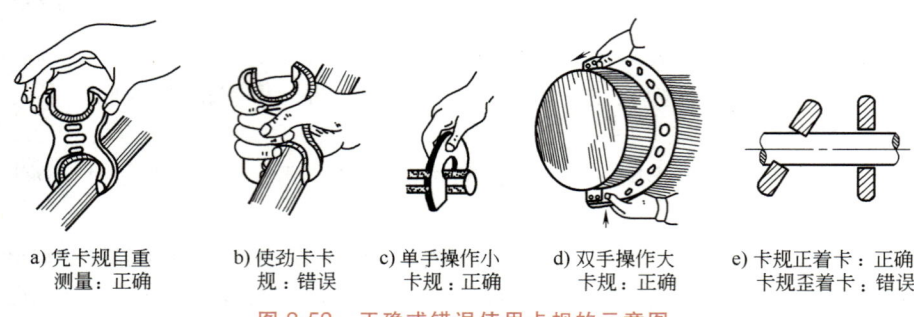

图 2-52　正确或错误使用卡规的示意图

3)检验孔时,如果孔的轴心线是水平的,将塞规对准孔后,用手稍推塞规即可,不得用大力推塞规。如果孔的轴心线是垂直于水平面的,对通规而言,当塞规对准孔后,用手轻轻扶住塞规,凭塞规的自重进行检验,不得用手使劲推塞规;对止规而言,当塞规对准孔后,松开手,凭塞规的自重进行检验。图2-53所示为正确或错误使用塞规的示意图。

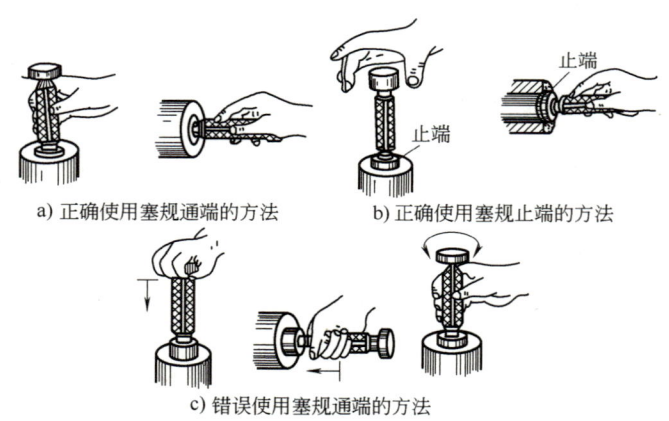

图 2-53　正确或错误使用塞规的示意图

正确操作量规不仅能获得正确的检验结果,而且能保证量规不受损伤。塞规的通端要在孔的整个长度上检验,而且应在2~3个轴向截面内检验;止端要尽可能在孔的两头(对通孔而言)进行检验。卡规的通端和止端,都要围绕轴心的3~4个横截面进行测量。使用时可以在工作表面上涂一层薄薄的润滑油。

5. 量规检验结果的仲裁

为了防止质量检验人员或用户代表与生产工人在检验同一件产品时因尺寸稍有差异而发生矛盾,生产工人应该使用新的或者磨损较少的通规;检验部门或用户代表应该使用与生产工人所用量规相同形式且已磨损较多而没有报废的通规。

如对检验结果有争议,应该使用下述尺寸的量规进行仲裁检验:通规应等于或接近工件的最大实体尺寸;止规应等于或接近工件的最小实体尺寸。

习题与实践

检测视频：高精度测长仪的操作

一、判断题

1. 公称尺寸是零件加工的基本目标。　　　　　　　　　　　　　　　　　　（　）
2. 下极限尺寸可以小于、等于或大于公称尺寸。　　　　　　　　　　　　　（　）
3. 某尺寸的上极限偏差一定大于下极限偏差。　　　　　　　　　　　　　　（　）
4. 极限尺寸减去实际尺寸所得的代数差即为该尺寸的实际偏差。　　　　　　（　）
5. 由基本偏差所确定的公差带位置反映了尺寸的精确程度。　　　　　　　　（　）
6. $\phi 36F8$ 与 $\phi 40H8$ 的标准公差数值相等。　　　　　　　　　　　　　　（　）
7. 若零件尺寸的精确程度相同，则它们的上、下极限偏差也应相同。　　　　（　）
8. 若零件实际尺寸正好等于公称尺寸，则该零件一定合格。　　　　　　　　（　）
9. 极限偏差为零时也必须标注出"0"字。　　　　　　　　　　　　　　　　（　）
10. 公差等级的代号数字越小，尺寸的精度越高。　　　　　　　　　　　　　（　）
11. $\phi 25f8$ 的基本偏差为 -0.022 mm，标准公差为 0.033 mm，可标注为 $\phi 25f8\,{}^{+0.011}_{-0.022}$。（　）
12. 实际尺寸越接近公称尺寸，表明加工越精确。　　　　　　　　　　　　　（　）
13. 属同一公差等级的公差，不论公称尺寸如何，其公差数值都相等。　　　　（　）
14. 公差为绝对值概念，在公差前必须加注"+"符号。　　　　　　　　　　　（　）
15. 尺寸 $\phi 50^{+0.090}_{0}$ mm 与 $\phi(50\pm0.045)$ mm 的精度相等。　　　　　　　　　（　）
16. 公称尺寸是理想的尺寸。　　　　　　　　　　　　　　　　　　　　　　（　）
17. 公差可以说是允许零件尺寸的最大偏差。　　　　　　　　　　　　　　　（　）
18. 游标卡尺和千分尺在测量前都应校对零位。　　　　　　　　　　　　　　（　）
19. 千分尺可准确地测出 0.01 mm，并可估测到 0.001 mm。　　　　　　　　（　）
20. $0\sim25$ mm 千分尺的示值范围和测量范围是一样的。　　　　　　　　　　（　）

二、填空题

1. 尺寸要素的尺寸所允许的极限值称为_____。
2. 某值与其_____之差称为偏差。
3. 从 IT01 至 IT18，公差等级逐渐_____，标准公差数值逐渐_____。
4. 基本偏差为 a~h 的轴与_____相配时构成间隙配合。
5. 基本偏差为 A~H 的孔与_____相配时构成间隙配合。
6. 尺寸公差带由_____大小和相对于公称尺寸的_____确定。

三、选择题

1. 下极限尺寸减其公称尺寸所得的代数差称为_____。
   A. 上极限偏差　　B. 下极限偏差　　C. 实际偏差　　D. 基本偏差
2. 下列尺寸_____为正确标注。
   A. $\phi 40^{-0.010}_{+0.029}$　　B. $\phi 40^{+0.029}_{-0.010}$　　C. $\phi 40(^{+0.029}_{-0.010})$　　D. $\phi 40j8^{+0.029}_{-0.010}$
3. 下列尺寸_____为正确标注。
   A. $\phi 20^{+0.052}_{-0.052}$　　B. $\phi 20^{+0.052}_{0}$　　C. $\phi 20^{+0.052}_{0}$　　D. $\phi 20_{-0.052}$
4. 下列尺寸_____为正确标注。
   A. $\phi 50^{+0.015}_{-0.015}$　　B. $\phi 50\pm0.015$　　C. $\phi 50^{-0.015}_{+0.015}$　　D. $\phi 50js7\pm0.015$
5. 尺寸公差带图中的零线表示_____。
   A. 上极限尺寸　　　　　　　　　　B. 下极限尺寸

C. 公称尺寸　　　　　　　　　　　D. 实际尺寸

6. 在公差与配合中，_____确定了公差带相对于零线的位置；_____确定了公差带的大小。

A. 标准公差　　　B. 上极限偏差　　　C. 基本偏差　　　D. 公称尺寸

四、简答题

1. 试比较 φ25h5、φ25h6、φ25h7 的基本偏差是否相同？它们的标准公差数值是否相同？
2. 游标卡尺常用来测量工件的哪些尺寸？
3. 游标卡尺的内量爪可用来测量什么尺寸？
4. 游标卡尺的深度测量杆用来测量什么部位？
5. 叙述分度值为 0.02mm 的游标卡尺的刻线原理。
6. 如何存放游标卡尺？
7. 如何校对外径千分尺零位？
8. 简述外径千分尺的读数方法。
9. 一般用什么清洗剂清洗工件上的防锈油？
10. 工件清洗完毕应使用什么物品擦拭？

五、综合题

1. 试从表 2-1~表 2-3 中查取下列孔或轴的标准公差和基本偏差数值，并确定它们的上、下极限偏差。①φ70h11；②φ28k7；③φ40M8；④φ25z6；⑤φ30js7；⑥φ60J6。

2. 下面三个尺寸中哪个精度最高？哪个精度最低？说明理由。
① $\phi 70^{+0.105}_{+0.075}$ mm；② $\phi 250^{-0.015}_{-0.044}$ mm；③ $\phi 10^{0}_{-0.022}$ mm。

3. 试根据表 2-24 中已有的数值，计算并填写该表空格中的数值。

表 2-24　综合题 3 表　　　　　　　　　　　　　　　　（单位：mm）

公称尺寸	上极限尺寸	下极限尺寸	上极限偏差	下极限偏差	公差
孔 φ12	12.050	12.032			
轴 φ80			-0.010	-0.056	
孔 φ30		29.959			0.021
轴 φ70	69.970			-0.074	

4. 设某配合的孔径为 $\phi 15^{+0.027}_{0}$ mm，轴径为 $\phi 15^{-0.016}_{-0.034}$ mm，试计算其极限尺寸、极限间隙或过盈。

5. 公称尺寸为 30mm 的 N7 孔和 m6 的轴相配合，试计算极限间隙或过盈及配合公差。

6. 设某配合的孔为 $\phi 45^{+0.142}_{+0.080}$ mm，轴为 $\phi 45^{0}_{-0.039}$ mm，试计算其极限间隙或过盈。

7. 试从 83 块一套的量块中选择合适的量块组合成下列尺寸：① 28.785mm；② 45.935mm；③ 55.875mm。

8. 某轴直径为 $\phi 50^{-0.025}_{-0.064}$ mm，现拟用外径千分尺测量验收，核算是否可行？

9. 某轴直径为 $\phi 35^{0}_{-0.062}$ mm，选择合适的计量器具并求出上、下验收极限。

检测视频：测高仪
外径、内径及孔心距

检测视频：量块
比较仪的使用

检测视频：三坐标测量机
测孔径和轴轻

检测视频：卧式
测长仪的操作

第3章

几何公差及几何误差的检测

3.1 几何公差概述

任务 3-1 几何公差的识读

任务描述：识读图 3-1 所示套类零件上标注的各项几何公差的含义。

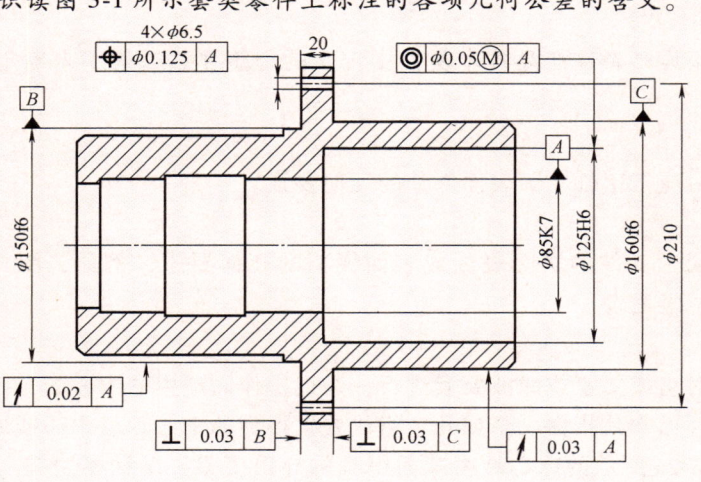

图 3-1 套类零件

零件在加工过程中由于机床、刀具、夹具、切削力等各种因素的影响，不仅会产生尺寸误差，还会产生形状误差、方向误差、位置误差、跳动误差（统称为几何误差）。几何误差越大，零件的几何精度就越低，所以必须对零件规定几何公差，来限制几何误差以保证零件的互换性和使用要求。

3.1.1 几何要素的术语和定义

几何公差研究的对象是几何要素（简称为要素）。几何要素是点、线、面、体或者它们的集合的总称，如图 3-2 所示零件的球面、圆锥面、圆柱面、端面、轴线和球心等。下面介绍 GB/T 24637.1—2020《产品几何技术规范（GPS）通用概念 第 1 部分：几何规范和检验的模型》中部分有关要素的术语和定义。

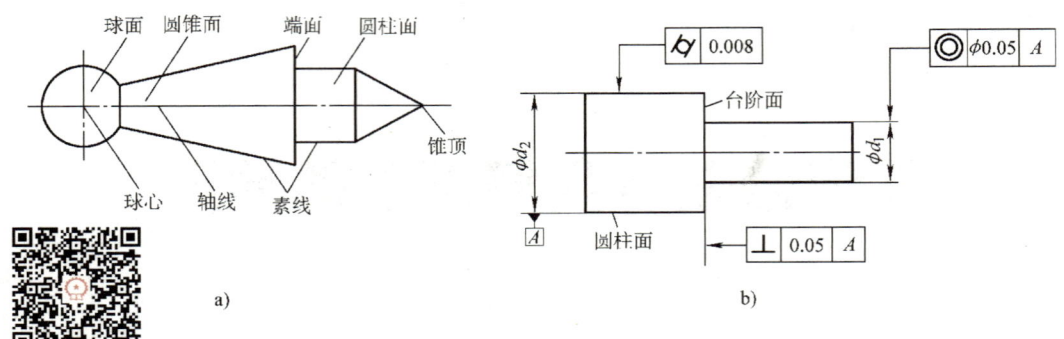

图 3-2 几何要素

1. 理想要素
理想要素是由参数化方程定义的要素。参数化方程的表达取决于理想要素的类型及其本质特征。

2. 非理想要素
非理想要素是完全依赖于非理想表面模型或工件实际表面的不完美的几何要素。

3. 公称要素
公称要素是由设计者在产品技术文件中定义的理想要素，是用来确定公称模型的理想要素。

4. 实际要素
实际要素是对应于工件实际表面部分的几何要素。

5. 组成要素
组成要素是属于工件的实际表面或表面模型的几何要素。例如，图 3-2a 所示的球面、圆锥面、圆柱面、端面等。

6. 导出要素
导出要素是对组成要素或滤波要素进行一系列操作而产生的中心的、偏移的、一致的或镜像的几何要素。通常是指由一个或几个组成要素得到的中心点、中心线或中心面。

例如：如图 3-2a 所示的球心是由球面得到的导出要素，球面本身是一个组成要素；圆锥的轴线是由圆锥面得到的导出要素，圆锥面是一个组成要素。

导出要素可以从一个公称要素、一个拟合要素或一个提取要素中建立，分别称为公称导出要素、拟合导出要素或提取导出要素。

7. 提取要素
提取要素是由有限个点组成的几何要素。

8. 拟合要素
拟合要素是通过拟合操作，从非理想表面模型中或从实际要素中建立的理想要素。

一个拟合要素可以从（提取的、滤波的）导出要素中或者从（实际的、提取的、滤波的）组成要素中建立。

除了《GB/T 24637.1—2020 产品几何技术规范（GPS） 通用概念 第 1 部分：几何规范和检验的模型》中规定的上述 8 个术语之外，还会经常用到下面 4 个术语：

9. 被测要素

被测要素是图样上给出了几何公差的要素，是检测的对象。图 3-2b 所示的台阶面、大圆柱面和小圆柱面的轴线都属于被测要素。

10. 基准要素

基准要素是用来确定被测要素的方向或（和）位置的要素，在图样上用基准代号进行标注，如图 3-2b 所示大圆柱面的轴线。

11. 单一要素

单一要素是仅对被测要素本身给出形状公差要求的被测要素，如图 3-2b 所示的大圆柱面。

12. 关联要素

关联要素是与其他要素有功能关系的被测要素。图样上给出方向公差或位置公差要求的要素就是关联要素，如图 3-2b 所示的台阶面和小圆柱面的轴线。

微课：几何公差特征项目

3.1.2 几何公差的特征项目及符号

GB/T 1182—2018《产品几何技术规范（GPS） 几何公差 形状、方向、位置和跳动公差标注》中规定了几何公差的项目。几何公差特征项目的名称及其符号见表 3-1。

表 3-1 几何公差特征项目的名称及其符号

几何公差类型	几何公差特征项目	项目符号	有无基准要求	几何公差类型	几何公差特征项目	项目符号	有无基准要求
形状公差	直线度	—	无	位置公差	位置度	⌖	有或无
	平面度	▱	无		同轴（心）度	◎	有
	圆度	○	无		对称度	=	有
	圆柱度	⌭	无	跳动公差	圆跳动	↗	有
方向公差	平行度	∥	有		全跳动	⌰	有
	垂直度	⊥	有	形状、方向或位置公差	线轮廓度	⌒	有或无
	倾斜度	∠	有		面轮廓度	⌒	有或无

3.1.3 几何公差带的特征

几何公差带是限制实际被测要素的形状、方向或位置变动的一个区域。如果被测要素在这个给定的区域（公差带）内，则表示该被测要素的形状、方向或位置符合要求，否则被测要素的形状、方向或位置就不符合要求。

几何公差带具有形状、大小、方向和位置 4 个要素。

1. 几何公差带的形状

几何公差带的形状是指限制被测要素变动的包容区域的理想形状。它是由被测要素的理想形状和给定的公差特征项目所确定的。常见的几何公差带的形状如图3-3所示。

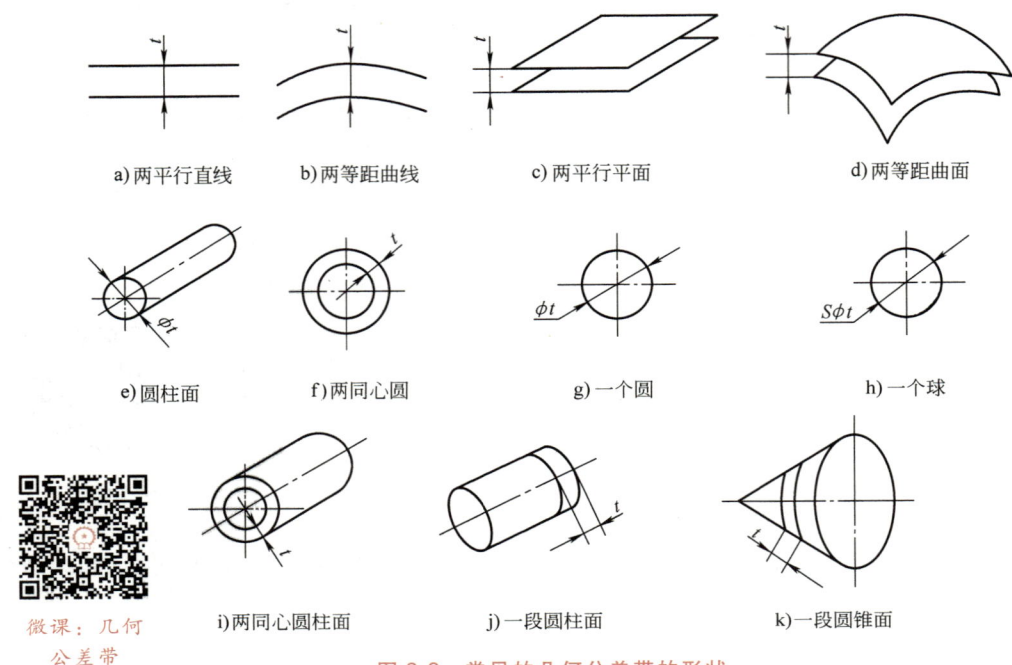

图 3-3 常见的几何公差带的形状

2. 几何公差带的大小

几何公差带的大小是指理想包容区域的宽度或者直径，如图3-3所示的 t、ϕt、$S\phi t$ 等数值。

3. 几何公差带的方向

几何公差带的方向是指与公差带延伸方向相垂直的方向。对于方向公差、位置公差而言，公差带的方向就是公差框格指引线箭头所指示的方向；形状公差的公差带方向还与被测要素的实际状态有关。如图3-4所示，平面度公差和平行度公差的指引线方向都是一样的，但是公差带的方向却不一定相同。

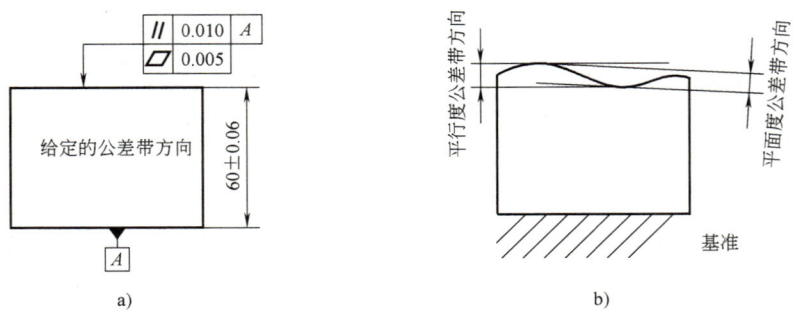

图 3-4 几何公差带的方向

4. 几何公差带的位置

几何公差带的位置是指几何公差带相对于被测要素的位置,分为固定和浮动两种。

当公差带的位置由基准和(或)理论正确尺寸确定,公差带不会随着被测要素的形状、方向、位置的变化而变化,则称公差带的位置是固定的。反之,如果公差带会随着被测要素的形状、方向、位置的变化而变化时,则称公差带的位置是浮动的。

3.1.4 几何公差规范标注

1. 几何公差规范标注的元素

几何公差规范标注的组成包括公差框格、可选的辅助平面和要素标注、可选的相邻标注(补充标注),如图 3-5 所示。它可以在二维(2D)图上标注,也可以在三维(3D)图上标注。

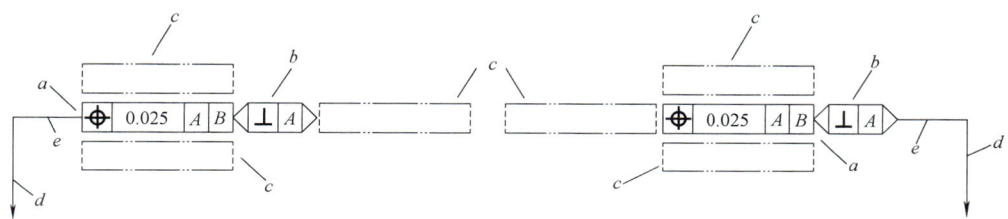

图 3-5 几何公差规范标注的元素

a—公差框格 b—辅助平面和要素框格 c—相邻标注 d—指引线 e—参照线

2. 公差框格

几何公差要求应标注在划分成两部分或者三部分矩形方框中(矩形方框线是宽度为字高 1/10 的实线),第一部分为符号部分,第二部分为公差带、要素与特征部分,第三部分为基准部分。基准部分为可选部分,可包含 1~3 格。如图 3-6 所示,这些部分按照从左到右的顺序排列。

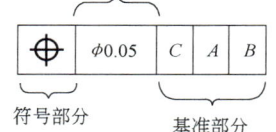

图 3-6 几何公差框格的三个部分

3. 指引线与被测要素的连接

几何公差规范标注应当通过指引线与被测要素连接。

当被测要素是组成要素时,在二维标注中,指引线可以终止在要素的轮廓上或轮廓的延长线上(但必须与尺寸线明显地错开),这时以箭头终止,如图 3-7a 和图 3-8a 所示。指引线也可以终止在要素的界限以内,这时,以圆点终止,如图 3-9a 所示。在三维标注中,指引线终止在组成要素上,但应与尺寸线明显分开,指引线的终点为指向延长线的箭头以及组成要素上的点,如图 3-7b 和图 3-8b 所示。当该面要素可见时,该点为实心的,指引线为实线;当该面要素不可见时,该点是空心的,指引线为虚线。指引线的终点可以是放在使用指引横线上的箭头,并指向该面要素,如图 3-9b 所示。

当被测要素是导出要素时,不管是在二维标注还是在三维标注中,指引线用箭头终止在尺寸要素的尺寸延长线上,如图 3-10~图 3-12 所示。被测要素为回转体的中心要素时,可将修饰符Ⓐ(中心要

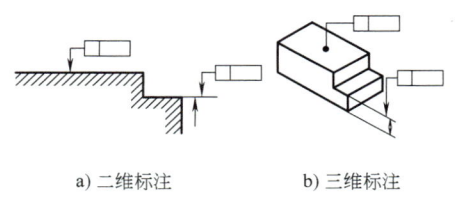

a) 二维标注   b) 三维标注

图 3-7 指引线与被测要素的连接 1

素）放置在公差框格内公差带、要素与特征部分。在这种情况下，指引线不必与尺寸线对齐，可以在组成要素上用一个箭头终止（二维标注），如图 3-13a 所示；或者用一个圆点终止（三维标注），如图 3-13b 所示。

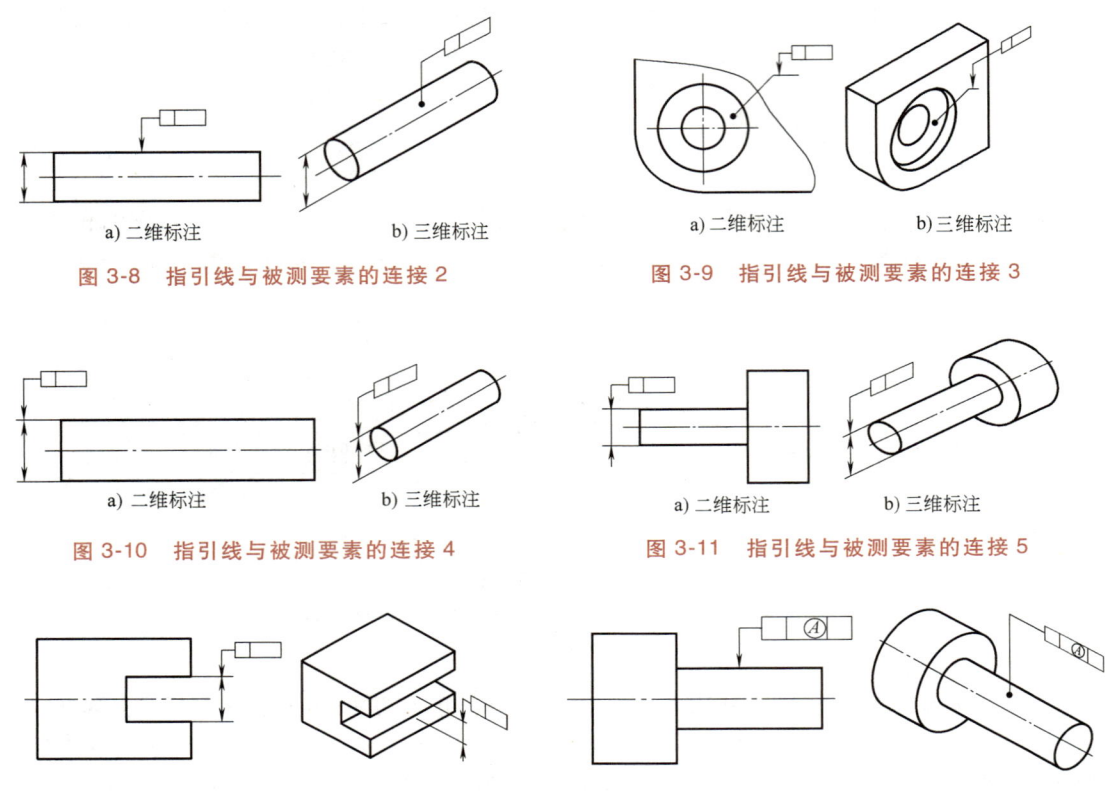

图 3-8　指引线与被测要素的连接 2　　　图 3-9　指引线与被测要素的连接 3

图 3-10　指引线与被测要素的连接 4　　　图 3-11　指引线与被测要素的连接 5

图 3-12　指引线与被测要素的连接 6　　　图 3-13　指引线与被测要素的连接 7

4. 几何公差框格的标注

（1）**符号部分的标注**　几何公差框格的第一格为符号部分，标注相应的几何公差特征项目符号，见表 3-1。

如对同一要素有一个以上的几何公差特征项目要求时，可将几个公差框格上下堆叠，如图 3-14 所示。这种情况推荐将公差框格按照公差值大小从上到下依次递减的顺序排布。此时，参照线应连接于一个公差框格左侧或右侧的中点，而非两个公差框格中间的延长线。此标注同时适用于二维与三维标注。

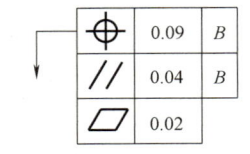

图 3-14　多层公差标注

（2）**公差带、要素与特征部分的标注**　几何公差框格的第二格为公差带、要素与特征部分，可以标注公差带、体现被测要素的操作、获得特征值的操作、实体状态、自由状态等规范元素。除了公差带的宽度元素之外，其他规范元素都是可选的。

公差带的宽度用公差值表示，公差值的单位为 mm。如公差带是圆形、圆柱形或圆管形，公差值前应标注"ϕ"；如是球形的则应标"$S\phi$"。

（3）基准部分的标注 几何公差框格的第三、四、五格为基准部分。基准符号一般由方框、细实线、涂黑或空白的三角形以及基准字母组成，如图 3-15 所示。基准字母一般为一个大写的英文字母。为了不致引起混淆，基准字母一般

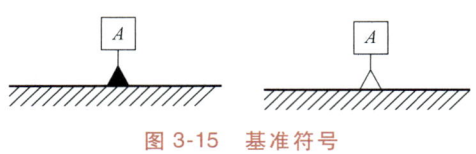

图 3-15 基准符号

不采用 E、F、I、J、L、M、O、P、Q、R 等字母，无论基准符号在图样上的方向如何，方框内的基准字母都要水平书写。

当基准要素是轮廓线或表面时，基准三角形应放置在要素的外轮廓上或其延长线上（但细实线应与尺寸线明显地错开），如图 3-16 所示。基准三角形也可放置在该轮廓面引出线的水平线上，如图 3-17 所示。

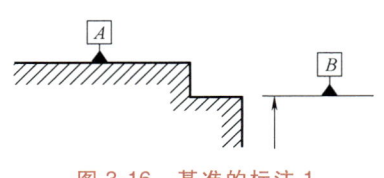

图 3-16 基准的标注 1

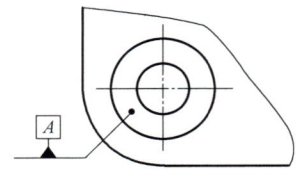

图 3-17 基准的标注 2

当基准是由尺寸要素确定的轴线、中心平面或中心点时，基准三角形应放置在尺寸线的延长线上，如图 3-18～图 3-20 所示。如尺寸线处没有足够的位置标注两个箭头，则其中一个箭头可用基准三角形代替。

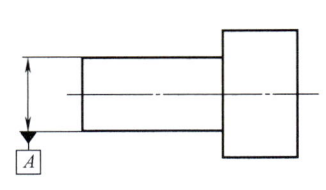

图 3-18 基准的标注 3

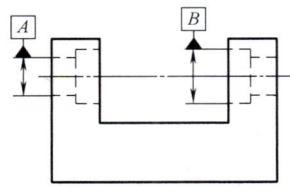

图 3-19 基准的标注 4

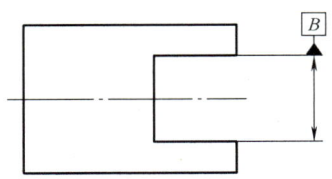

图 3-20 基准的标注 5

如果只以要素的局部作为基准，则应用粗点画线示出该部分并加注尺寸，如图 3-21 所示。

以单个要素作为基准时，用一个大写字母表示，如图 3-22a 所示；由两个要素组成的公共基准，用由横线隔开的两个大写字母表示，如图 3-22b 所示；由两个或两个以上要素组成的基准体系，如多基准组合，表示基准的大写字母应按基准的优先次序从左至右分别置于各格中，如图 3-22c 所示。

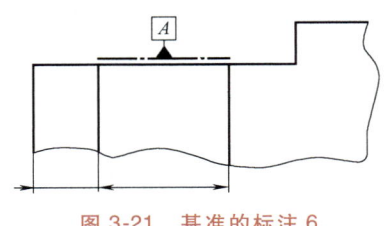

图 3-21 基准的标注 6

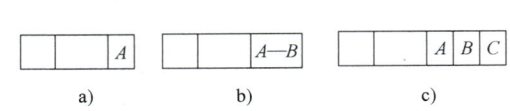

图 3-22 基准的标注 7

5. 理论正确尺寸的标注

对于在一个要素或一组要素上所标注的位置、方向或轮廓度公差，将确定各个理论正确位置、方向或轮廓的尺寸称为理论正确尺寸。基准体系中基准之间的角度也可用理论正确尺寸标注。理论正确尺寸没有公差，标注在一个方框中，它可以是线性尺寸也可以是角度，如图 3-23 和图 3-24 所示。理论正确尺寸可以明确标注，或者是隐含的（如 0°、90°）。

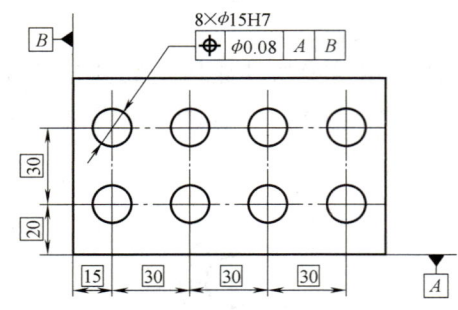

图 3-23　线性理论正确尺寸的标注

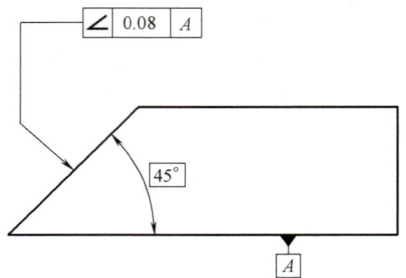

图 3-24　角度理论正确尺寸的标注

6. 辅助平面和要素框格的标注

辅助平面和要素框格有相交平面框格、定向平面框格、方向要素框格和组合平面框格。它们可以标注在几何公差框格的右侧。如果需要标注其中的几个时，相交平面框格应最接近几何公差框格，其次是定向平面框格或方向要素框格（这两个不得同时标注），最后是组合平面框格。

(1) **相交平面**　相交平面用于定义线要素的方向，如在平面上线要素的直线度、线轮廓度、线要素的方位和面要素上的线要素的"全周"规范。仅当面要素属于回转型（如圆锥或圆环）、圆柱型（如圆柱）、平面型（如平面）时，才可用于构建相交平面族。

相交平面用放置在几何公差框格右侧的相交平面框格 ⟨∥ B⟩ ⟨⊥ B⟩ ⟨∠ B⟩ ⟨≡ B⟩ 表示，分别表示与基准平行、与基准垂直、与基准保持特定的角度、对称于（包含）基准要素。有关相交平面框格的应用如图 3-26、图 3-68、图 3-69 所示的相关标注。

(2) **定向平面**　定向平面是基于工件的提取要素构建的平面，用于标识公差带的方向。当被测要素是中心线或中心点，且公差带的宽度是由两平行平面或一个圆柱限定的，且公差带相对于其他要素定向的情况下，应标注定向平面，如给定方向的平行度、垂直度等。

定向平面用放置在几何公差框格右侧的定向平面框格 ⟨∥ B⟩⟨⊥ B⟩⟨∠ B⟩ 表示，分别表示与基准平行、与基准垂直、与基准保持特定的角度。有关定向平面框格的应用如图 3-33、图 3-34、图 3-35、图 3-41、图 3-42 所示的相关标注。

(3) **方向要素**　当被测要素是组成要素且公差带宽度的方向与面要素不垂直时，应使用方向要素来确定公差带宽度的方向。对于非圆柱体或非球体的回转体表面的圆度公差，应使用方向要素来标注公差带宽度的方向。仅当面要素属于回转型（如圆锥或圆环）、圆柱型（如圆柱）、平面型（如平面）时，才可用于构建方向要素。

方向要素用放置在几何公差框格右侧的方向要素框格 ←∥ C← ←⊥ C← ←∠ C← ←╱ C← 表示。有关方向要素框格的应用如图 3-30、图 3-31、图 3-65 所示的相关标注。

(4) **组合平面**　当标注"全周"符号时，应同时使用组合平面，表示"全周"要求仅适用于由组合平面所定义的组合连续表面，而不是整个工件。组合平面用放置在几何公差框格右侧的组合平面框格表示。

组合平面的标注规范示例如图 3-25a、b 所示。图 3-25a、b 中 ⌒∥A 表示图样所标注的面轮廓度要求是对与基准 A 平行的由 a、b、c、d 组成的组合连续要素的要求，如图 3-25c 所示。

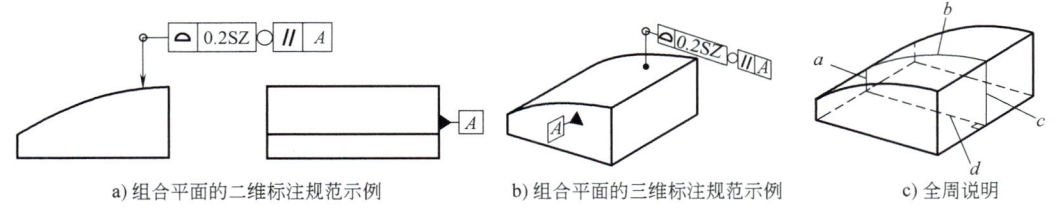

图 3-25 组合平面的标注规范示例

3.2 几何公差定义

几何公差特征项目共有 14 项，见表 3-1。下面分别介绍各种几何公差的典型标注及其含义，所有图例中的尺寸单位均为 mm。

3.2.1 形状公差

形状公差是指单一实际被测要素的形状所允许的变动全量。形状公差带是限制单一实际被测要素的形状变动的一个区域。

1. 直线度公差

直线度可用于组成要素或导出要素，公称被测要素的属性与形状为明确给定的直线或一组直线。根据零件的功能要求可以分为给定平面内、给定方向和任意方向 3 种直线度公差。

动画：给定平面内的直线度公差

(1) 给定平面内的直线度公差 在图 3-26a、b 中，在由相交平面框格规定的平面内，上表面的提取（实际）线应限定在间距等于 0.01mm 的两平行直线之间。

本规范定义的公差带为在平行于（相交平面框格给定的）基准 A 的给定平面内与给定方向上、间距等于公差值 t 的两平行直线所限定的区域。本例的公差值为 0.01mm，如图 3-26c 所示。

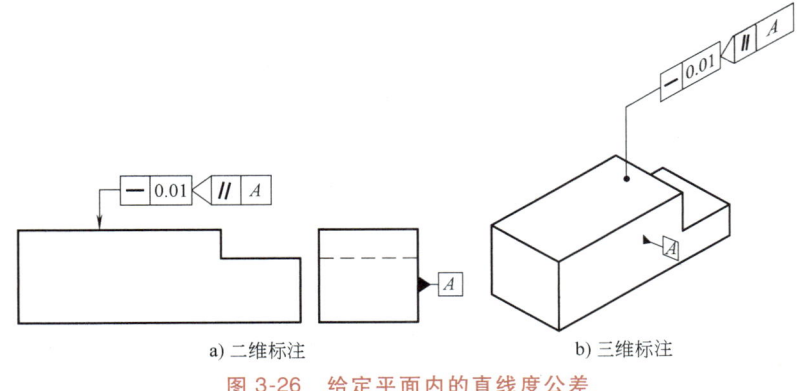

图 3-26 给定平面内的直线度公差

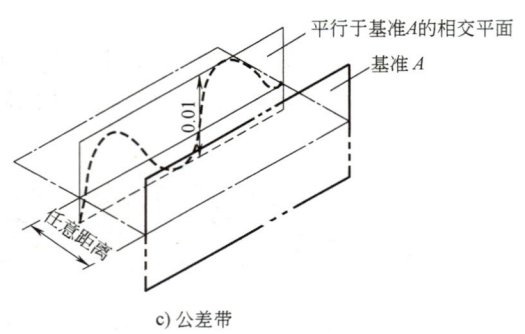

c) 公差带

图 3-26 给定平面内的直线度公差（续）

动画：给定方向的直线度公差

（2）给定方向的直线度公差 在图 3-27a、b 中，圆柱表面的任意提取（实际）棱边应限定在间距等于 0.01mm 的两平行平面之间。本规范定义的公差带为间距等于公差值 t 的两平行平面所限定的区域。本例的公差值为 0.01mm，如图 3-27c 所示。

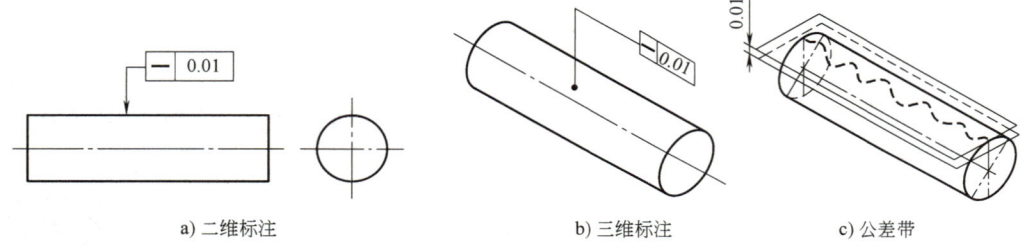

a) 二维标注　　　　b) 三维标注　　　　c) 公差带

图 3-27 给定方向的直线度公差

动画：任意方向的直线度公差

（3）任意方向的直线度公差 在图 3-28a、b 中，表示任意方向的直线度公差则应在公差值前加注"ϕ"，圆柱面的提取（实际）中心线应限定在直径等于 ϕ0.08mm 的圆柱面内。

本规范定义的公差带为直径等于公差值 ϕt 的圆柱面所限定的区域。本例的公差值为 0.08mm，如图 3-28c 所示。

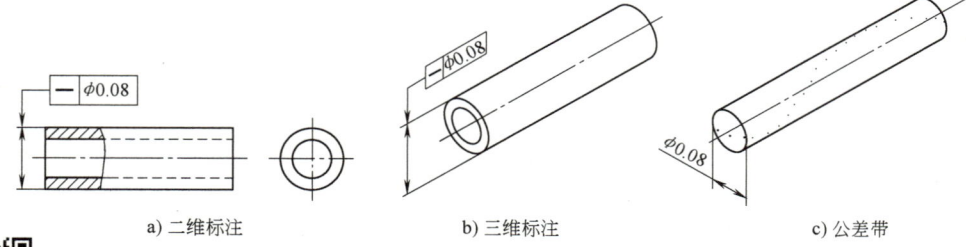

a) 二维标注　　　　b) 三维标注　　　　c) 公差带

图 3-28 任意方向的直线度公差

2. 平面度公差

微课：平面度公差

平面度的被测要素可以是组成要素或导出要素，其公称被测要素的属性和形状为明确给定的平表面，属面要素。

在图 3-29a、b 中，提取（实际）表面应限定在间距等于 0.08mm 的两平行平面之间。

本规范定义的公差带为间距等于公差值 t 的两平行平面所限定的区域。本例的公差值为 0.08mm，如图 3-29c 所示。

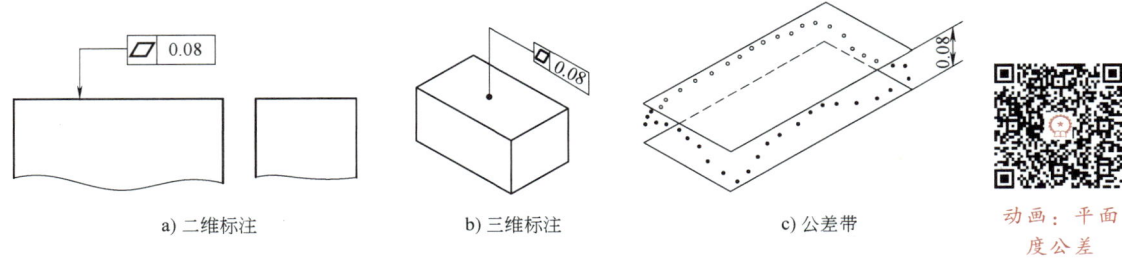

图 3-29　平面度公差

3. 圆度公差

圆度的被测要素是组成要素，其公称被测要素的属性与形状为明确给定的圆周线或一组圆周线，属线要素。圆柱要素的圆度要求可应用在与被测要素轴线垂直的横截面上，球形要素的圆度要求可用在包含球心的横截面上；圆度用于非圆柱体或非球体的回转体表面应标注方向要素。

在图 3-30a、b 中，在圆柱面与圆锥面的任意横截面内，提取（实际）圆周应限定在半径差为 0.03mm 的两共面同心圆之间。这是圆柱表面的缺省应用方式，而对于圆锥表面则必须使用方向要素框格进行标注。

本规范定义的公差带为在给定横截面内，半径差为公差值 t 的两个同心圆所限定的区域。本例的公差值为 0.03mm，如图 3-30c 所示。

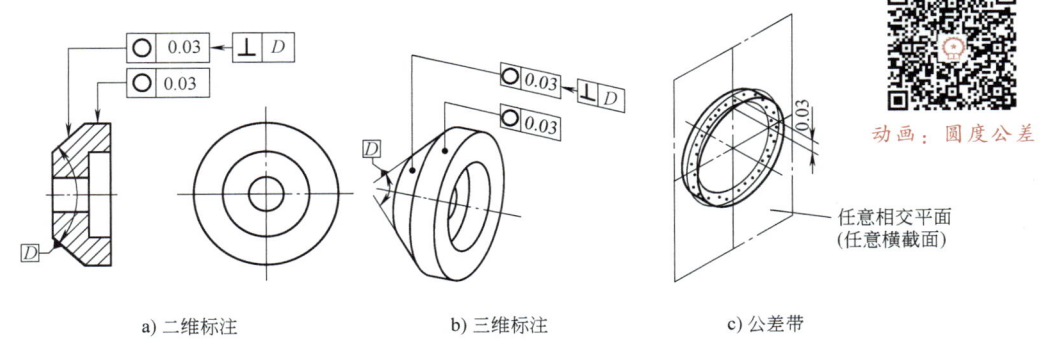

图 3-30　圆度公差 1

在图 3-31a、b 中，提取圆周线位于该表面的任意横截面上，由被测要素和与其同轴的圆锥相交所定义，并且其锥角可确保该圆锥与被测要素垂直。该提取圆周线应限定在距离等于 0.03mm 的两个圆之间，这两个圆位于相交圆锥上，如方向要素框格所示的为垂直于被测要素表面的公差带。

本规范定义的公差带为在给定横截面内，沿表面距离为 t 的两个在圆锥面上的同心圆所限定的区域。本例的公差值为 0.03mm，如图 3-31c 所示。

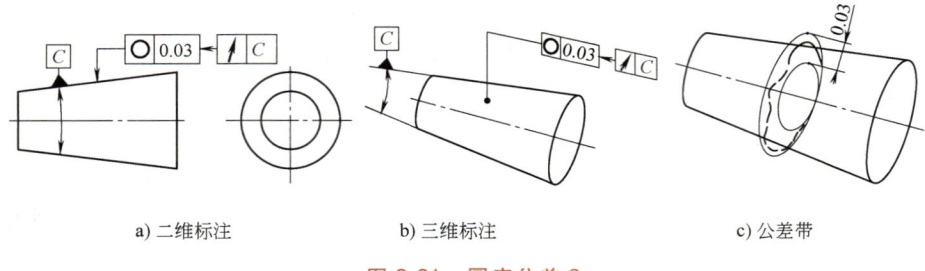

a) 二维标注　　　　　b) 三维标注　　　　　c) 公差带

图 3-31　圆度公差 2

4. 圆柱度公差

圆柱度的被测要素是组成要素，其公称被测要素的属性与形状为明确给定的圆柱表面，属面要素。

在图 3-32a、b 中，提取（实际）圆柱表面应限定在半径差等于 0.03mm 的两同轴圆柱面之间。

本规范定义的公差带为半径差等于公差值 t 的两同轴圆柱面所限定的区域。本例的公差值为 0.03mm，如图 3-32c 所示。

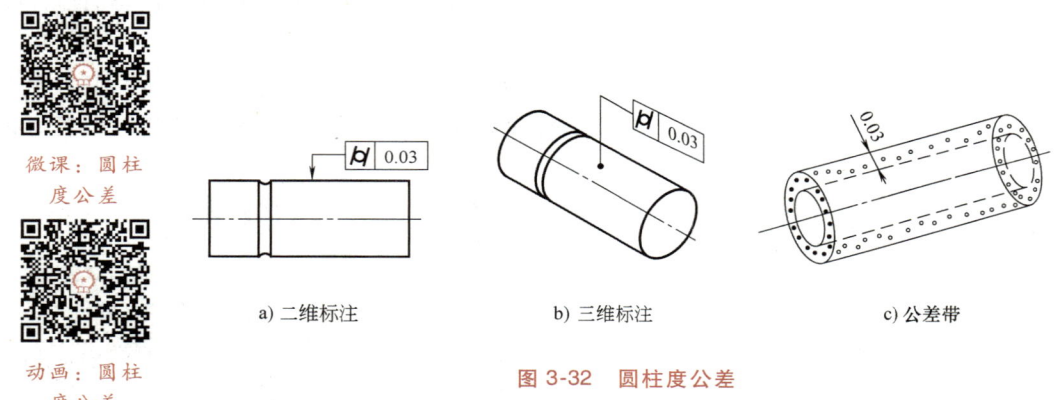

微课：圆柱度公差

动画：圆柱度公差

a) 二维标注　　　　　b) 三维标注　　　　　c) 公差带

图 3-32　圆柱度公差

圆柱度公差能综合控制圆柱体正截面和纵截面的形状误差。在图 3-32 中圆柱体的圆度误差、素线的直线度误差都不应该超过 0.03mm。

> **小结**：形状公差 4 个项目都是针对单一要素的形状提出的，不涉及基准，因此公差带没有方向和位置的约束；而且这些项目对应的理想要素都不涉及尺寸问题，因此公差带的位置是浮动的，将跟随零件实际形状的变化而变化。

3.2.2　方向公差

方向公差是关联实际要素对基准在方向上所允许的变动全量。方向公差带是限制关联实际要素对基准在方向上的变动区域，因而公差带相对于基准有确定的方向。方向公差的被测要素可以是线要素或面要素，基准也可以是线要素或面要素。

1. 平行度公差

平行度的被测要素可以是组成要素或导出要素，其公称被测要素的属性可以是线性要素，一组线性要素，或面要素。每个公称被测要素的形状由直线或平面明确给定。如果被测要素是公称状态为平表面上的一系列直线，应标注相交平面框格。公称被测要素与基准之间的理论正确角度应由缺省的0°定义。

（1）中心线对基准体系的平行度公差 在图3-33a、b中，提取（实际）中心线应限定在间距等于0.02mm、平行于基准A且平行于基准B的两平行平面之间。基准B为基准A的辅助基准。

本规范定义的公差带为间距等于公差值t、平行于两基准且沿规定方向的两平行平面所限定的区域。本例的公差值为0.02mm，如图3-33c所示。

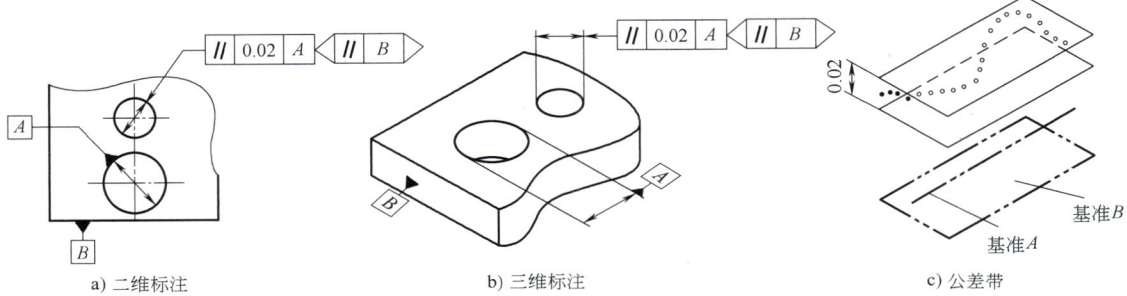

图3-33 中心线对基准体系的平行度公差1

在图3-34a、b中，提取（实际）中心线应限定在间距等于0.03mm、平行于基准A且垂直于基准B的两平行平面之间。基准B为基准A的辅助基准。

本规范定义的公差带为间距等于公差值t、平行于基准A且垂直于基准B的两平行平面所限定的区域。本例的公差值为0.03mm，如图3-34c所示。

动画：中心线对基准体系的平行度公差1

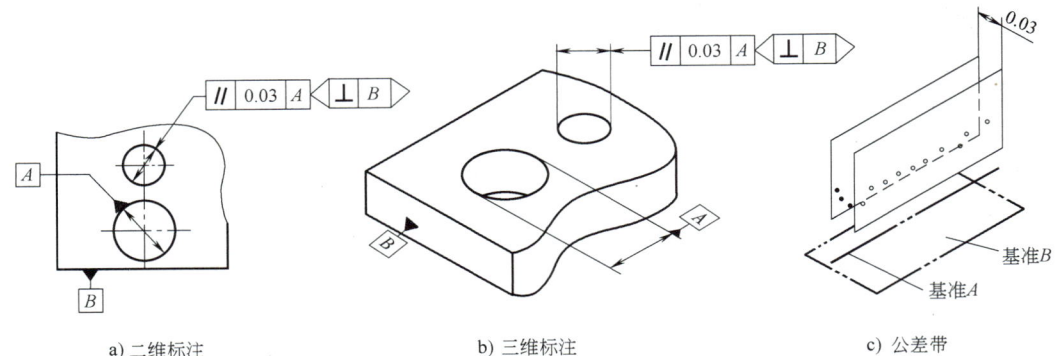

图3-34 中心线对基准体系的平行度公差2

在图3-35a~c中，提取（实际）中心线应限定在间距等于0.03mm且平行于基准轴线A和基准平面B的两平行平面和间距等于0.02mm且平行于基准轴线A和垂直于基准平面B的两平行平面之间。基准B为基准A的辅助基准。其中图3-35a、b所示的标注内容是等效的，任选一种即可。

动画：中心线对基准体系的平行度公差2

本规范定义的为给定两个方向的平行度要求，公差带为间距等于公差值 t_1、平行于基准 A 且平行于基准 B 的两平行平面和间距等于公差值 t_2、平行于基准 A 且垂直于基准 B 的两平行平面所限定的区域。本例的公差值分别为 0.03mm、0.02mm，如图 3-35d 所示。由定向平面框格分别规定公差带中两组平面的方向。

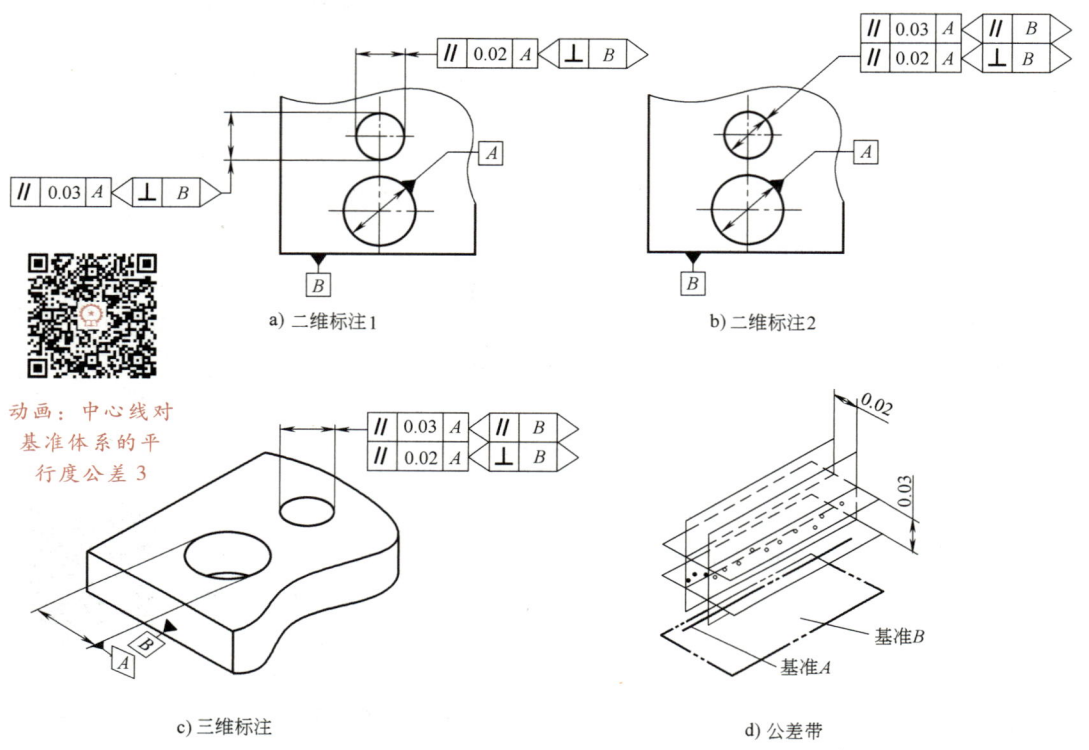

图 3-35 中心线对基准体系的平行度公差 3

（2）中心线对基准直线的平行度公差 在图 3-36a、b 中，提取（实际）中心线应限定在平行于基准轴线 A、直径等于 $\phi 0.01$mm 的圆柱面内。

本规范定义的公差带，公差值前面加注了符号 ϕ，其为平行于基准轴线、直径等于公差值 ϕt 的圆柱面所限定的区域。本例的公差值为 0.01mm，如图 3-36c 所示。

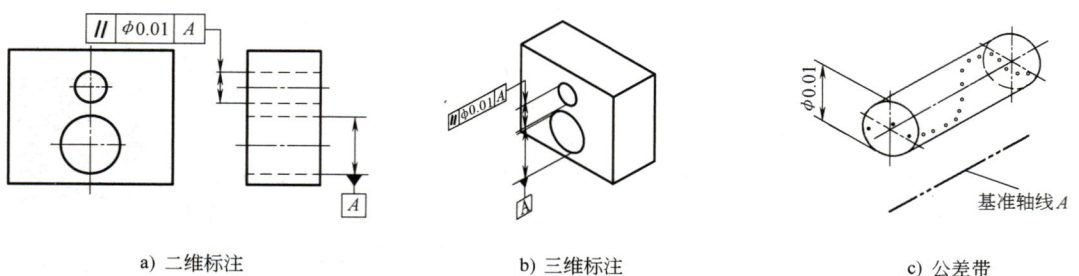

图 3-36 中心线对基准轴线的平行度公差

（3）中心线对基准平面的平行度公差　在图 3-37a、b 中，提取（实际）中心线应限定在平行于基准平面 B、间距等于 0.02mm 的两平行平面之间。

本规范定义的公差带为平行于基准平面、间距等于公差值 t 的两平行平面所限定的区域。本例的公差值为 0.02mm，如图 3-37c 所示。

动画：中心线对基准平面的平行度公差

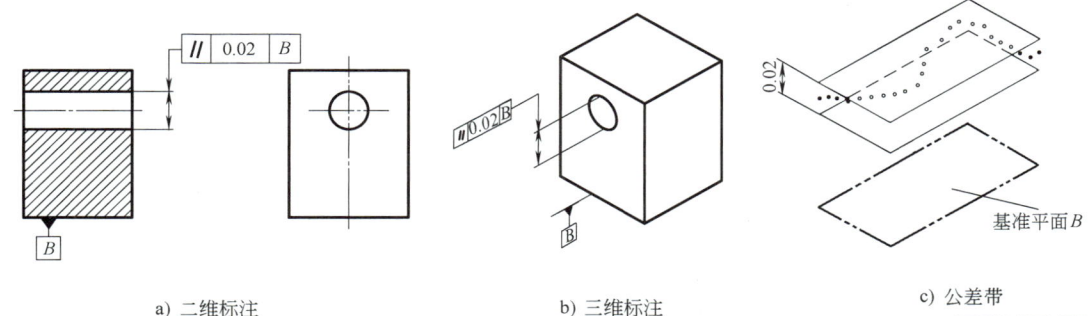

a) 二维标注　　　　b) 三维标注　　　　c) 公差带

图 3-37　中心线对基准平面的平行度公差

（4）面对基准直线的平行度公差　在图 3-38a、b 中，提取（实际）表面应限定在间距等于 0.02mm、平行于基准轴线 C 的两平行平面之间。

本规范定义的公差带为间距等于公差值 t、平行于基准轴线的两平行平面所限定的区域。本例的公差值为 0.02mm，如图 3-38c 所示。

动画：面对基准轴线的平行度公差

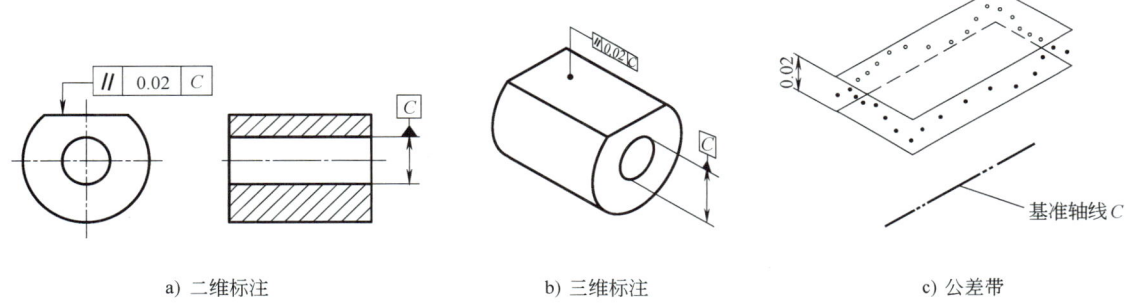

a) 二维标注　　　　b) 三维标注　　　　c) 公差带

图 3-38　面对基准轴线的平行度公差

（5）面对基准平面的平行度公差　在图 3-39a、b 中，提取（实际）表面应限定在间距等于 0.02mm、平行于基准平面 D 的两平行平面之间。

本规范定义的公差带为间距等于公差值 t、平行于基准平面的两平行平面所限定的区域。本例的公差值为 0.02mm，如图 3-39c 所示。

2. 垂直度公差

垂直度的被测要素可以是组成要素或导出要素，其公称被测要素的属性可以是线性要素、一组线性要素或一个面要素。公称被测要素的形状由直线或平面要素明确给定。若被测要素是公称平面，且被测要素是该平面上的一组直线时，应标注相交平面框格。公称被测要素与基准之间的理论正确角度应由缺省的 90°定义。

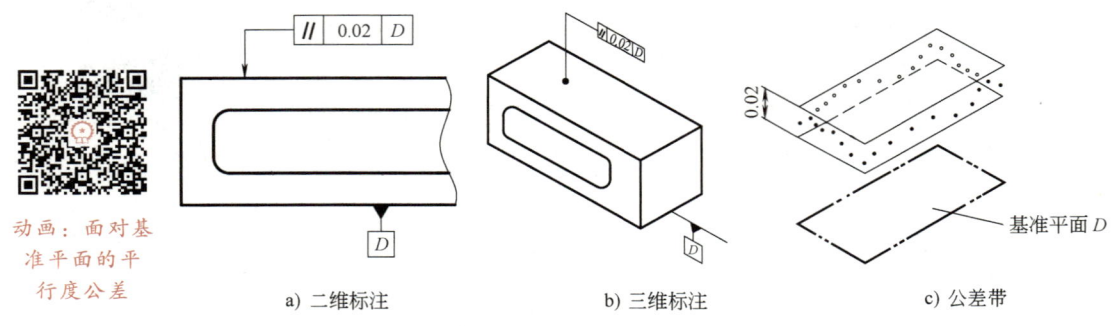

图 3-39 面对基准平面的平行度公差

(1) 中心线对基准轴线的垂直度公差　在图 3-40a、b 中，提取（实际）中心线应限定在间距等于 0.04mm、垂直于基准轴线 A 的两平行平面之间。

本规范定义的公差带为间距等于公差值 t、垂直于基准轴线的两平行平面所限定的区域。本例的公差值为 0.04mm，如图 3-40c 所示。

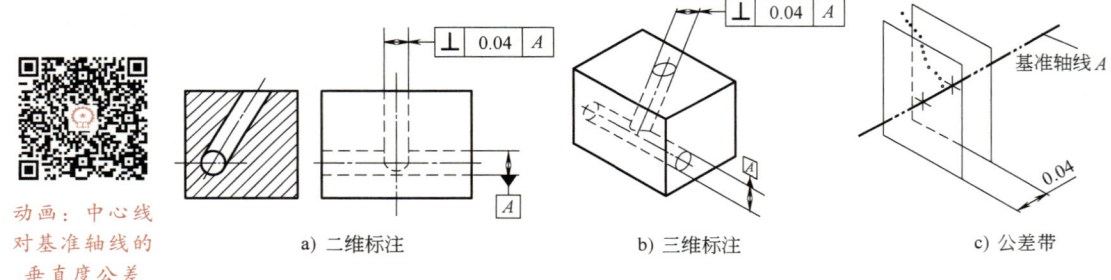

图 3-40 中心线对基准轴线的垂直度公差

(2) 中心线对基准体系的垂直度公差　在图 3-41a、b 中，提取（实际）中心线应限定在间距等于 0.02mm、垂直于基准平面 A 且平行辅助基准平面 B 的两平行平面之间。

本规范定义的公差带为间距等于公差值 t 的两平行平面所限定的区域，该两平行平面垂直于基准 A 且平行于辅助基准 B。本例的公差值为 0.02mm，如图 3-41c 所示。

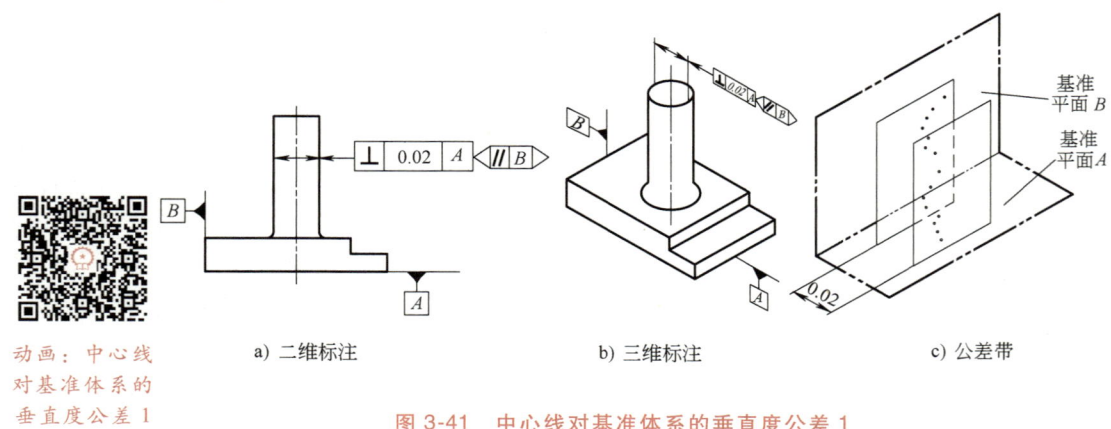

图 3-41 中心线对基准体系的垂直度公差 1

在图 3-42a、b 中，提取（实际）中心线应限定在间距分别等于 0.02mm 和 0.03mm、且垂直于基准平面 A 的两组平行平面之间。这两组平行平面的方向使用定向平面框格由基准平面 B 规定。基准 B 为基准 A 的辅助基准。

本规范定义的公差带为间距分别等于公差值 t_1 和 t_2、且互相垂直的两组平行平面所限定的区域。该两组平行平面都垂直于基准平面 A，其中一组平行平面平行于辅助基准 B，另一组平行平面则垂直于辅助基准 B。本例的公差值分别为 0.02mm、0.03mm，如图 3-42c 所示。

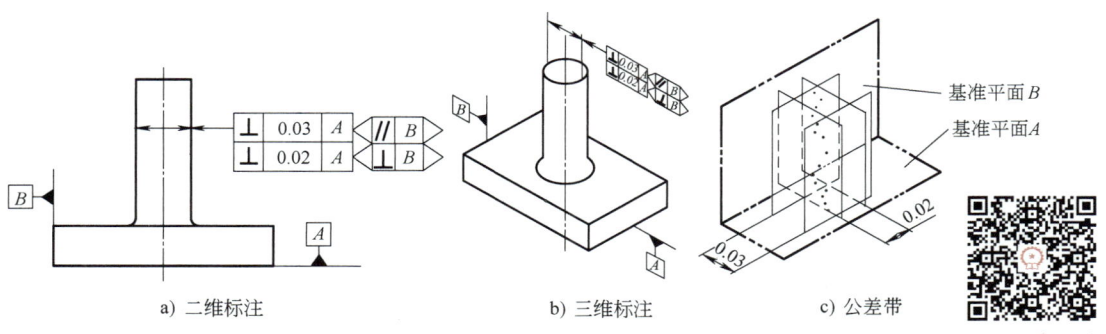

图 3-42 中心线对基准体系的垂直度公差 2

（3）中心线对基准平面的垂直度公差　在图 3-43a、b 中，圆柱面的提取（实际）中心线应限定在直径等于 $\phi 0.02$mm、轴线垂直于基准平面的圆柱面内。

本规范定义的公差带为直径等于公差值 ϕt、轴线垂直于基准平面的圆柱面所限定的区域。本例的公差值为 0.02mm，如图 3-43c 所示。

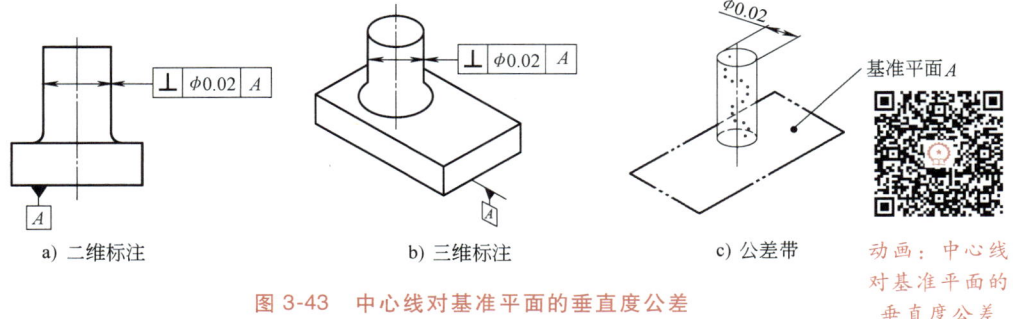

图 3-43 中心线对基准平面的垂直度公差

（4）平面对基准直线的垂直度公差　在图 3-44a、b 中，提取（实际）面应限定在间距等于 0.03mm、垂直于基准轴线 A 的两平行平面之间。

本规范定义的公差带为间距等于公差值 t 且垂直于基准轴线的两平行平面所限定的区域。本例的公差值为 0.03mm，如图 3-44c 所示。

（5）平面对基准平面的垂直度公差　在图 3-45a、b 中，提取（实际）面应限定在间距等于 0.03mm、垂直于基准平面 A 的两平行平面之间。

本规范定义的公差带为间距等于公差值 0.03mm 且垂直于基准平面的两平行平面所限定的区域，如图 3-45c 所示。

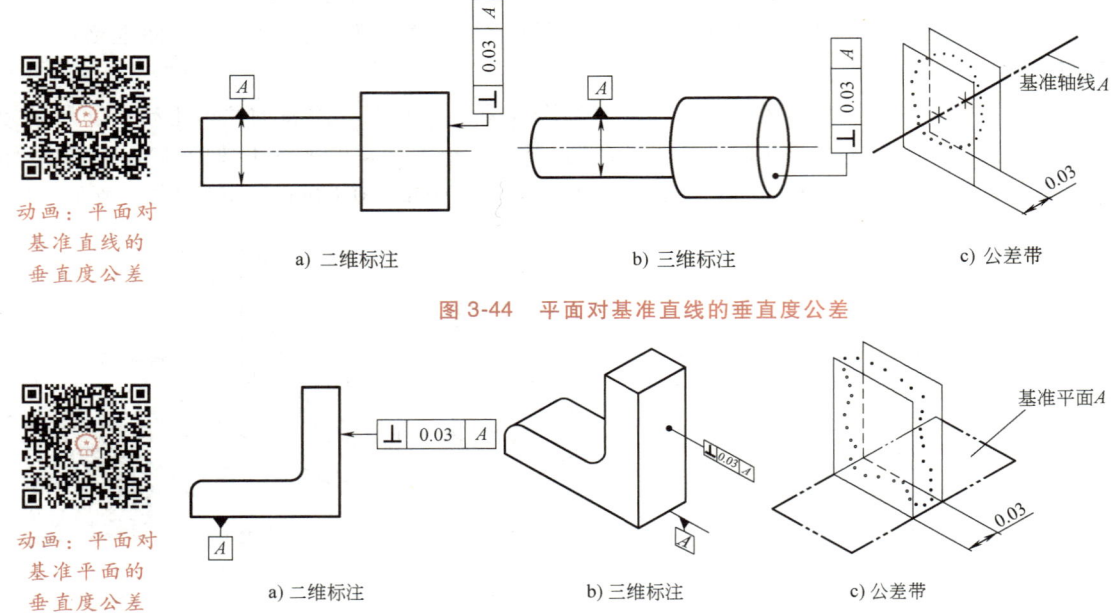

图 3-44 平面对基准直线的垂直度公差

图 3-45 平面对基准平面的垂直度公差

3. 倾斜度公差

倾斜度的被测要素可以是组成要素或导出要素，其公称被测要素的属性是线性要素、一组线性要素或面要素。每个公称被测要素的形状由直线或平面明确给定。如果被测要素是公称平面，且被测要素是平面上的一组直线，则标注相交平面框格。公称被测要素与基准之间的角度要求应至少由一个明确的理论正确角度给定，另外的角度则可由缺省的 0°或 90°定义。

（1）中心线对于基准直线的倾斜度公差　在图 3-46a、b 中，提取（实际）中心线应限定在间距等于 0.08mm 的两平行平面之间。该两平行平面按照理论正确角度 60°倾斜于公共基准轴线 $A-B$。

本规范定义的公差带为间距等于公差值 t 的两平行平面所限定的区域，该两平行平面按照规定角度倾斜于基准轴线。本例的公差值为 0.08mm，如图 3-46c 所示。

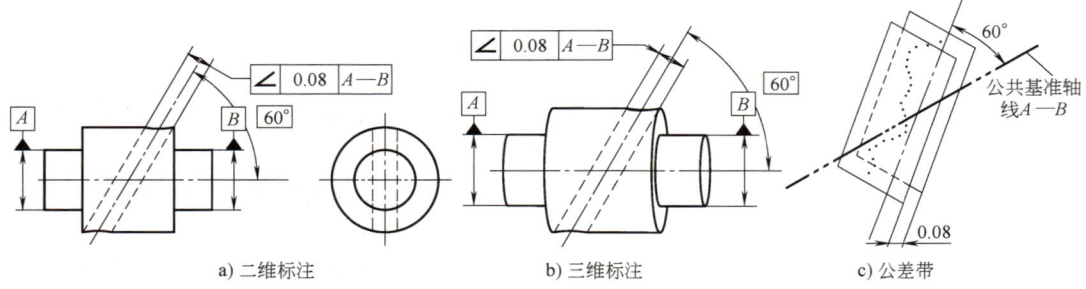

图 3-46 中心线对于基准直线的倾斜度公差

（2）中心线对基准平面体系的倾斜度公差　在图 3-47a、b 中，提取（实际）中心线应限定在直径等于 $\phi 0.02$mm、轴线按照理论正确角度 60°倾斜于基准平面 A 且平行于基准平面

B 的圆柱面内。

本规范定义的公差带为直径等于公差值 ϕt 的圆柱面所限定的区域，该圆柱面公差带的轴线按照规定的角度倾斜于基准平面 A 且平行于基准平面 B。本例的公差值为 $\phi 0.02\mathrm{mm}$，如图 3-47c 所示。

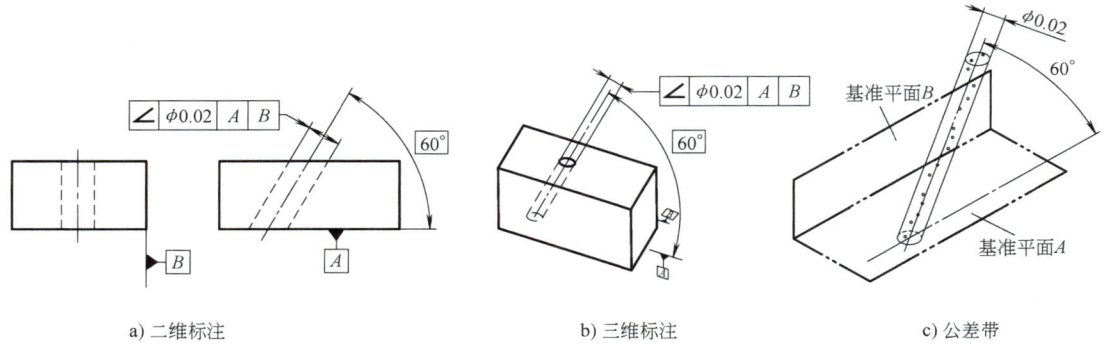

a) 二维标注　　　　　　　　b) 三维标注　　　　　　　　c) 公差带

图 3-47　中心线对基准平面体系的倾斜度公差

动画：中心线对基准平面体系的倾斜度公差

（3）平面对基准轴线的倾斜度公差　在图 3-48a、b 中，提取（实际）表面应限定在间距等于 0.02mm、按照理论正确角度 75°倾斜于基准轴线 A 的两平行平面之间。

本规范定义的公差带为间距等于公差值 t 的两平行平面所限定的区域。该两平行平面按照规定的角度倾斜于基准直线。本例的公差值为 0.02mm，如图 3-48c 所示。

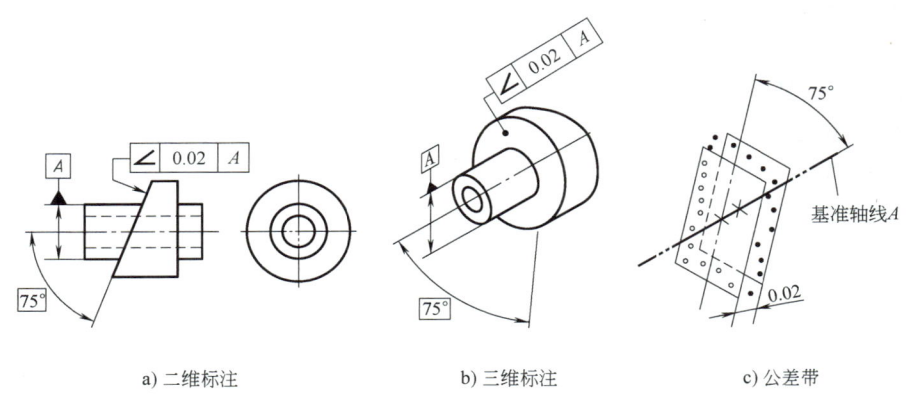

a) 二维标注　　　　　　　　b) 三维标注　　　　　　　　c) 公差带

图 3-48　平面对基准轴线的倾斜度公差

动画：平面对基准轴线的倾斜度公差

微课：倾斜度公差

（4）平面对基准平面的倾斜度公差　在图 3-49a、b 中，提取（实际）表面应限定在间距等于 0.04mm、按照理论正确角度 40°倾斜于基准平面 A 的两平行平面之间。

本规范定义的公差带为间距等于公差值 t 的两平行平面所限定的区域，该两平行平面按照规定的角度倾斜于基准平面。本例的公差值为 0.04mm，如图 3-49c 所示。

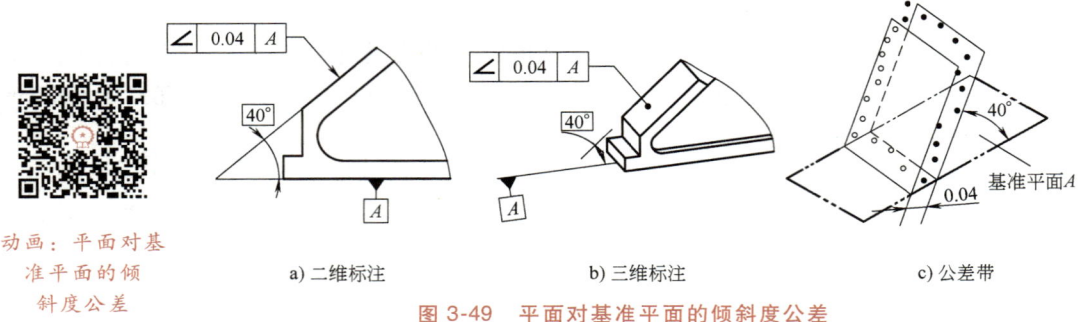

a) 二维标注　　　　　b) 三维标注　　　　　c) 公差带

图 3-49　平面对基准平面的倾斜度公差

> **小结**：从前面的分析可以看出，方向公差带相对于基准有确定的方向，但公差带的位置仍然是浮动的；方向公差带具有综合控制被测要素的方向和与其有关的形状误差的功能，如面对面的平行度公差除了可以限制被测要素对基准的平行度误差外还可以限制被测要素的平面度误差。

3.2.3　位置公差

位置公差是关联实际要素对基准在位置上所允许的变动全量。位置公差带是限制关联实际要素对基准在位置上的变动区域，因而公差带相对于基准有确定的位置。

1. 同轴（心）度公差

同轴（心）度的被测要素是导出要素，其公称被测要素的属性与形状是点要素、一组点要素或直线要素。当所标注的要素的公称状态为直线，且被测要素为一组点时，应标注"ACS"。此时，每个点的基准也是同一横截面上的一个点。公称被测要素与基准之间的角度与线性尺寸则由缺省的理论正确尺寸给定。

(1) **点的同心度公差**　在图 3-50a、b 中，在任意横截面上，内圆的提取（实际）中心应限定在同一横截面上以基准点 A 为圆心、直径等于 $\phi 0.02$mm 的圆周内。

本规范定义的公差带为直径等于公差值 ϕt 的圆周所限定的区域。本例的公差值为 $\phi 0.02$mm，如图 3-50c 所示。

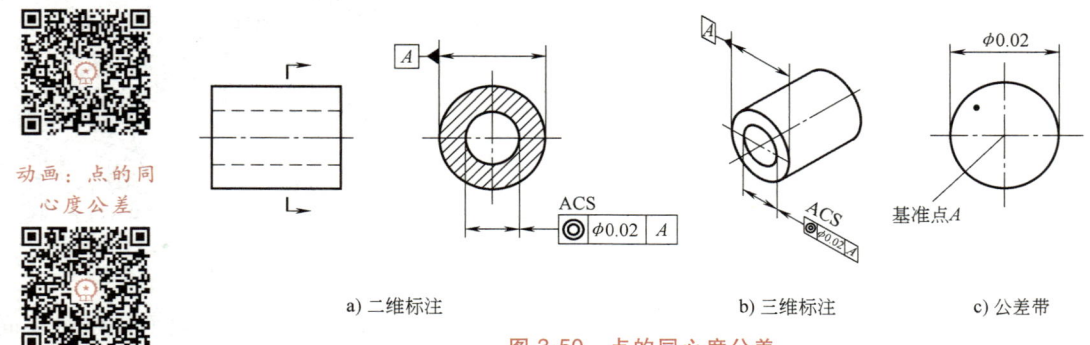

a) 二维标注　　　　　b) 三维标注　　　　　c) 公差带

图 3-50　点的同心度公差

(2) **中心线的同轴度公差**　在图 3-51a、b 中，被测圆柱的提取（实际）中心线应限定在直径等于 $\phi 0.03$mm、以公共基准轴线 $A—B$ 为轴线的圆柱面内。

本规范定义的公差带为直径等于公差值 ϕt 的圆柱面所限定的区域，该圆柱面的轴线与基准轴线重合。本例的公差值为 $\phi 0.03$mm，如图 3-51c 所示。

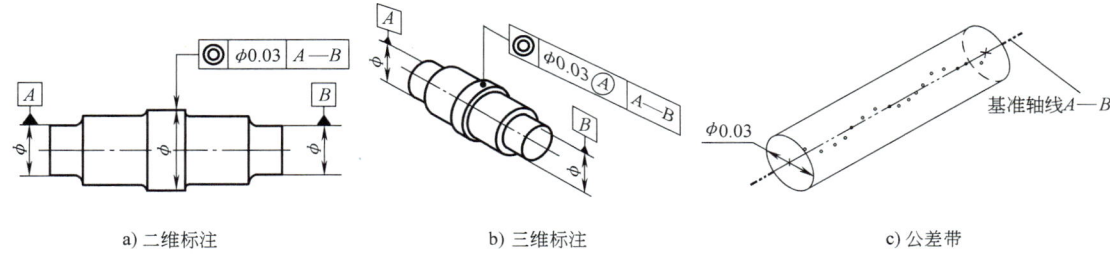

a) 二维标注　　　　b) 三维标注　　　　c) 公差带

图 3-51　中心线的同轴度公差 1

在图 3-52a、b 中，被测圆柱的提取（实际）中心线应限定在直径等于 $\phi 0.04$mm、以基准轴线 A 为轴线的圆柱面内。

本规范定义的公差带为直径等于公差值 ϕt 的圆柱面所限定的区域，该圆柱面的轴线与基准轴线重合。本例的公差值为 $\phi 0.04$mm，如图 3-52c 所示。

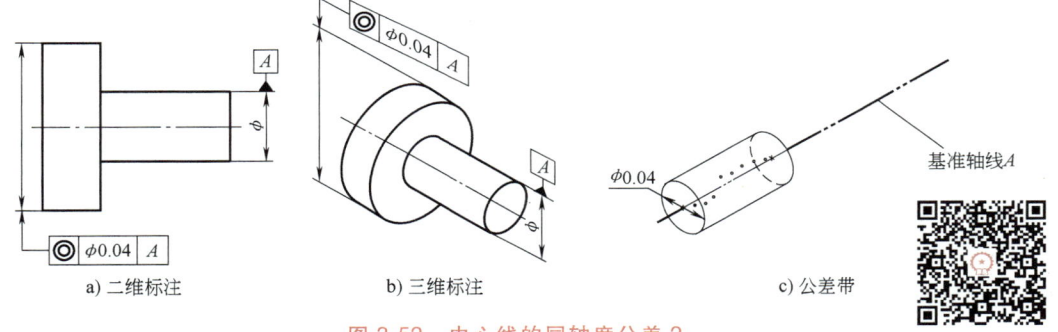

a) 二维标注　　　　b) 三维标注　　　　c) 公差带

图 3-52　中心线的同轴度公差 2

2. 对称度公差

对称度的被测要素一般为导出要素，其公称被测要素的形状与属性可以是点要素、一组点要素、直线、一组直线或平面。公称被测要素与基准之间的角度与线性尺寸可由缺省的理论正确尺寸（角度）给定。

在图 3-53a、b 中，提取（实际）中心平面应限定在间距等于 0.04mm、对称于基准中心平面 A 的两平行面之间。

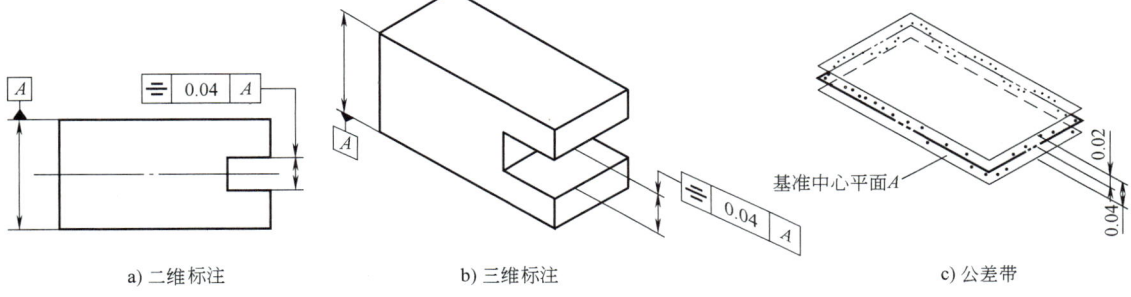

a) 二维标注　　　　b) 三维标注　　　　c) 公差带

图 3-53　中心平面的对称度公差 1

动画：中心平面的对称度公差2

本规范定义的公差带为间距等于公差值 t、对称于基准中心平面的两平行面所限定的区域。本例的公差值为 0.04mm，如图 3-53c 所示。

在图 3-54a、b 中，提取（实际）中心平面应限定在间距等于 0.06mm、对称于公共基准中心平面 A—B 的两平行面之间。

本规范定义的公差带为间距等于公差值 t、对称于公共基准中心平面的两平行面所限定的区域。本例的公差值为 0.06mm，如图 3-54c 所示。

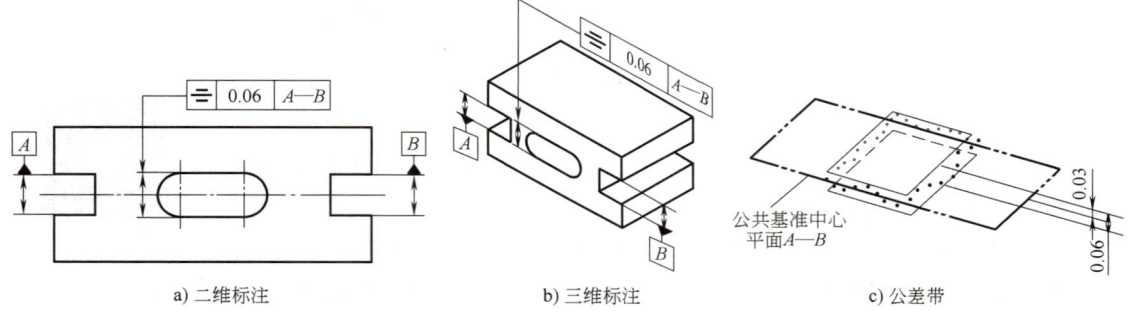

图 3-54　中心平面的对称度公差2

3. 位置度公差

位置度的被测要素可以是组成要素或导出要素，其公称被测要素的属性为一个组成要素或导出的点、直线或平面，或为导出曲线或导出曲面。公称被测要素的形状，除直线与平面外，应通过图样上完整的标注或 CAD 模型的查询明确给定。位置度公差用于限制被测要素的实际位置对理想位置的变动量，理想位置由理论正确尺寸和基准共同确定。

（1）导出点的位置度公差　在图 3-55a、b 中，提取（实际）球心应限定在直径等于 $S\phi0.03$mm 的圆球面内。该圆球面的中心应位于由基准平面 A、B 和基准中心平面 C 以及被测球所确定的球心的理论正确位置。

本规范定义的公差带为直径等于公差值 $S\phi t$ 的圆球面所限定的区域。该圆球面的中心位置由相对于基准 A、B、C 的理论正确尺寸确定，如图 3-55c 所示。

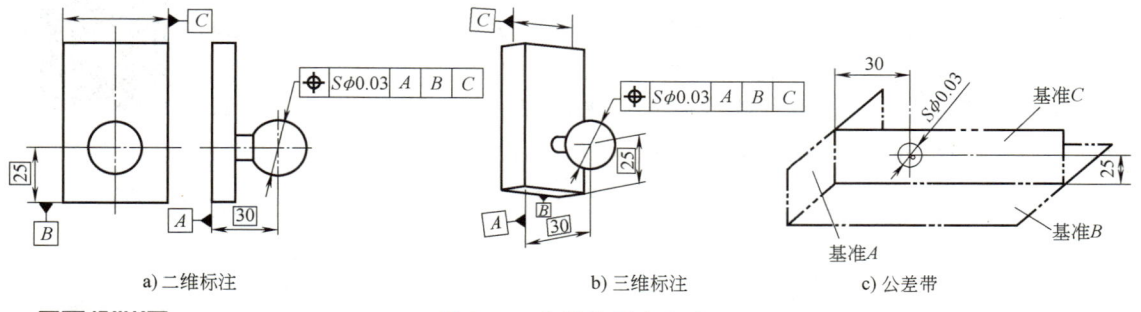

图 3-55　点的位置度公差

动画：点的位置度公差

（2）中心线的位置度公差　在图 3-56a、b 中，提取（实际）中心线应限定在直径等于 $\phi0.05$mm 的圆柱面内。该圆柱面的轴线应处于由基准平面 C、A、B 和被测孔所确定的理论正确位置。

本规范定义的公差带为直径等于公差值 ϕt 的圆柱面所限定的区域，该圆柱面轴线的位置由相对于基准 C、A、B 的理论正确尺寸确定。本例的公差值为 $\phi0.05$mm，如图 3-56c 所示。

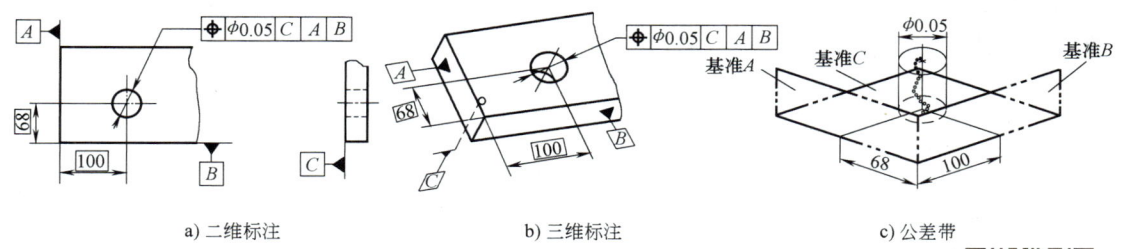

图 3-56　线的位置度公差

（3）**面的位置度公差**　在图 3-57a、b 中，提取（实际）表面应限定在间距等于 0.04mm 的两平行平面之间。该两平行平面对称于由基准平面 A、基准轴线 B 与该被测表面所确定的理论正确位置。

本规范定义的公差带为间距等于公差值 t 的两平行平面所限定的区域。该两平行平面对称于由相对于基准 A、B 的理论正确尺寸所确定的理论正确位置。本例的公差值为 0.04mm，如图 3-57c 所示。

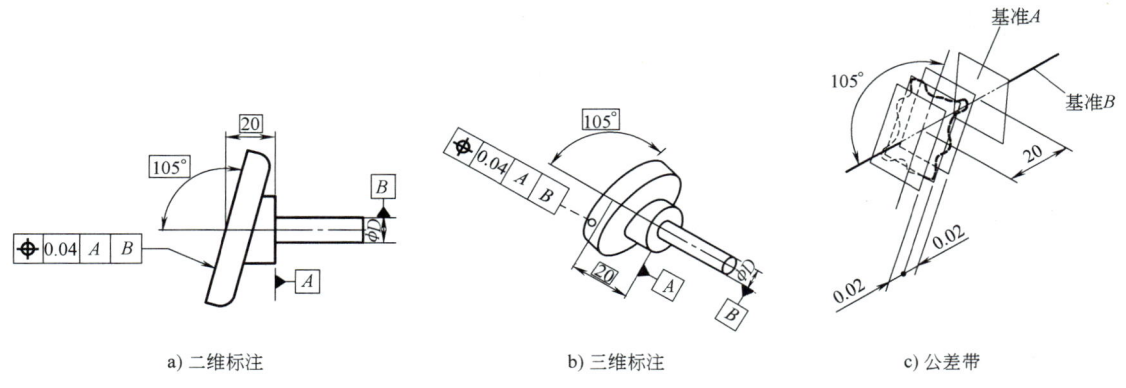

图 3-57　面的位置度公差

小结：位置公差带相对于基准用理论正确尺寸定位，有确定的位置，所以位置公差带的位置是固定的；其次位置公差带可以综合控制被测要素的位置及其有关的方向误差和形状误差。

3.2.4　跳动公差

跳动公差是根据检测方法来定义的公差项目，即当被测实际要素绕基准轴线回转时，被测表面法线（或者与回转轴线成给定角度）方向的跳动量的允许值。根据测量时指示表测头对被测表面是否做相对移动将跳动分为圆跳动和全跳动两类。

1. 圆跳动公差

微课：圆跳动公差

圆跳动公差是指被测实际要素绕基准做无轴向移动旋转（跳动通常是围绕轴线旋转一整周，也可对部分圆周进行限制）时，位置固定的指示表在任一测量面内所允许的指示值的最大变动量。圆跳动公差适用于每一个不同的测量位置。圆跳动的被测要素是组成要素，其公称被测要素的形状与属性由圆环线或一组圆环线明确给定，属线性要素。

根据测量方向相对于基准轴线的不同位置（测量面的不同），圆跳动公差分为径向圆跳动公差、轴向圆跳动公差、斜向圆跳动公差、给定方向的圆跳动公差。

（1）径向圆跳动公差 在图 3-58a、b 中，在任一垂直于基准轴线 A 的横截面内，提取（实际）圆应限定在半径差等于 0.03mm、圆心在基准轴线 A 上的两共面同心圆之间。

本规范定义的公差带为在任一垂直于基准轴线的横截面内、半径差等于公差值 t、圆心在基准轴线上的两同心圆所限定的区域。本例的公差值为 0.03mm，如图 3-58c 所示。

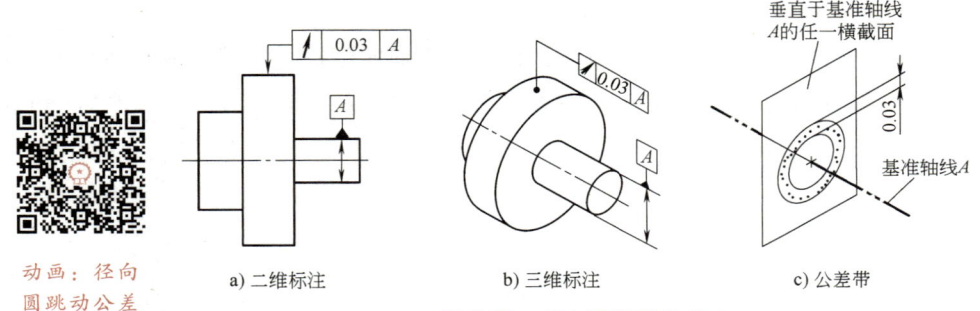

动画：径向圆跳动公差

a) 二维标注　　b) 三维标注　　c) 公差带

图 3-58 径向圆跳动公差 1

在图 3-59a、b 中，在任一平行于基准平面 B、垂直于基准轴线 A 的横截面上，提取（实际）圆应限定在半径差等于 0.02mm、圆心在基准轴线 A 上的两共面同心圆之间。

本规范定义的公差带为在任一平行于基准平面 B、垂直于基准轴线 A 的横截面内、半径差等于公差值 t、圆心在基准轴线 A 上的两同心圆所限定的区域。本例的公差值为 0.02mm，如图 3-59c 所示。

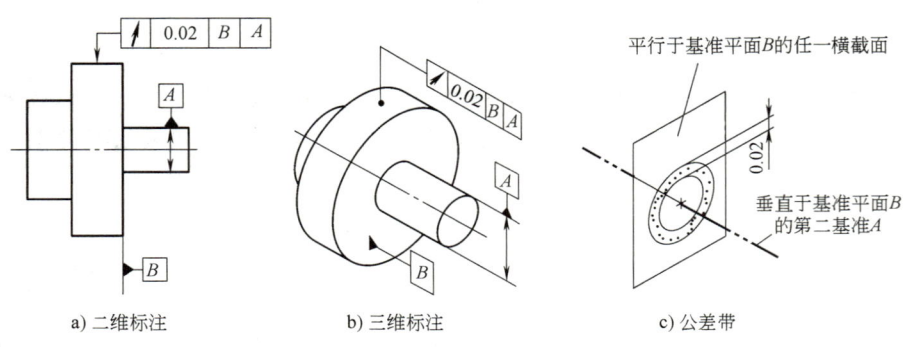

a) 二维标注　　b) 三维标注　　c) 公差带

图 3-59 径向圆跳动公差 2

在图 3-60a、b 中，在任一垂直于公共基准直线 $A—B$ 的横截面内，提取（实际）圆应限定在半径差等于 0.03mm、圆心在基准轴线 $A—B$ 上的两共面同心圆之间。

本规范定义的公差带为在任一垂直于公共基准轴线 $A—B$ 的横截面内、半径差等于公差值 t、圆心在公共基准轴线 $A—B$ 上的两同心圆所限定的区域。本例的公差值为 0.03mm，如图 3-60c 所示。

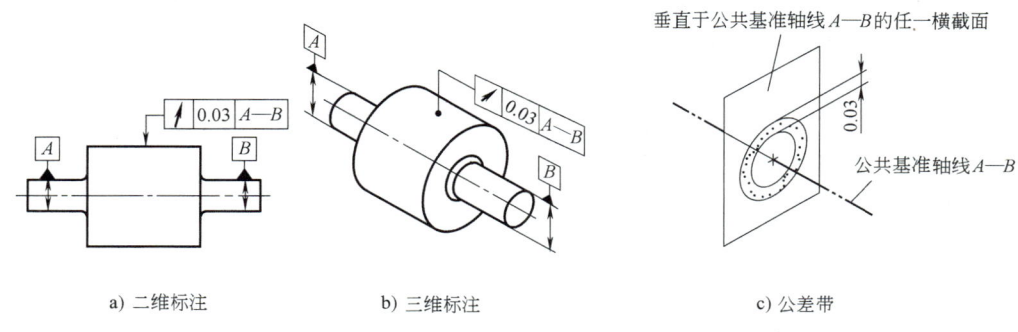

图 3-60　径向圆跳动公差 3

（2）轴向圆跳动公差　在图 3-61a、b 中，在与基准轴线 D 同轴的任一圆柱形截面上，提取（实际）圆应限定在轴向距离等于 0.03mm 两个等圆之间。

本规范定义的公差带为与基准轴线同轴的任一圆柱形截面上，轴向间距等于公差值 t 的两圆所限定的圆柱面区域。本例的公差值为 0.03mm，如图 3-61c 所示。

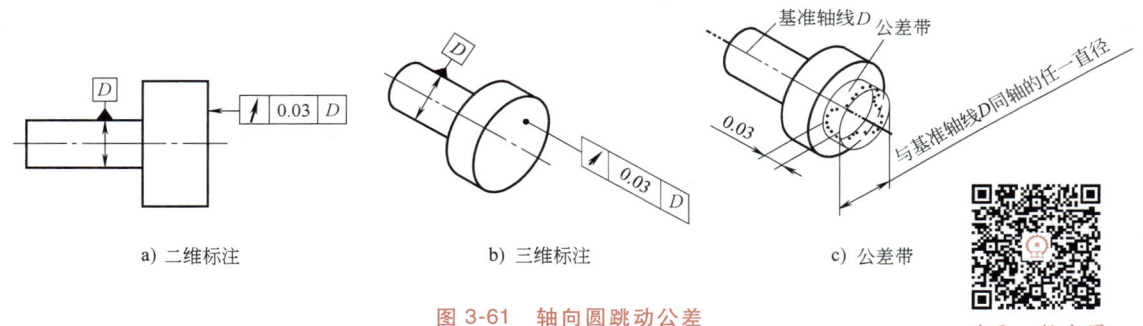

图 3-61　轴向圆跳动公差

动画：轴向圆跳动公差

（3）斜向圆跳动公差　在图 3-62 中，在与基准轴线 C 同轴的任一圆锥截面上，提取（实际）线应限定在素线方向间距等于 0.02mm 的两不等圆之间，并且截面的锥角与被测要素垂直。

在图 3-63 中，当被测要素的素线不是直线时，圆锥截面的锥角要随所测圆的实际位置而改变，以保持与被测要素垂直。

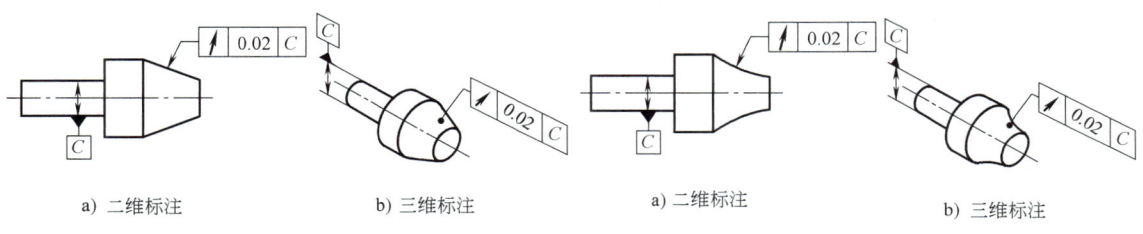

图 3-62　斜向圆跳动公差 1　　　　　　　图 3-63　斜向圆跳动公差 2

由图 3-63 的规范定义的公差带为与基准轴线同轴的任一圆锥截面上、间距等于公差值 t 的两圆所限定的圆锥面区域。本例的公差值为 0.02mm，如图 3-64 所示。公差带的宽度应沿规定几何要素的法向。

（4）给定方向的圆跳动公差 在图 3-65a、b 中，在相对于方向要素（给定角度 α）的任一圆锥截面上，提取（实际）线应限定在圆锥截面内间距等于 0.02mm 的两圆之间。

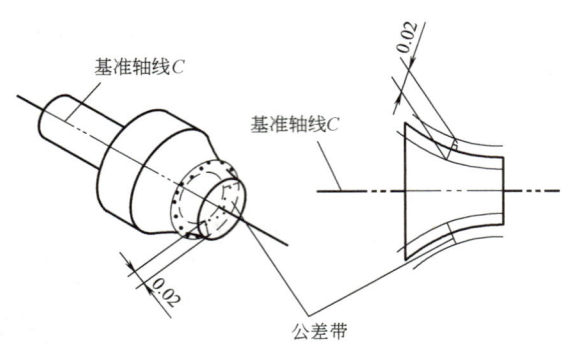

图 3-64 斜向圆跳动的公差带

本规范定义的公差带为在轴线与基准轴线同轴的、具有给定锥角的任一圆锥截面上，间距等于公差值 t 的两不等圆所限定的区域。本例的公差值为 0.02mm，如图 3-65c 所示。

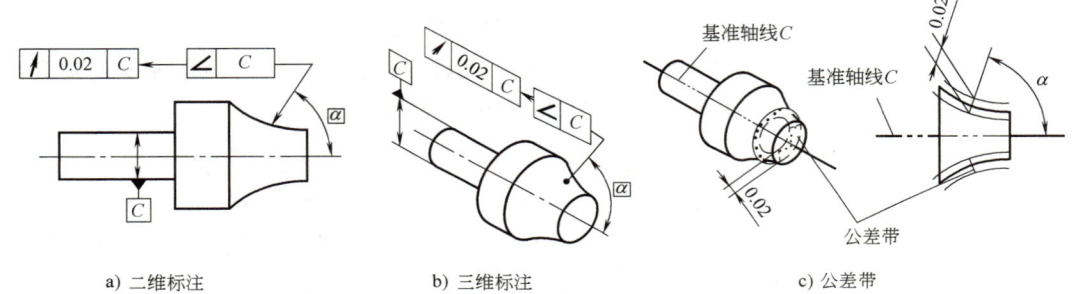

a) 二维标注　　　b) 三维标注　　　c) 公差带

图 3-65 给定方向的圆跳动公差

微课：全跳动公差

2. 全跳动公差

全跳动公差是指被测关联实际要素绕基准做连续旋转，同时指示表的测头沿着给定的方向做直线移动，在整个测量过程中所允许的指示值的最大变动量。被测要素是组成要素。公称被测要素的形状与属性为平面或回转体表面。公差带保持被测要素的公称形状，但对于回转体表面不约束径向尺寸。

根据指示表移动的方向相对于基准轴线是平行还是垂直，将全跳动公差分为径向全跳动公差和轴向全跳动公差两种。

（1）径向全跳动公差 径向全跳动公差是指被测关联实际要素绕基准做连续旋转，同时指示表的测头沿着平行于基准轴线的方向做相对移动，在整个测量过程中所允许的指示值的最大变动量。

在图 3-66a、b 中，提取（实际）表面应限定在半径差等于 0.03mm、与公共基准轴线 $A—B$ 同轴的两圆柱面之间。

本规范定义的公差带为半径差等于公差值 t、与基准轴线同轴的两圆柱面所限定的区域。本例的公差值为 0.03mm，如图 3-66c 所示。

第3章 几何公差及几何误差的检测

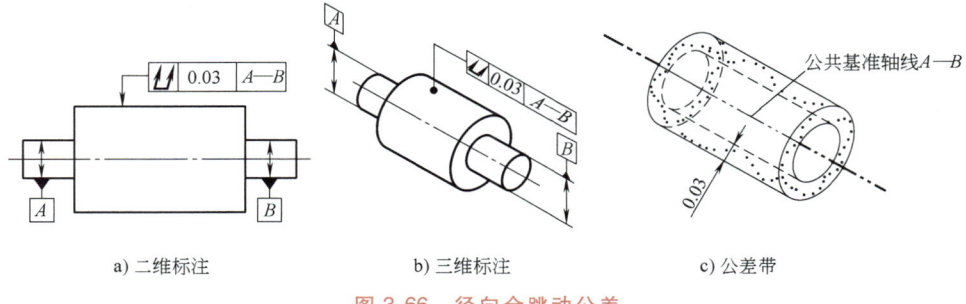

a) 二维标注　　　　b) 三维标注　　　　c) 公差带

图 3-66　径向全跳动公差

（2）轴向全跳动公差　轴向全跳动公差是指被测关联实际要素绕基准做连续旋转，同时指示表的测头沿着垂直于基准轴线的方向做相对移动，在整个测量过程中所允许的指示值的最大变动量。

在图 3-67a、b 中，提取（实际）表面应限定在间距等于 0.02mm、垂直于基准轴线 D 的两平行平面之间。

本规范定义的公差带为间距等于公差值 t、垂直于基准轴线的两平行平面所限定的区域。本例的公差值为 0.02mm，如图 3-67c 所示。

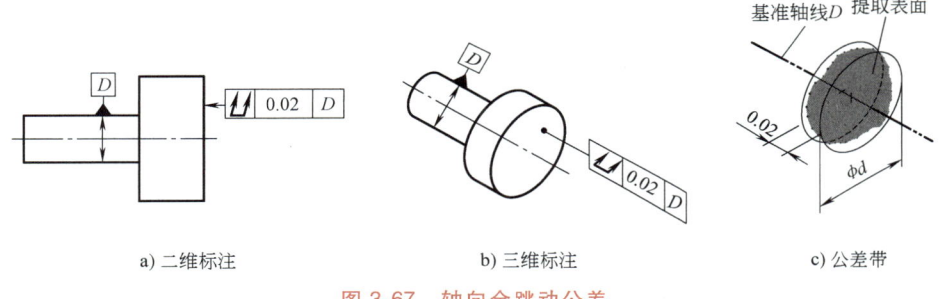

a) 二维标注　　　　b) 三维标注　　　　c) 公差带

图 3-67　轴向全跳动公差

> **小结：** 跳动公差带的轴线或圆心相对于基准轴线具有确定的方向或位置，如径向全跳动公差带的轴线与基准轴线同轴，轴向全跳动公差带则垂直于基准轴线，但是跳动公差带的位置却是浮动的；跳动公差带可以综合控制被测要素的形状、方向和位置误差，如轴向全跳动公差可以控制端面的平面度误差和端面对基准轴线的垂直度误差，而径向全跳动公差带则可以控制圆度误差、圆柱度误差、给定方向的直线度误差和同轴度误差；由于跳动公差具有这种综合控制零件几何误差的功能，且测量方法简单，因此广泛用于旋转类零件。

3.2.5 轮廓度公差

轮廓度公差属于形状、方向或位置公差，分为线轮廓度公差和面轮廓度公差两类，又分为无基准要求和有基准要求两种情况。

1. 线轮廓度公差

线轮廓度的被测要素可以是组成要素或导出要素，其公称被测要素的属性由线要素或一组线要素明确给定；除直线外，公称被测要素的形状应通过图样上完整的标注或基于 CAD 模型的查询明确给定。

在图 3-68a、b 中，在任一由相交平面框格规定的平行于基准平面 A 的截面内，提取（实际）轮廓线应限定在直径等于 0.05mm、圆心位于理论正确几何形状上的一系列圆的两等距包络线之间。图 3-68a、b 中符号"UF"表示组合要素上的三个圆弧部分应组成联合要素。

本规范定义的公差带为直径等于公差值 t、圆心位于具有理论正确几何形状上的一系列圆的两包络线所限定的区域。本例的公差值为 0.05mm，如图 3-68c 所示。

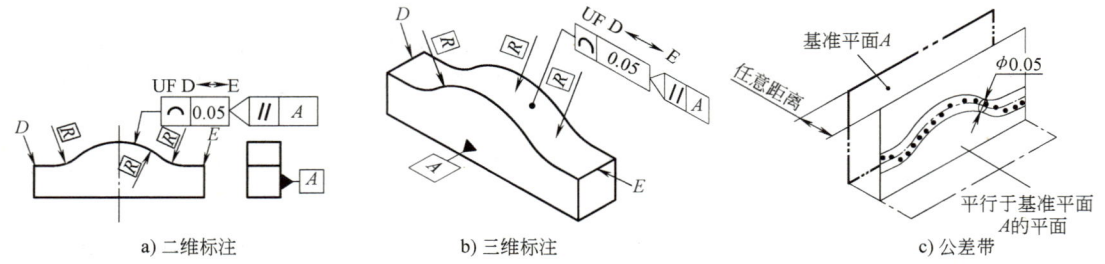

图 3-68 无基准要求的线轮廓度公差

在图 3-69a、b 中，在由相交平面框格规定的任一平行于基准平面 A 的截面内，提取（实际）轮廓线应限定在直径等于 0.05mm、圆心位于由基准平面 A 与基准平面 B 确定的被测要素理论正确几何形状线上的一系列圆的两等距包络线之间。

本规范定义的公差带为直径等于公差值 t、圆心位于由基准平面 A 与基准平面 B 确定的被测要素理论正确几何形状上的一系列圆的两包络线所限定的区域。本例的公差值为 0.05mm，如图 3-69c 所示。

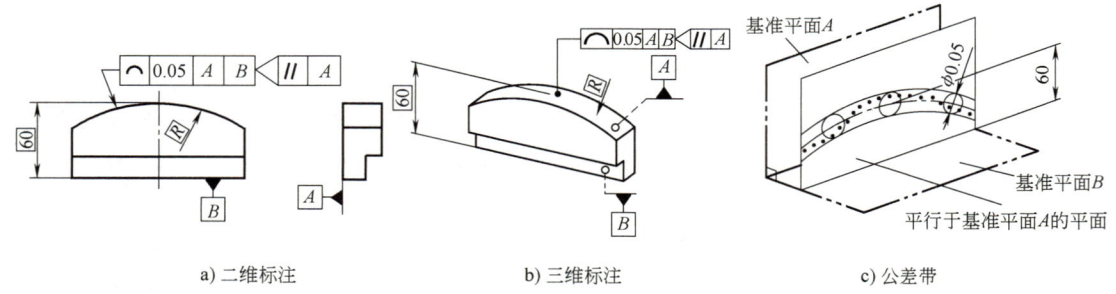

图 3-69 有基准要求的线轮廓度公差

2. 面轮廓度公差

面轮廓度的被测要素可以是组成要素或导出要素，其公称被测要素属性由某个面要素明确给定。除平面外，公称被测要素的形状应通过图样上完整的标注或基于 CAD 模型的查询明确给定。

在图 3-70a、b 中，提取（实际）轮廓面应限定在直径等于 0.03mm、球心位于被测要素理论正确几何形状表面上的一系列圆球的两等距包络面之间。

本规范定义的公差带为直径等于公差值 t、球心位于理论正确几何形状上的一系列圆球的两个包络面所限定的区域。本例的公差值为 0.03mm，如图 3-70c 所示。

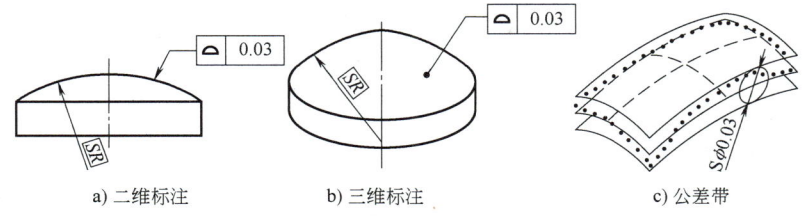

图 3-70　无基准要求的面轮廓度公差

在图 3-71a、b 中，提取（实际）轮廓面应限定在直径等于 0.03mm、球心位于由基准平面 A 确定的被测要素理论正确几何形状上的一系列圆球的两等距包络面之间。

本规范定义的公差带为直径等于公差值 t、球心位于由基准平面 A 确定的被测要素理论正确几何形状上的一系列圆球的两包络面所限定的区域。本例的公差值为 0.03mm，如图 3-71c 所示。

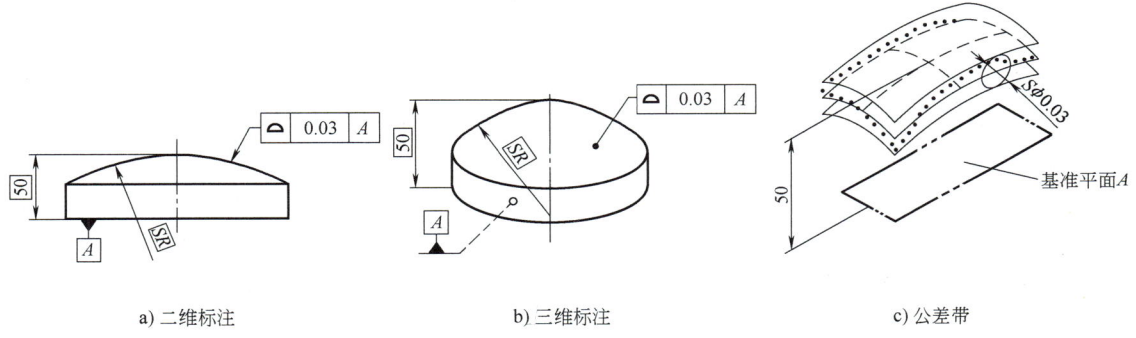

图 3-71　有基准要求的面轮廓度公差

应该注意面轮廓度公差可以同时控制被测曲面的面轮廓度误差和曲面上任一截面的线轮廓度误差。很明显，在图 3-71 中，线轮廓度误差不应该超过 0.03mm。

任务 3-1　实施

根据图 3-1 中的标注信息，对各几何公差识读如下。

1) 4 个直径为 φ6.5mm 的通孔轴线相对于基准轴线 A 的位置度公差为 φ0.125mm。

2) 直径为 φ150f6 的外圆柱面相对于基准轴线 A 的径向圆跳动公差为 0.02mm。

3) 4 个直径为 φ6.5mm 的通孔所在的连接法兰左端面相对于基准轴线 B 的垂直度公差为 0.03mm。

4) 直径为 φ125H6 的孔的轴线相对于基准轴线 A 的同轴度公差为 φ0.05mm，被测要素遵守最大实体要求。

5) 直径为 φ160f6 的外圆柱面相对于基准轴线 A 的径向圆跳动公差为 0.03mm。

6) 4 个直径为 φ6.5mm 的通孔所在的连接法兰右端面相对于基准轴线 C 的垂直度公差为 0.03mm。

3.3 几何误差及其评定

3.3.1 形状误差及其评定

1. 形状误差

形状误差是指被测要素的提取要素对其理想要素的变动量。理想要素的形状由理论正确尺寸和（或）参数化方程定义。理想要素的位置由对被测要素的提取要素进行拟合而得到。确定理想要素位置的拟合方法一般缺省为最小区域法，也就是按照最小条件来确定理想要素的位置。

2. 最小区域法评定形状误差

（1）最小条件 从形状误差的定义可以看出，将被测提取要素与理想要素进行比较，找到其最大变动量就可以得到形状误差值。但是如果理想要素的位置发生变化，则最大变动量的值也会变化。如图 3-72 所示，在测量直线度误差时，当理想要素分别处于 A_1B_1、A_2B_2、A_3B_3 三个位置时，直线度误差应分别为 h_1、h_2、h_3。显然 $h_1<h_2<h_3$。为了使形状误差值具有唯一性，且最大限度减小误差，评定形状误差时，理想要素相对于被测提取要素的位置必须符合最小条件，即被测提取要素对其理想要素的最大变动量为最小。在图 3-72 中 A_1B_1 是满足最小条件的理想要素。

在确定理想要素的位置时，对于导出要素（中心线、中心面等）而言，其理想要素位于被测提取导出要素之中，如图 3-73 所示的理想轴线 L_1；对于组成要素而言，其理想要素位于实体之外且与被测提取组成要素相接触，如图 3-72 所示的理想直线 A_1B_1。

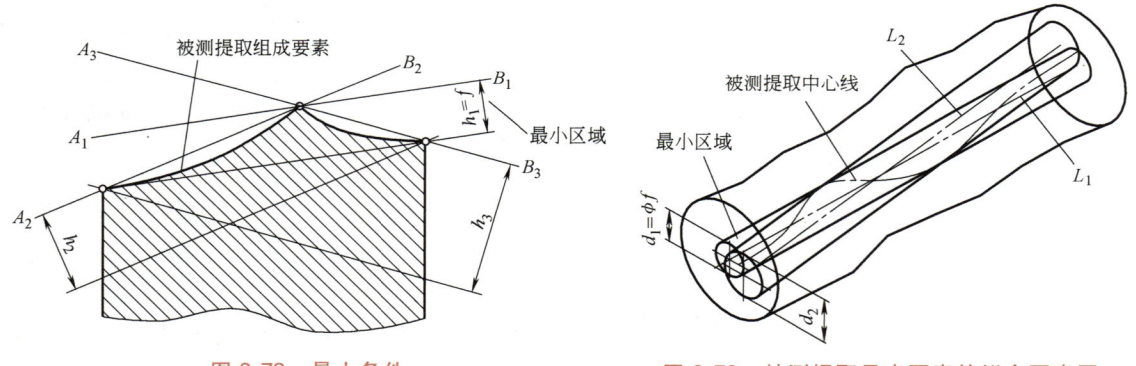

图 3-72 最小条件　　　　　　　　图 3-73 被测提取导出要素的拟合要素图

（2）最小包容区域 最小包容区域是指用满足最小条件的理想要素来包容被测要素的提取要素时，具有最小宽度或直径的包容区域，简称最小区域。最小包容区域的宽度或直径就是形状误差值，在图 3-72 中，h_1 就是包容被测提取组成要素的两理想要素构成的最小区域的宽度。在图 3-73 中，ϕd_1 就是包容被测提取导出要素的最小区域的直径。最小包容区域的形状、方向、位置与相应的形状公差带的形状、方向、位置相同，其大小就是形状误差值，而公差带的大小则等于公差值，由设计给定。

3. 最小区域判别准则

具体在评定形状误差时,最小包容区域应根据实际被测要素与包容区域的接触状态来判别。下面介绍直线度、平面度、圆度误差最小区域的判别法。

(1) 直线度误差最小区域判别法 在给定平面内,由两平行直线包容提取要素时,成高低相间三点接触,表示被测提取要素已被最小区域所包容,如图 3-74 所示。

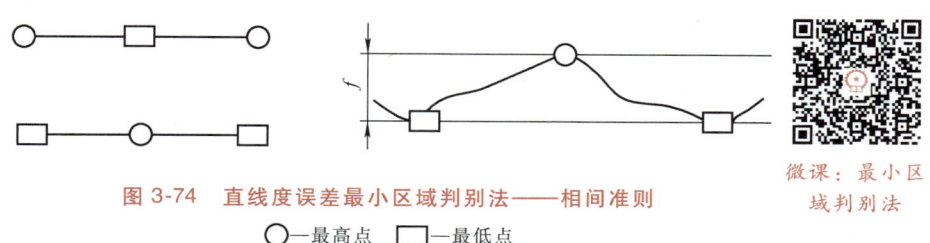

图 3-74 直线度误差最小区域判别法——相间准则

○—最高点　□—最低点

在给定方向上,由两平行平面包容提取线时,沿主方向(长度方向)上成高低相间三点接触(可按投影进行判别),表示被测提取要素已被最小区域所包容,如图 3-75 所示。

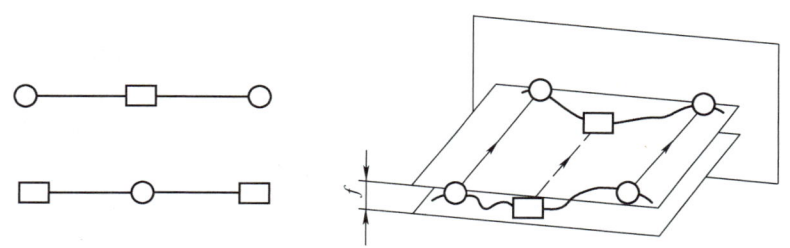

图 3-75 给定方向上直线度误差最小区域的判别

○—最高点　□—最低点

(2) 平面度误差最小区域判别法 由两平行平面包容提取表面时,至少有三点或四点与之接触,有下列形式之一者表示被测提取要素已被最小区域所包容。

三角形准则:三个高点与一个低点(或相反),低点的投影应落在三个高点连成的三角形内,如图 3-76a 所示。

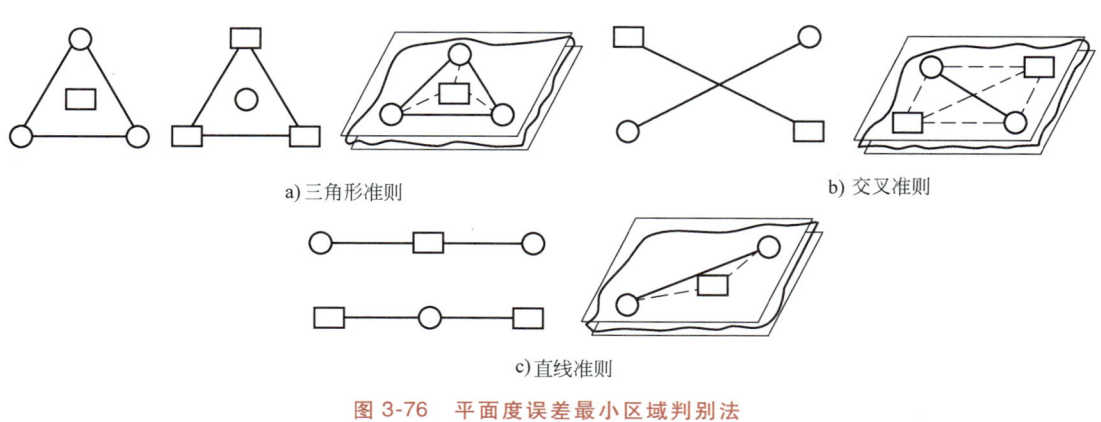

a) 三角形准则　　　　　　　　　　b) 交叉准则

c) 直线准则

图 3-76 平面度误差最小区域判别法

○—最高点　□—最低点

交叉准则：两个高点与两个低点，两个高点的连线和两个低点的连线在空间呈交叉状态，如图 3-76b 所示。

直线准则：两个高点与一个低点（或相反），低点的投影位于两个高点的连线上，如图 3-76c 所示。

（3）**圆度误差最小区域判别法** 由两同心圆包容被测提取轮廓时，至少有四个实测点内、外相间地位于两个圆周上，此时被测提取要素已被最小区域所包容，如图 3-77 所示。

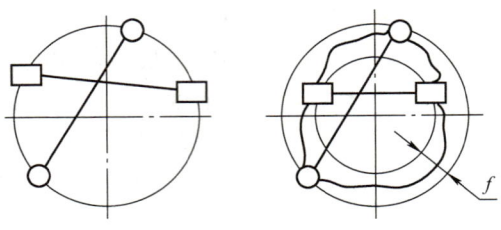

图 3-77 圆度误差最小区域判别法

〇—与外圆接触的点 □—与内圆接触的点

3.3.2 方向误差及其评定

1. 方向误差

方向误差是指被测提取要素对一具有确定方向的理想要素的变动量，理想要素的方向由基准和理论正确尺寸确定。

2. 方向误差的评定

方向误差值用定向最小包容区域（简称定向最小区域）的宽度或直径表示。

定向最小区域是指用理想要素按基准和理论正确尺寸确定的方向来包容被测提取要素时，具有最小宽度 f 或直径 ϕf 的包容区域。面对面的平行度和线对面的垂直度的定向最小包容区域，如图 3-78 所示。各误差项目定向最小区域的形状分别和各自的公差带形状一致，但宽度（或直径）由被测提取要素本身决定。

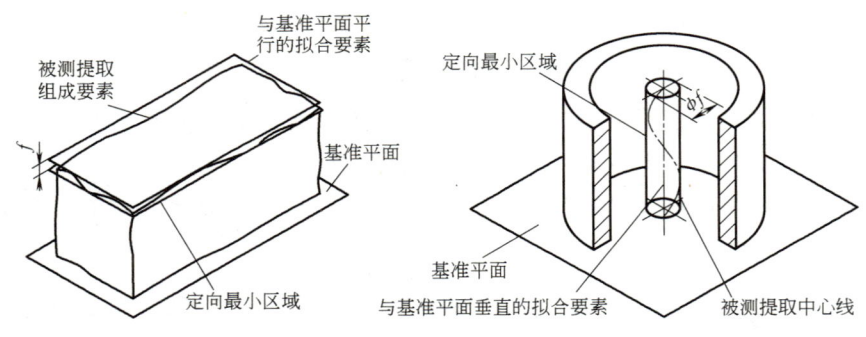

a) 面对面的平行度的定向最小包容区域

b) 线对面的垂直度的定向最小包容区域

图 3-78 定向最小包容区域

3.3.3 位置误差及其评定

1. 位置误差

位置误差是指被测提取要素对具有确定位置的理想要素的变动量，理想要素的位置由基准和理论正确尺寸确定。

2. 位置误差的评定

位置误差值用定位最小包容区域（简称定位最小区域）的宽度或直径表示。定位最小区域是指用由基准和理论正确尺寸确定位置的理想要素包容被测提取要素时，具有最小宽度 f 或直径 ϕf 的包容区域。图 3-79 所示为对称度、同轴度、位置度的定位最小包容区域示例。可以看出各误差项目定位最小区域的形状分别和各自的公差带形状一致，但宽度（或直径）由被测提取要素本身决定。

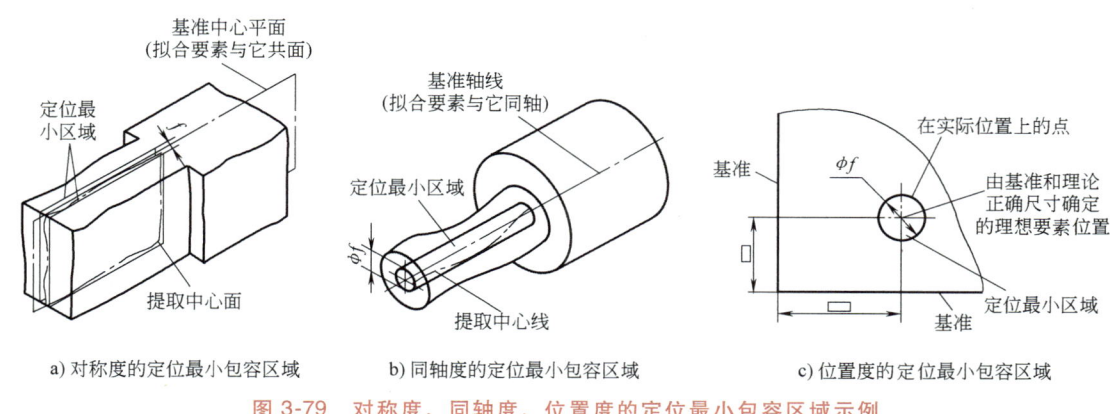

图 3-79　对称度、同轴度、位置度的定位最小包容区域示例

3.3.4　跳动误差及其评定

跳动是综合性误差，当被测要素为线要素时称为圆跳动，当被测要素为面要素时称为全跳动。圆跳动是指任一被测要素的提取要素绕基准轴线做无轴向移动的相对回转一周（或特定范围内）时，测头在给定计值方向上测得的最大值与最小值之差。全跳动是指被测要素的提取要素绕基准轴线做相对回转运动，同时测头沿给定方向连续移动的过程中，测头在给定计值方向上测得的最大值与最小值之差。

3.4　基准的建立和体现

基准的建立是指在实体外对基准要素或其提取组成要素进行拟合而得到该拟合要素的方位要素的过程。拟合方法一般的缺省规定为：对于被包容面采用最小外接法，对于包容面采用最大内切法，对于平面、曲面采用实体外约束的最小区域法。

基准可以用拟合法或者模拟法体现。

采用拟合法体现基准，是指用一定的拟合方法对分离、提取（或滤波）得到的基准要素进行拟合所得到的拟合组成要素或拟合导出要素来体现基准的方法。采用拟合法得到的基准要素具有理想的尺寸、形状、方向和位置。

采用模拟法体现基准，是指用具有足够精确形状的实际表面（模拟基准要素）来体现基准平面、基准轴线、基准点。例如：用可胀式心轴或与孔成无间隙配合的圆柱形心轴的轴线来模拟孔的轴线，如图 3-80a 所示；用与基准提取表面接触的平板或平台工作面来模拟基准平面，如图 3-80b 所示；用同轴两顶尖或者 V 形架来模拟轴线，如图 3-80c 所示。模拟基准要素是非理想要素，是对基准要素的近似替代，会产生测量不确定度。

在具体测量时要注意，模拟基准要素与基准要素接触时，可能形成稳定接触，也可能形成非稳定接触，如图 3-81 所示。当模拟基准要素与基准要素之间自然形成符合最小条件的相对位置关系时即为稳定接触，否则为非稳定接触。测量时应进行调整，使基准要素与模拟基准要素之间尽可能达到符合最小条件的相对位置关系。

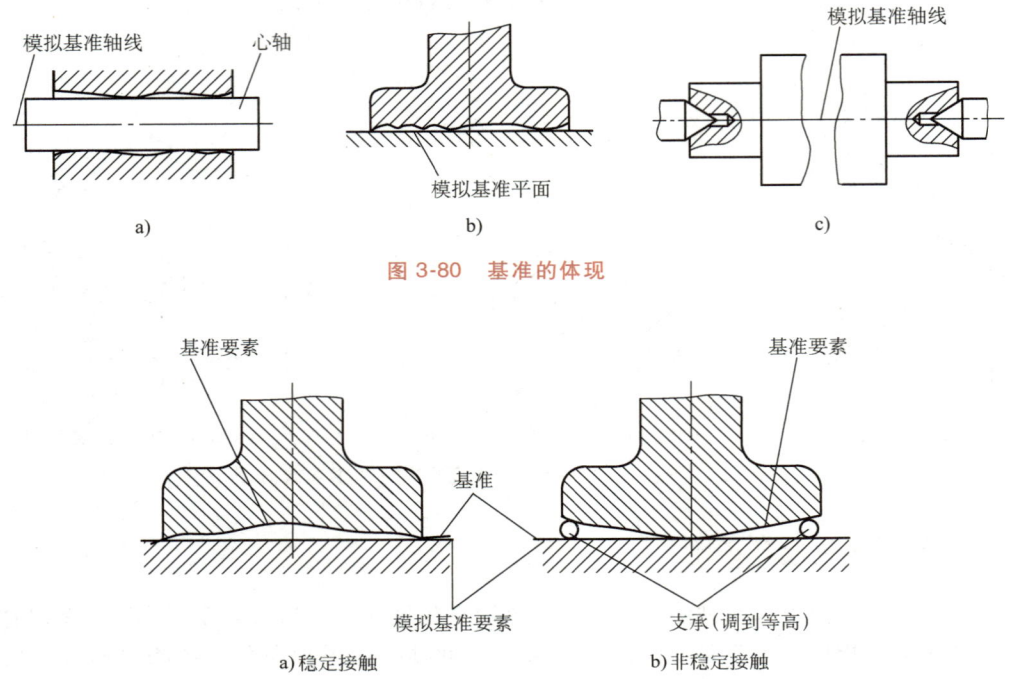

图 3-80　基准的体现

图 3-81　稳定接触和非稳定接触

3.5　几何公差与尺寸公差的关系

任何零件都同时存在有几何误差和尺寸误差，而影响零件使用性能的，有时主要是几何误差，有时主要是尺寸误差，有时则主要是它们的综合结果而不必区分出它们各自的大小。因而在设计上，为了表达设计意图并为工艺和检测提供便利，应根据需要赋予要素几何公差和尺寸公差以不同的关系。GB/T 4249—2018《产品几何技术规范（GPS）　基础概念、原则和规则》、GB/T 16671—2018《产品几何技术规范（GPS）　几何公差　最大实体要求（MMR）、最小实体要求（LMR）和可逆要求（RPR）》对如何处理几何公差和尺寸公差之间的关系进行了明确规定。

3.5.1　独立原则

1. 独立原则的含义

缺省情况下，在图样上对一个要素或要素间的给定的尺寸公差和几何公差要求均是独立的，应分别满足要求，除非对尺寸公差和几何公差之间的相互关系有特定要求或者在标注汇总使用了特殊符号（Ⓜ、Ⓛ、Ⓔ）。

采用独立原则时，所给出的尺寸公差和几何公差相互无关，极限尺寸只用来控制实际尺寸，不控制要素本身的几何误差；不论要素的实际尺寸大小如何，被测要素均应在给定的几何公差带内,并且其几何误差允许达到最大值。

2. 独立原则的识别

凡是对给出的尺寸公差和几何公差未用特定符号或文字说明它们有联系者,就表示它们遵守独立原则。

3. 独立原则的应用

独立原则是尺寸公差和几何公差相互关系遵循的基本原则。独立原则的应用十分广泛,凡是尺寸公差和几何公差需分别满足要求,两者不发生联系的要素,无论两者公差等级要求的高低,均采用独立原则。对于退刀槽、倒角、没有配合要求的结构尺寸、未注尺寸公差的要素等,采用独立原则。

3.5.2 包容要求

1. 包容要求的含义

包容要求是表示提取组成要素应遵守其最大实体边界,其局部实际尺寸不得超出最小实体尺寸的一种公差原则。

2. 包容要求的识别与标注

按包容要求给出公差时,需在尺寸的上、下极限偏差后面或尺寸公差带代号后面加注符号"Ⓔ",如图3-82a所示。

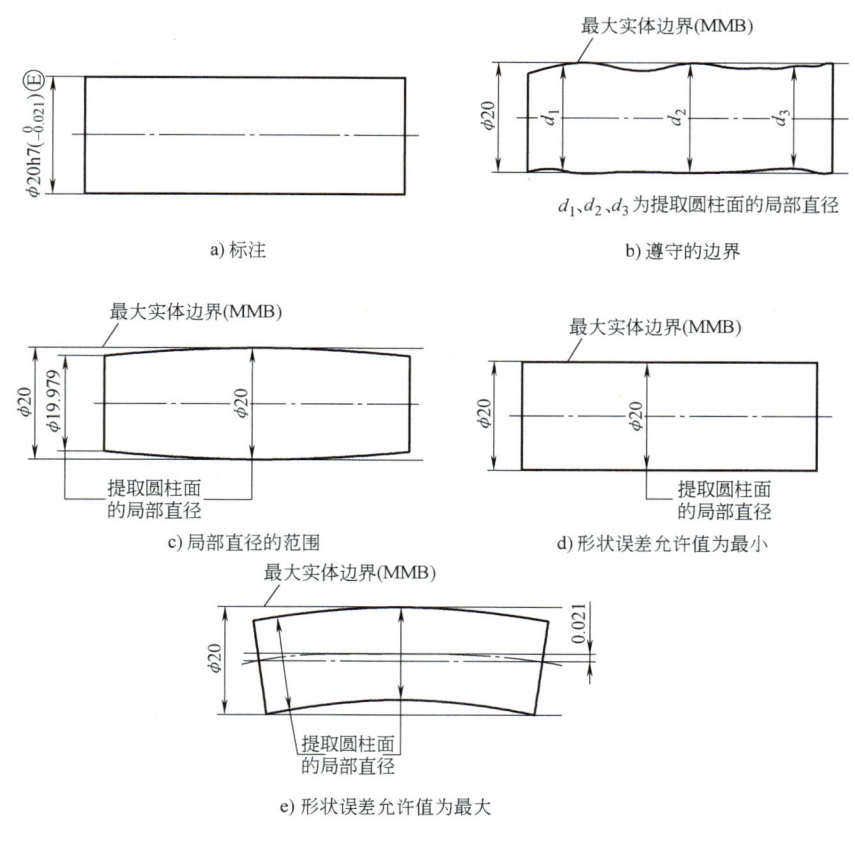

图 3-82 包容要求

3. 包容要求的应用

包容要求适用于单一要素，如圆柱表面或两平行表面。包容要求常常用于有配合要求的场合，若相配合的孔、轴采用包容要求，则不会因为孔、轴的形状误差影响配合性质。要素遵守包容要求时，应该用光滑极限量规检验。

采用包容要求时尺寸要素的提取要素应遵守最大实体边界，提取圆柱表面必须位于最大实体边界内。如图 3-82a 所示，最大实体边界的尺寸为最大实体尺寸 $\phi20mm$，则最小外接尺寸不大于最大实体尺寸，如图 3-82b 所示。提取圆柱面局部直径不得超出最小实体尺寸，即零件的局部实际尺寸不得小于 $\phi19.979mm$，如图 3-82c 所示。如果提取圆柱面局部直径达到最大实体尺寸时，圆柱面应具有理想的形状，就不得有任何形状误差，如图 3-82d 所示。只有在实际要素偏离最大实体状态时，才允许存在与偏离量相当的形状误差；如果实际直径小于 $\phi20mm$ 时（如 $\phi19.990mm$），则允许零件有直线度误差（误差值最大不得超过 0.01mm），同理当实际直径为 $\phi19.979mm$ 时，直线度误差值最大可达到 0.021mm，如图 3-82e 所示。

3.5.3 最大实体要求（MMR）

1. 相关术语和定义

（1）**最大实体实效尺寸（MMVS）** 最大实体实效尺寸是指尺寸要素的最大实体尺寸与其导出要素的几何公差共同作用产生的尺寸。

内尺寸要素的最大实体实效尺寸＝下极限尺寸－导出要素的几何公差
外尺寸要素的最大实体实效尺寸＝上极限尺寸＋导出要素的几何公差

（2）**最大实体实效状态（MMVC）** 最大实体实效状态是指拟合要素的尺寸为其最大实体实效尺寸时的状态。最大实体实效状态是要素的理想形状状态，当几何公差为方向公差或位置公差时，最大实体实效状态还应受拟合要素的方向或位置所约束。

（3）**最大实体实效边界（MMVB）** 尺寸为最大实体实效尺寸的边界。

2. 最大实体要求的含义

最大实体要求是指尺寸要素的非理想要素应遵守其最大实体实效状态的一种尺寸要素要求，也就是尺寸要素的非理想要素不得超越其最大实体实效边界的一种尺寸要素要求。

3. 最大实体要求的标注

最大实体要求用于被测要素时，在公差框格中几何公差值（包括零值）后面加注符号 Ⓜ，如图 3-83a 所示；最大实体要求用于基准要素时，在公差框格中的基准字母后面加注符号 Ⓜ，如图 3-84a 所示。

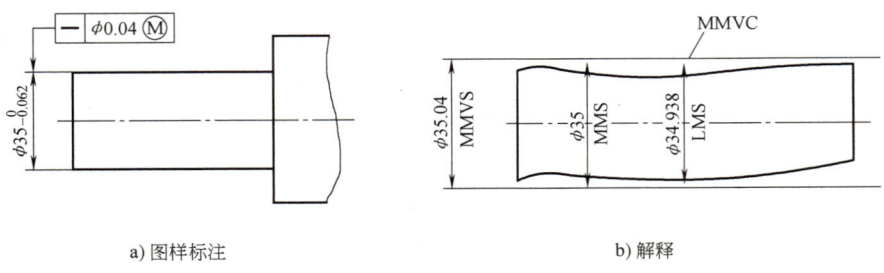

a) 图样标注　　　　　　　　　　　b) 解释

图 3-83　最大实体要求用于被测要素

4. 最大实体要求的应用

最大实体要求适用于导出要素，不仅可以用于被测要素，也可以用于基准要素，主要用于保证可装配性的场合。

在图 3-83 中，最大实体要求用于被测要素时，被测要素的几何公差值（φ0.04mm）是在该要素处于最大实体状态时给定的。提取要素不得违反最大实体实效状态，即提取要素不得超越尺寸为 φ35.04mm 的最大实体实效边界。本图样标注中的最大实体实效边界无方向和位置约束。提取要素各处的局部直径应位于 φ34.938mm 和 φ35mm 之间。当轴的实际尺寸为最大实体尺寸（φ35mm）时，轴线直线度误差的最大允许值为图 3-83 中给定的直线度公差值 φ0.04mm；当被测要素偏离最大实体状态，即实际尺寸偏离最大实体尺寸时，直线度误差的最大允许值可以增大，其增大量为实际尺寸偏离最大实体尺寸的量。例如：当实际尺寸为 φ34.98mm 时，轴线直线度误差的最大允许值为给定的直线度公差值（φ0.04mm）与实际尺寸偏离最大实体尺寸的量（0.02mm）之和（φ0.06mm）；当轴的实际尺寸为最小实体尺寸 φ34.938mm 时，轴线直线度误差的最大允许值为给定的直线度公差值（φ0.04mm）与轴的尺寸公差值（0.062mm）之和（φ0.102mm）。

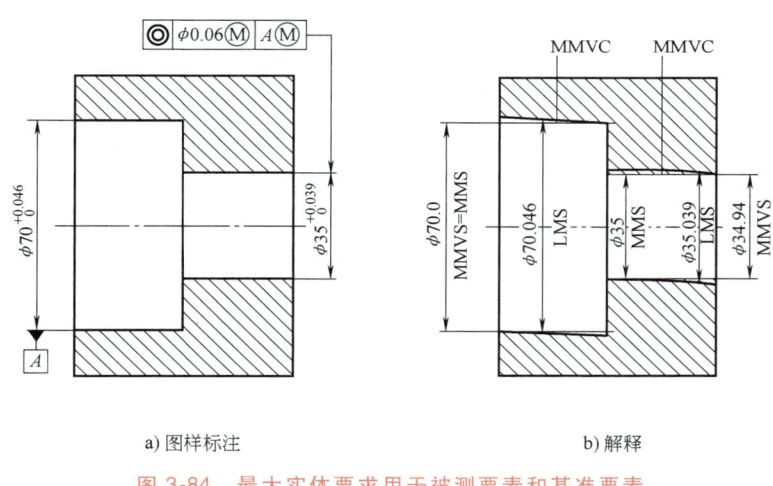

a) 图样标注 b) 解释

图 3-84 最大实体要求用于被测要素和基准要素

在图 3-84 中，最大实体要求用于被测要素和基准要素，基准要素本身无几何公差要求。对被测要素而言，被测中心线对基准 A 的同轴度公差值（φ0.06mm）是在被测要素处于最大实体状态时给定的，被测孔 φ35mm 的提取要素不得违反最大实体实效状态，即被测提取要素不得超越尺寸为 φ34.94mm 的最大实体实效边界。本图样标注中的最大实体实效边界有位置约束（与基准 A 同轴）。被测孔的提取要素各处的局部直径应位于 φ35mm 和 φ35.039mm 之间。当被测孔的实际尺寸为最大实体尺寸（φ35mm）时，其轴线同轴度误差的最大允许值为图 3-84 中给定的同轴度公差值 φ0.06mm；当被测要素偏离最大实体状态，即实际尺寸偏离最大实体尺寸时，同轴度误差的最大允许值可以增大，其增大量为实际尺寸偏离最大实体尺寸的量。例如：当实际尺寸为 φ35.01mm 时，轴线同轴度误差的最大允许值为给定的同轴度公差值（φ0.06mm）与实际尺寸偏离最大实体尺寸的量（0.01mm）之和（φ0.07mm）；当轴的实际尺寸为最小实体尺寸 φ35.039mm 时，轴线同轴度误差的最大允许值为给定的同轴度公差值（φ0.06mm）与轴的尺寸公差值（0.039mm）之和（φ0.099mm）。

在图 3-84 中,基准要素也采用最大实体要求,但是基准要素本身没有标注几何规范。基准孔 $\phi70$mm 的提取要素不得违反最大实体实效状态,即提取要素不得超越尺寸为 $\phi70$mm 的最大实体实效边界。本图样标注中的基准要素的最大实体实效边界无方向和位置约束。基准孔的提取要素各处的局部直径应位于 $\phi70$mm 和 $\phi70.046$mm 之间。当基准孔的实际尺寸为最大实体尺寸($\phi70$mm)时,孔的形状误差的最大允许值为 0mm,即孔具有理想的形状。当基准孔的实际尺寸为最小实体尺寸($\phi70.046$mm)时,孔的形状误差(如中心线的直线度误差)的最大允许值为 0.046mm。

3.5.4 最小实体要求(LMR)

1. 相关术语和定义

(1) **最小实体实效尺寸(LMVS)** 最小实体实效尺寸是指尺寸要素的最小实体尺寸与其导出要素的几何公差共同作用产生的尺寸。

内尺寸要素的最小实体实效尺寸 = 上极限尺寸 + 导出要素的几何公差
外尺寸要素的最小实体实效尺寸 = 下极限尺寸 − 导出要素的几何公差

(2) **最小实体实效状态(LMVC)** 最大实体实效状态是指拟合要素的尺寸为其最小实体实效尺寸时的状态。最小实体实效状态是要素的理想形状状态,当几何公差为方向公差或位置公差时,最小实体实效状态还应受拟合要素的方向或位置所约束。

(3) **最小实体实效边界(LMVB)** 尺寸为最小实体实效尺寸的边界。

2. 最小实体要求的含义

最小实体要求是指尺寸要素的非理想要素处于其最小实体实效状态的一种尺寸要素要求,也就是尺寸要素的非理想要素不得超越其最小实体实效边界的一种尺寸要素要求。

3. 最小实体要求的标注

最小实体要求用于被测要素时,在公差框格中几何公差值后面加注符号Ⓛ,如图 3-85a 所示;最小实体要求用于基准要素时,在公差框格中的基准字母后面加注符号Ⓛ,如图 3-86a 所示。

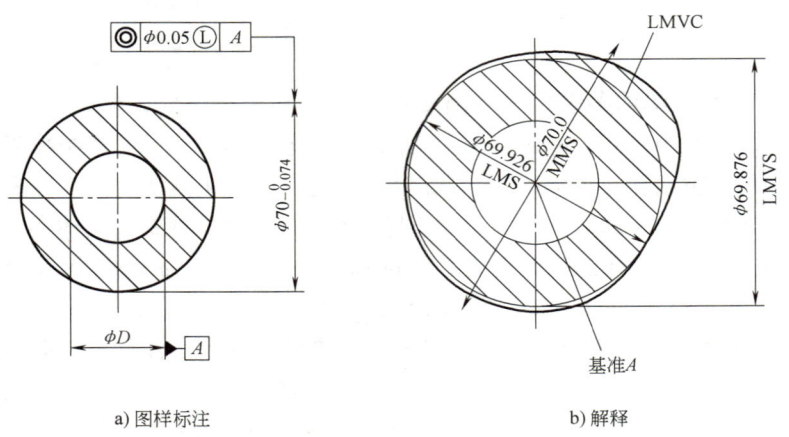

图 3-85 最小实体要求 1

4. 最小实体要求的应用

最小实体要求适用于导出要素,可以用于被测要素,也可以用于基准要素,主要用于需要保证零件强度和壁厚的场合。

在图 3-85 中，最小实体要求用于被测要素，被测要素为有位置公差要求的外尺寸要素。轴 $\phi 70$mm 的轴线的同轴度公差值（$\phi 0.05$mm）是在该轴为最小实体状态时给定的。轴的提取要素不得违反最小实体实效状态，即提取要素不得超越尺寸为 $\phi 69.876$mm 的最小实体实效边界。本图样标注中的最小实体实效边界的位置受基准 A 约束。被测轴的提取要素各处的局部直径应位于 $\phi 69.926$mm 和 $\phi 70$mm 之间。当被测轴的实际尺寸为最小实体尺寸（$\phi 69.926$mm）时，其轴线同轴度误差的最大允许值为图 3-85 中给定的同轴度公差值 $\phi 0.05$mm；当被测要素偏离最小实体状态，即实际尺寸偏离最小实体尺寸时，同轴度误差的最大允许值可以增大，其增大量为实际尺寸偏离最小实体尺寸的量。例如：当实际尺寸为 $\phi 69.956$mm 时，轴线同轴度误差的最大允许值为给定的同轴度公差值（$\phi 0.05$mm）与实际尺寸偏离最小实体尺寸的量（0.03mm）之和（$\phi 0.08$mm）；当轴的实际尺寸为最大实体尺寸 $\phi 70$mm 时，轴线同轴度误差的最大允许值为给定的同轴度公差值（$\phi 0.05$mm）与轴的尺寸公差值（0.074mm）之和（$\phi 0.124$mm）。

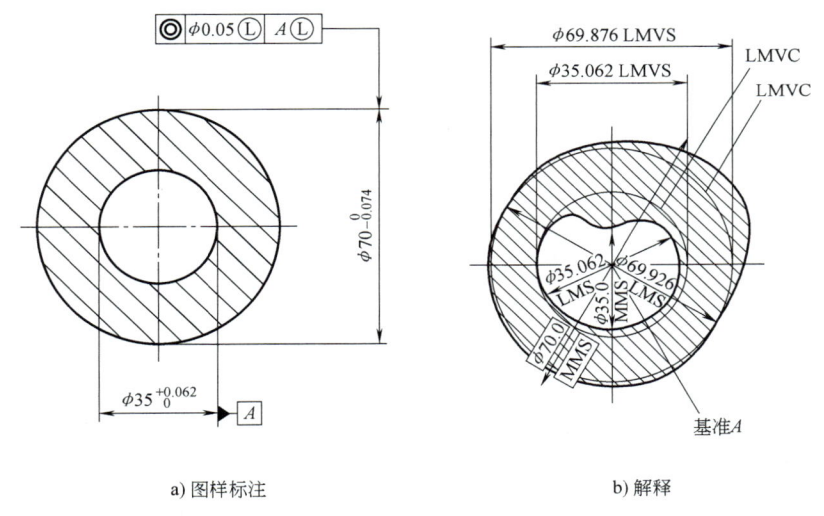

a) 图样标注　　　　　　　　　　b) 解释

图 3-86　最小实体要求 2

在图 3-86 中，最小实体要求用于被测要素和基准要素。被测轴 $\phi 70$mm 提取要素不得违反最小实体实效状态，即提取要素不得超越尺寸为 $\phi 69.876$mm 的最小实体实效边界。被测轴的提取要素各处的局部直径应位于 $\phi 69.926$mm 和 $\phi 70$mm 之间。当被测轴的实际尺寸为最小实体尺寸（$\phi 69.926$mm）时，其轴线同轴度误差的最大允许值为图 3-86a 中给定的同轴度公差值 $\phi 0.05$mm；当被测要素偏离最小实体状态，即实际尺寸偏离最小实体尺寸时，同轴度误差的最大允许值可以增大，其增大量为实际尺寸偏离最小实体尺寸的量。例如：当实际尺寸为 $\phi 69.946$mm 时，轴线同轴度误差的最大允许值为给定的同轴度公差值（$\phi 0.05$mm）与实际尺寸偏离最小实体尺寸的量（0.02mm）之和（$\phi 0.07$mm）；当轴的实际尺寸为最大实体尺寸 $\phi 70$mm 时，轴线同轴度误差的最大允许值为给定的同轴度公差值（$\phi 0.05$mm）与轴的尺寸公差值（0.074mm）之和（$\phi 0.124$mm）。基准要素 $\phi 35^{+0.062}_{\ 0}$mm 也采用了最小实体要求，但是基准要素本身没有标注几何规范。基准要素的提取要素不得违反最小实体实效状态,即提取要素不得超越尺寸为 $\phi 35.062 \mathrm{mm}$ 的最小实体实效边界。基准要素的提取要素各处的局部直径应位于 $\phi 35 \mathrm{mm}$ 和 $\phi 35.062 \mathrm{mm}$ 之间。当基准孔的实际尺寸为最小实体尺寸($\phi 35.062 \mathrm{mm}$)时,其形状误差的允许值为 $0 \mathrm{mm}$,即具有理想的形状。当基准孔的实际尺寸为最大实体尺寸($\phi 35 \mathrm{mm}$)时,该孔可以有 $0.062 \mathrm{mm}$ 的形状误差,如轴线的直线度误差等。

3.5.5 可逆要求(RPR)

可逆要求是最大实体要求或最小实体要求的附加要求,表示尺寸公差可以在实际几何误差小于几何公差之间的差值内相应地增大。在图样上用符号 Ⓡ 标注在 Ⓜ 或 Ⓛ 之后。可逆要求仅用于被测要素。

1. 可逆要求用于最大实体要求

当中心要素的几何误差值小于给出的几何公差值,又允许其实际尺寸超出最大实体尺寸时,可将可逆要求应用于最大实体要求。这时将表示可逆要求的符号 Ⓡ 置于公差框格中几何公差值后表示最大实体要求的符号 Ⓜ 之后,如图 3-87 所示。

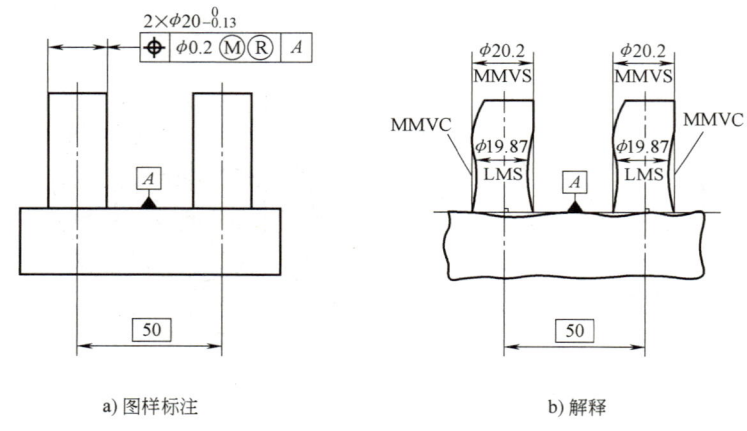

图 3-87 可逆要求用于最大实体要求

可逆要求用于最大实体要求时,保留了最大实体要求时由于实际尺寸对最大实体尺寸的偏离而对几何公差的补偿,增加了由于几何误差值小于几何公差值而对尺寸公差的补偿(俗称为反补偿),允许实际尺寸有条件地超出最大实体尺寸(以实效尺寸为限)。此时,被测要素的实体是否超越实效边界,仍用位置量规检验;而其局部实际尺寸不能超出(对孔不能大于,对轴不能小于)最小实体尺寸,用两点法测量。

在图 3-87 中,对基准 A 具有位置度要求的 $2\times\phi 20_{-0.13}^{0} \mathrm{mm}$ 两个销柱采用了最大实体要求和可逆要求。$2\times\phi 20_{-0.13}^{0} \mathrm{mm}$ 轴线位置度公差值($\phi 0.2 \mathrm{mm}$)是该轴为最大实体状态时给定的,即两销柱的提取要素不得违反最大实体实效状态,即提取要素不得超越尺寸为 $\phi 20.2 \mathrm{mm}$ 的最大实体实效边界,销柱的提取要素各处的局部直径应大于或等于其最小实体尺寸 LMS($\phi 19.87 \mathrm{mm}$),可逆要求允许局部直径超越最大实体尺寸。当轴的实际尺寸为最大实体尺寸 MMS($\phi 20 \mathrm{mm}$)时,其轴线位置度误差的最大允许值为图 3-87a 中给定位置度公差值（φ0.2mm）；当轴的实际尺寸为最小实体尺寸 LMS（φ19.87mm）时，其轴线位置度误差的最大允许值为给定的位置度公差值（φ0.2mm）与轴的尺寸公差（0.13mm）之和（φ0.33mm）。若轴线位置度误差小于给定的位置度公差值（0.2mm）时，可逆要求允许轴的局部实际尺寸得到补偿；极端情况下当轴的位置度误差为 0mm 时，轴的局部实际尺寸得到最大的补偿值 0.2mm，此时轴的局部尺寸可以达到最大实体尺寸 MMS φ(20+0.2)mm（补偿值）= φ20.2mm。

2. 可逆要求用于最小实体要求

当几何误差值小于给出的几何公差值，又允许实际尺寸超出最小实体尺寸时，可将可逆要求应用于最小实体要求，此时应同时在其几何公差框格中几何公差值后最小实体要求符号Ⓛ后标注符号Ⓡ，如图 3-88 所示。

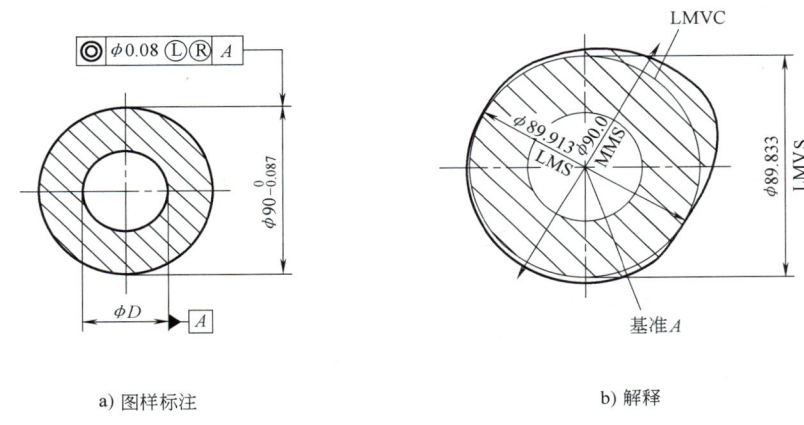

a) 图样标注　　　　　　　　b) 解释

图 3-88　可逆要求用于最小实体要求

在图 3-88 中，对基准 A 具有同轴度要求的轴 φ90$_{-0.087}^{0}$mm 采用了最小实体要求和可逆要求。轴 φ90$_{-0.087}^{0}$mm 轴线的同轴度公差值（φ0.08mm）是在该轴为最小实体状态时给定的。轴的提取要素不得违反最小实体实效状态，即提取要素不得超越尺寸为 φ89.833mm（90mm-0.087mm-0.08mm）的最小实体实效边界。本图样标注中的最小实体实效边界的位置受基准 A 约束。轴的提取要素各处的局部直径应小于或等于最大实体尺寸 MMS（φ90mm），可逆要求允许局部直径超越（此处指小于）最小实体尺寸 LMS（φ89.913mm）。当轴的实际尺寸为最小实体尺寸 LMS（φ89.913mm）时，其轴线同轴度误差的最大允许值为图 3-88 中给定的同轴度公差值（φ0.08mm）。当被测要素偏离最小实体状态，即实际尺寸偏离最小实体尺寸时，同轴度误差的最大允许值可以增大，其增大量为实际尺寸偏离最小实体尺寸的量。当轴的实际尺寸为最大实体尺寸 MMS（φ90mm）时，轴线同轴度误差的最大允许值为给定的同轴度公差值（φ0.08mm）与轴的尺寸公差值（0.087mm）之和（φ0.167mm）。若轴的同轴度误差小于给定的同轴度公差值（φ0.08mm）时，可逆要求允许轴的局部实际尺寸得到补偿；当轴的同轴度误差为 0mm 时，轴的实际尺寸得到最大补偿值 0.08mm，此时轴的局部实际尺寸可以超越最小实体尺寸，最小可以达到 φ(89.913-0.08)mm = φ89.833mm。

3.6　几何公差的选用

> **任务 3-2　减速器输出轴几何公差选用**
>
> **任务描述**：某通用一级减速器输出轴如图 2-1 所示，根据使用要求为该输出轴选用合理的几何公差。

在机械图样上几何公差有两种表示方法，一种是用公差框格直接标注在图样上，另一种是未注公差。但无论是否直接标注几何公差，零件都有几何精度要求。

对于标注出的几何公差，主要包括几何公差特征项目的选用、基准要素的选择、几何公差值的确定及采用何种公差要求 4 个方面。

3.6.1　几何公差特征项目的选用

在选用几何公差特征项目时，需要综合考虑要素的几何特征、零件的功能要求、检测方便及经济性等因素。

要素的几何特征限定了可选用的几何公差特征项目。例如：圆柱形要素可选择的几何公差特征项目有圆度、圆柱度、跳动、轴线的直线度、素线的直线度；平面要素可选择的几何公差特征项目是平面度；曲线、曲面要素可以选择线（面）轮廓度。

零件的功能要求决定了该零件必须控制的几何公差项目。特别是对装配后在机器中起传动、导向或定位等重要作用的或对机器的各种动态性能如噪声、振动有重要影响的零件，在设计时必须逐一分析、认真确定其几何公差项目。例如：安装齿轮部分的轴颈的轴线与基准轴线应有同轴度要求；与滚动轴承相配合的轴颈和箱体上的轴承座孔应该选用圆柱度（或圆度）公差来保证旋转精度；箱体上的不同轴承座孔轴线之间应该选用同轴度公差、平行度公差等来限制轴线之间的方向和位置；箱体上用于联接的螺孔应该有位置度公差以保证顺利装配。

一个零件通常有多个可选择的几何公差项目，没有必要全部选用，而是在分析零件功能要求的基础上，考虑检测的方便性、可能性，从中选择适当的几何公差项目。例如：可以用径向圆跳动代替同轴度，用径向全跳动代替圆柱度，用轴向全跳动代替端面对轴线的垂直度。考虑到检测的经济性，在满足功能要求的前提下，应尽量减少公差项目。

总之，合理、恰当地确定几何公差特征项目的前提是设计人员必须充分了解所设计零件的功能要求，同时还要熟悉零件的加工工艺和具备一定的检测经验。

3.6.2　基准要素的选择

确定关联要素之间的方向或位置关系要求时，需要选择基准。基准要素的选择包括基准部位、基准数量和基准顺序的选择。选择基准时，主要应根据设计和使用要求，力求使设计基准、工艺基准和测量基准三者一致。主要从以下几方面考虑：

1）根据零件的功能要求及要素之间的几何关系选择基准。例如，对旋转轴，一般以安装轴承的轴颈的轴线作为基准。

2) 从加工、测量角度考虑,应选择在夹具、量具中定位的相应要素作为基准,并尽量使工艺基准、测量基准与设计基准统一。例如,以齿轮坯的中心孔作为齿轮的基准。

3) 根据装配关系,应选择相互配合或相互接触的表面为各自的基准,以保证零件的正确装配。例如,以箱体的装配底面为基准等。

4) 应选择尺寸精度与形状和位置精度高、尺寸大、刚性好的要素作为基准。

5) 当采用多基准时,通常选择对被测要素使用要求影响最大的表面或定位最稳的表面作为第一基准。

3.6.3 几何公差值的确定

在设计产品时,应按国家标准提供的统一数系选择几何公差值。国家标准对圆度、圆柱度、直线度、平面度、平行度、垂直度、倾斜度、同轴度、对称度、圆跳动、全跳动都划分了 12 个等级并规定了相应数值;对位置度没有划分等级,只提供了位置度数系;没有对线轮廓度和面轮廓度规定公差值。

设计人员应根据零件的功能要求,并考虑加工的经济性和零件的结构、刚性等情况,通过类比或计算加以确定。

1. 确定直线度和平面度公差值

直线度和平面度公差值见表 3-2。

常用加工方法可达到的直线度和平面度公差等级见表 3-3。

直线度和平面度公差等级应用示例见表 3-4。

表 3-2　直线度和平面度公差值(摘自 GB/T 1184—1996)

主参数 L 图例

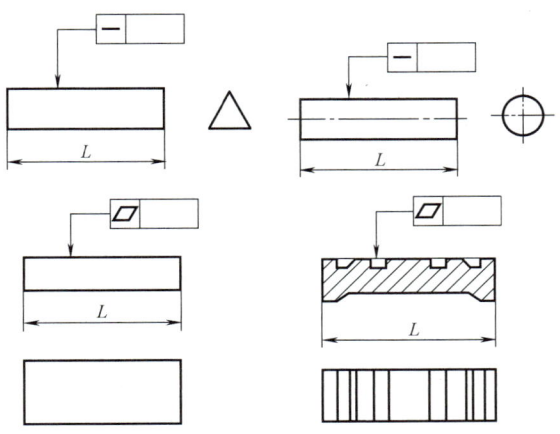

主参数 L /mm	公差等级											
	1	2	3	4	5	6	7	8	9	10	11	12
	公差值/μm											
≤10	0.2	0.4	0.8	1.2	2	3	5	8	12	20	30	60
>10~16	0.25	0.5	1	1.5	2.5	4	6	10	15	25	40	80

（续）

主参数 L /mm	公差等级											
	1	2	3	4	5	6	7	8	9	10	11	12
	公差值/μm											
>16~25	0.3	0.6	1.2	2	3	5	8	12	20	30	50	100
>25~40	0.4	0.8	1.5	2.5	4	6	10	15	25	40	60	120
>40~63	0.5	1	2	3	5	8	12	20	30	50	80	150
>63~100	0.6	1.2	2.5	4	6	10	15	25	40	60	100	200
>100~160	0.8	1.5	3	5	8	12	20	30	50	80	120	250
>160~250	1	2	4	6	10	15	25	40	60	100	150	300
>250~400	1.2	2.5	5	8	12	20	30	50	80	120	200	400
>400~630	1.5	3	6	10	15	25	40	60	100	150	250	500
>630~1000	2	4	8	12	20	30	50	80	120	200	300	600
>1000~1600	2.5	5	10	15	25	40	60	100	150	250	400	800
>1600~2500	3	6	12	20	30	50	80	120	200	300	500	1000
>2500~4000	4	8	15	25	40	60	100	150	250	400	600	1200
>4000~6300	5	10	20	30	50	80	120	200	300	500	800	1500
>6300~10000	6	12	25	40	60	100	150	250	400	600	1000	2000

表 3-3 常用加工方法可达到的直线度和平面度公差等级

加工方法		直线度和平面度公差等级											
		1	2	3	4	5	6	7	8	9	10	11	12
车	粗											●	●
	细									●	●		
	精					●	●	●	●				
铣	粗											●	●
	细									●	●		
	精					●	●	●	●				
刨	粗											●	●
	细								●	●			
	精						●	●					
磨	粗									●	●	●	
	细						●	●	●				
	精		●	●	●	●	●	●					
研磨	粗				●	●							
	细			●									
	精	●	●										
刮磨	粗						●	●					
	细					●	●						
	精	●	●	●									

表 3-4　直线度和平面度公差等级应用示例

公差等级	应用示例（参考）
1、2	用于精密量具、测量仪器以及精度要求极高的精密机械零件，如高精度量规、样板平尺、工具显微镜等精密测量仪器的导轨面、喷油嘴针阀体端面、液压泵柱塞套端面等
3	用于 0 级及 1 级宽平尺的工作面、1 级样板平尺的工作面、测量仪器导轨的直线度、测量仪器的测杆等
4	用于量具、测量仪器和机床的导轨，如 1 级宽平尺、0 级平板、测量仪器的 V 形导轨、高精度水面磨床的 V 形导轨和滚动导轨、轴承磨床及平面磨床床身等
5	用于 1 级平板、卧式车床床身导轨面、龙门刨床导轨面、滚齿机立柱导轨、床身工作台、自动车床床身导轨、平面磨床垂直导轨、卧式镗床和铣床工作台以及机床主轴箱导轨、柴油机进排气门导杆、柴油机机体上部结合面等
6	用于普通机床导轨面，如卧式车床、龙门刨床、滚齿机、自动车床等的床身导轨、立柱导轨；滚齿机、卧式镗床、铣床的工作台及机床主轴箱导轨、柴油机机体结合面等
7	用于 2 级平板、分度值为 0.02mm 的游标卡尺尺身、机床主轴箱体、滚齿机床身导轨、镗床工作台、摇臂钻床底座工作台、柴油机气门导杆、液压泵盖、压力机导轨及滑块等
8	用于 2 级平板、车床溜板箱体、机床主轴箱体、机床传动箱体、自动车床底座、气缸盖结合面、气缸座、内燃机连杆分离面、减速机壳体的结合面等
9	用于 3 级平板、机床溜板箱体、立钻工作台、螺纹磨床的交换齿轮架、金相显微镜的载物台、柴油机气缸体连杆的分离面、缸盖的结合面、空气压缩机气缸体、辅助机构及手动机械的支承面等
10	用于自动车床床身底面、车床交换齿轮架、柴油机气缸体、摩托车的曲轴箱体、汽车变速器的壳体与汽车发动机缸盖结合面、液压管件和法兰的连接面等
11	用于易变形的薄片零件，如离合器的摩擦片、汽车发动机缸盖的结合面等

2. 确定圆度和圆柱度公差值

圆度和圆柱度公差值见表 3-5。

常用加工方法可达到的圆度和圆柱度公差等级见表 3-6。

圆度和圆柱度公差等级应用示例见表 3-7。

表 3-5　圆度和圆柱度公差值（摘自 GB/T 1184—1996）

主参数 $d(D)$ 图例

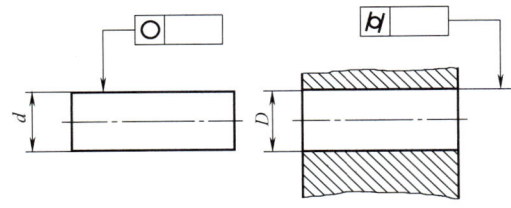

主参数 $d(D)$/mm	公差等级												
	0	1	2	3	4	5	6	7	8	9	10	11	12
	公差值/μm												
≤3	0.1	0.2	0.3	0.5	0.8	1.2	2	3	4	6	10	14	25
>3~6	0.1	0.2	0.4	0.6	1	1.5	2.5	4	5	8	12	18	30

（续）

主参数 d(D)/mm	公差等级												
	0	1	2	3	4	5	6	7	8	9	10	11	12
	公差值/μm												
>6~10	0.12	0.25	0.4	0.6	1	1.5	2.5	4	6	9	15	22	36
>10~18	0.15	0.25	0.5	0.8	1.2	2	3	5	8	11	18	27	43
>18~30	0.2	0.3	0.6	1	1.5	2.5	4	6	9	13	21	33	52
>30~50	0.25	0.4	0.6	1	1.5	2.5	4	7	11	16	25	39	62
>50~80	0.3	0.5	0.8	1.2	2	3	5	8	13	19	30	46	74
>80~120	0.4	0.6	1	1.5	2.5	4	6	10	15	22	35	54	87
>120~180	0.6	1	1.2	2	3.5	5	8	12	18	25	40	63	100
>180~250	0.8	1.2	2	3	4.5	7	10	14	20	29	46	72	115
>250~315	1.0	1.6	2.5	4	6	8	12	16	23	32	52	81	130
>315~400	1.2	2	3	5	7	9	13	18	25	36	57	89	140
>400~500	1.5	2.5	4	6	8	10	15	20	27	40	63	97	155

表 3-6 常用加工方法可达到的圆度和圆柱度公差等级

表面	加工方法		圆度和圆柱度公差等级										
			1	2	3	4	5	6	7	8	9	10	11	12
轴	精密车削				●	●	●							
	普通车削						●	●	●	●	●	●		
	自动、半自动车	粗								●	●			
		细							●	●				
		精						●	●					
	外圆磨	粗						●	●					
		细				●	●							
		精	●	●	●									
	无心磨	粗				●								
		细			●	●	●	●						
	研磨				●	●	●							
	精磨		●	●										
孔	钻									●	●	●	●	●
	镗	粗							●	●	●			
		普通镗 细						●	●	●				
		精					●	●						
	金刚石镗	细				●	●							
		精	●	●	●									
	铰孔							●	●					
	扩孔							●	●					
	内圆磨	细					●							
		精			●	●								
	研磨	细					●							
		精	●	●	●									
	珩磨							●	●					

表 3-7 圆度和圆柱度公差等级应用示例

公差等级	应用示例(参考)
1	高精度量仪主轴,高精度机床主轴,滚动轴承的滚珠、滚柱等
2	精密量仪主轴、外套、阀套、高压泵柱塞及套,高速柴油机气门,精密机床主轴轴颈,喷油泵柱塞及柱塞套等
3	工具显微镜套管外圈,高精度外圆磨床主轴,喷油嘴针阀体,高精度微型轴承内、外圈等
4	较精密机床主轴,精密机床主轴箱孔,高压阀门活塞、活塞销、阀体孔,工具显微镜顶尖,高压泵柱塞,与较高精度滚动轴承配合的轴,铣削动力头箱体孔等
5	一般量仪主轴,测杆外圆,陀螺仪轴颈,一般机床主轴,较精密机床主轴箱孔,柴油机、汽油机活塞及活塞销孔,铣削动力头轴承箱座孔,高压空气压缩机十字头销、活塞,与较低精度滚动轴承配合的轴等
6	仪表端盖外圆,一般机床主轴及箱体孔,汽车发动机凸轮轴,纺机锭子,通用减速器轴颈,高速船用柴油机曲轴,拖拉机曲轴轴颈等
7	大功率低速柴油机曲轴、活塞、活塞销、连杆、气缸,高速柴油机箱体,千斤顶或液压缸活塞,液压传动系统的分配机构,机车传动轴,水泵及一般减速器轴颈等
8	低速发动机、减速器,大功率曲轴轴颈,压气机连杆,拖拉机气缸体、活塞,炼胶机冷铸轴辊,印刷机传动系统,内燃机曲轴,柴油机机体孔、凸轮轴,小型船用采油机气缸套等
9	空气压缩机缸体,液压传动筒,通用机械杠杆与拉杆用套筒销子,拖拉机活塞环、套筒孔等
10	印染机布辊,绞车、起重机滑动轴承轴颈等

3. 确定平行度、垂直度和倾斜度公差值

平行度、垂直度和倾斜度公差值见表 3-8。

常用加工方法可达到的平行度和垂直度公差等级见表 3-9。

平行度、垂直度和倾斜度公差等级应用示例见表 3-10。

表 3-8 平行度、垂直度和倾斜度公差值 (摘自 GB/T 1184—1996)

主参数 L、$d(D)$ 图例

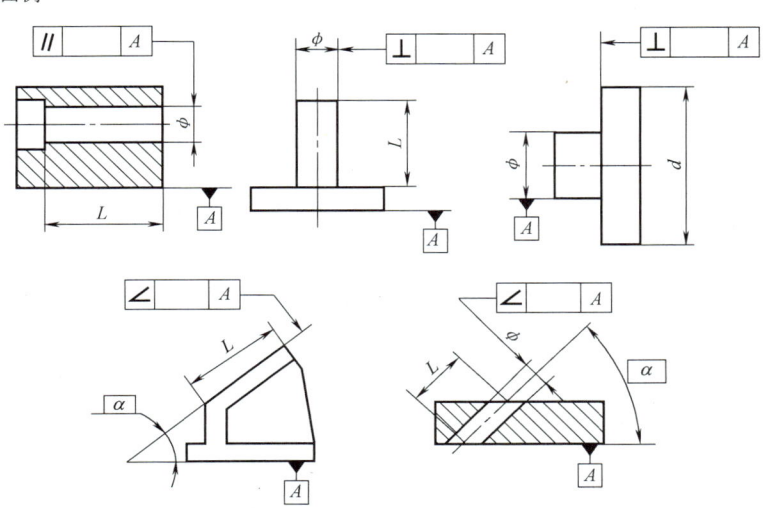

（续）

主参数 L、d(D)/mm	公差等级											
	1	2	3	4	5	6	7	8	9	10	11	12
	公差值/μm											
≤10	0.4	0.8	1.5	3	5	8	12	20	30	50	80	120
>10~16	0.5	1	2	4	6	10	15	25	40	60	100	150
>16~25	0.6	1.2	2.5	5	8	12	20	30	50	80	120	200
>25~40	0.8	1.5	3	6	10	15	25	40	60	100	150	250
>40~63	1	2	4	8	12	20	30	50	80	120	200	300
>63~100	1.2	2.5	5	10	15	25	40	60	100	150	250	400
>100~160	1.5	3	6	12	20	30	50	80	120	200	300	500
>160~250	2	4	8	15	25	40	60	100	150	250	400	600
>250~400	2.5	5	10	20	30	50	80	120	200	300	500	800
>400~630	3	6	12	25	40	60	100	150	250	400	600	1000
>630~1000	4	8	15	30	50	80	120	200	300	500	800	1200
>1000~1600	5	10	20	40	60	100	150	250	400	600	1000	1500
>1600~2500	6	12	25	50	80	120	200	300	500	800	1200	2000
>2500~4000	8	15	30	60	100	150	250	400	600	1000	1500	2500
>4000~6300	10	20	40	80	120	200	300	500	800	1200	2000	3000
>6300~10000	12	25	50	100	150	250	400	600	1000	1500	2500	4000

表3-9 常用加工方法可达到的平行度和垂直度公差等级

加工方法		平行度和垂直度公差等级											
		1	2	3	4	5	6	7	8	9	10	11	12
		面 对 面											
研磨		●	●	●	●								
刮		●	●	●	●	●	●						
磨	粗						●	●	●				
	细					●	●	●					
	精			●	●								
铣						●	●	●	●	●	●		
刨							●	●	●	●	●		
拉								●	●	●			
插								●	●				
		轴线对轴线（或平面）											
磨	粗							●	●				
	细					●	●	●	●				
镗	粗								●	●	●		
	细							●	●				
	精					●	●						

第3章 几何公差及几何误差的检测

(续)

加工方法		平行度和垂直度公差等级											
		1	2	3	4	5	6	7	8	9	10	11	12
轴线对轴线(或平面)													
金刚石镗					●	●	●						
车	粗										●	●	
	细							●	●	●	●		
铣								●	●	●	●		
钻											●	●	●

表 3-10 平行度、垂直度和倾斜度公差等级应用示例

公差等级	应用示例(参考)	
	平行度	垂直度和倾斜度
1	高精度机床、测量仪器以及量具等主要基准面和工作面	
2、3	精密机床、测量仪器、量具、模具的基准面和工作面,精密机床重要箱体主轴孔对基准面的要求,尾座孔对基准面的要求等	精密机床导轨,普通机床主要导轨,机床主轴轴向定位面,精密机床主轴肩轴面,滚动轴承座圈端面,齿轮测量仪的心轴,光学分度头的心轴,涡轮轴端面,精密刀具、量具的基准面和工作面等
4、5	普通机床、测量仪器、量具、模具的基准面和工作面,高精度轴承座圈、端盖、挡圈的端面,机床主轴孔对基准面的要求,重要轴孔对基准面的要求,主轴箱体重要孔间要求,一般减速器壳体孔、齿轮泵的轴孔端面等	普通机床导轨,精密机床重要零件,机床重要支承面,普通机床主轴偏摆,发动机轴和离合器的凸缘,气缸的支承端面,装 C、D 级轴承的箱体的凸肩,液压传动轴瓦的端面,量具量仪的重要端面等
6~8	一般机床零件的工作面或基准面,压力机和锻锤的工作面,中等精度钻模的工作面,一般刀、量、模具,机床一般轴承孔对基准面的要求,主轴箱一般孔间要求,变速器箱гит,主轴花键对定心直径,重型机械轴承盖的端面,卷扬机,手动传动装置中的传动轴,气缸轴线等	低精度机床主要基准面和工作面,回转工作台端面,一般导轨,主轴箱体孔,刀架、砂轮架及工作台回转中心,机床轴肩,气缸配合面对其轴线,活塞销孔对活塞中心线,装 E、F、G 级轴承端面对轴承壳体孔的轴线等
9、10	低精度零件,重型机械滚动轴承端盖,采油机和汽油机的曲轴孔、轴颈等	外花键轴颈端面,皮带运输机法兰盘端面对轴线,手动卷扬机及传动装置中轴承端面,减速器壳体平面等
11、12	卷扬机、运输机上用的减速器壳体平面等	农业机械齿轮端面等

4. 确定同轴度、对称度、圆跳动和全跳动公差值

同轴度、对称度、圆跳动和全跳动公差值见表 3-11。
常用加工方法可达到的同轴度和圆跳动公差等级见表 3-12。
同轴度、对称度、圆跳动和全跳动公差等级应用示例见表 3-13。

表 3-11 同轴度、对称度、圆跳动和全跳动公差值（摘自 GB/T 1184—1996）

主参数 $d(D)$、B、L 图例

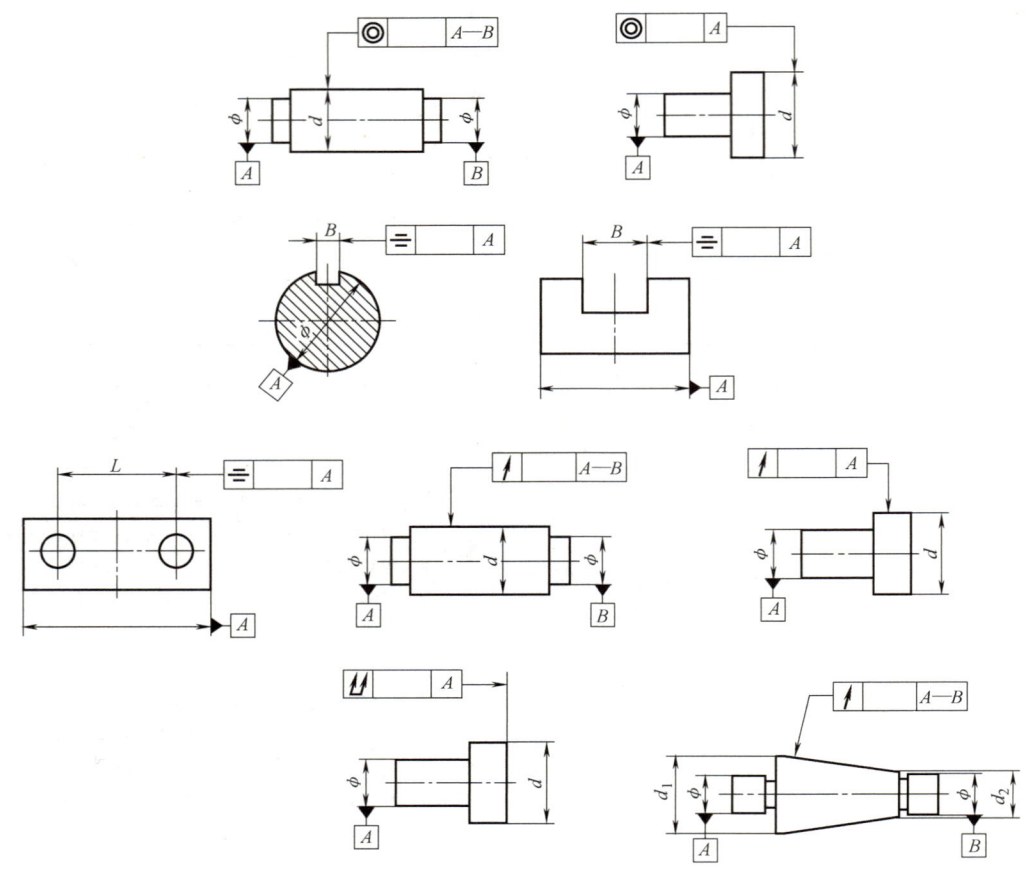

当被测要素为圆锥面时，取 $d=\dfrac{d_1+d_2}{2}$

主参数 $d(D)$、B、L/mm	公差等级											
	1	2	3	4	5	6	7	8	9	10	11	12
	公差值/μm											
≤1	0.4	0.6	1.0	1.5	2.5	4	6	10	15	25	40	60
>1~3	0.4	0.6	1.0	1.5	2.5	4	6	10	20	40	60	120
>3~6	0.5	0.8	1.2	2	3	5	8	12	25	50	80	150
>6~10	0.6	1	1.5	2.5	4	6	10	15	30	60	100	200
>10~18	0.8	1.2	2	3	5	8	12	20	40	80	120	250
>18~30	1	1.5	2.5	4	6	10	15	25	50	100	150	300
>30~50	1.2	2	3	5	8	12	20	30	60	120	200	400
>50~120	1.5	2.5	4	6	10	15	25	40	80	150	250	500
>120~250	2	3	5	8	12	20	30	50	100	200	300	600

(续)

主参数 d(D)、B、L/mm	公差等级											
	1	2	3	4	5	6	7	8	9	10	11	12
	公差值/μm											
>250~500	2.5	4	6	10	15	25	40	60	120	250	400	800
>500~800	3	5	8	12	20	30	50	80	150	300	500	1000
>800~1250	4	6	10	15	25	40	60	100	200	400	600	1200
>1250~2000	5	8	12	20	30	50	80	120	250	500	800	1500
>2000~3150	6	10	15	25	40	60	100	150	300	600	1000	2000
>3150~5000	8	12	20	30	50	80	120	200	400	800	1200	2500
>5000~8000	10	15	25	40	60	100	150	250	500	1000	1500	3000
>8000~10000	12	20	30	50	80	120	200	300	600	1200	2000	4000

表 3-12 常用加工方法可达到的同轴度和圆跳动公差等级

加工方法		同轴度和圆跳动公差等级											
		1	2	3	4	5	6	7	8	9	10	11	12
车、镗	（加工孔）				●	●	●	●	●	●			
	（加工轴）			●	●	●	●	●					
铰					●	●	●	●					
磨	孔			●	●	●	●	●					
	轴	●	●	●	●	●							
珩磨				●	●	●							
研磨		●	●	●									

表 3-13 同轴度、对称度、圆跳动和全跳动公差等级应用示例

公差等级	应用示例（参考）
1~4	用于同轴度或旋转精度要求很高的零件，即一般需按尺寸公差等级为IT5或者高于IT5级制造的零件。例如：1、2级用于精密测量仪器的主轴和顶尖，柴油机喷油嘴针阀等；3、4级用于机床主轴轴颈，砂轮轴颈，汽轮机主轴，测量仪器的小齿轮轴等，高精度滚动轴承内、外圈等
5~7	用于精度要求比较高、一般需按尺寸公差等级为IT6或IT7级制造的零件。例如：5级常用在机床轴颈，测量仪器的测量杆，汽轮机主轴，柱塞泵转子，高精度滚动轴承外圈，一般精度滚动轴承；6、7级用于内燃机曲轴，凸轮轴轴颈，水泵轴，齿轮轴，汽车后桥输出轴，电机转子，G级精度滚动轴承内圈，印刷机传墨辊等
8~10	用于一般精度要求、按尺寸公差等级为IT9或IT10级制造的零件。例如：8级用于拖拉机发动机分配轴轴颈；9级用于齿轮轴的配合面，水泵叶轮，离心泵，精梳机；10级精度用于摩托车活塞，印染机导布辊，内燃机活塞环底径对活塞中心等
11、12	用于无特殊要求、一般按尺寸公差等级为IT12级制造的零件

5. 位置度公差值的确定

位置度公差通常需要计算后确定，对计算值按照下面的方法圆整后按表3-14选择标准公差值。

表3-14 位置度公差数系（摘自 GB/T 1184—1996） （单位：μm）

1	1.2	1.5	2	2.5	3	4	5	6	8
1×10^n	1.2×10^n	1.5×10^n	2×10^n	2.5×10^n	3×10^n	4×10^n	5×10^n	6×10^n	8×10^n

注：n 为正整数。

当计算值的数量级为 μm 时，则取 $n=0$，如 $1\times10^0 \mu m = 1\mu m$、$2.5\times10^0 \mu m = 2.5\mu m$ 等。

当计算值的数量级为 10μm 时，则取 $n=1$，如 $1\times10^1 \mu m = 10\mu m$、$2.5\times10^1 \mu m = 25\mu m$ 等。

当计算值的数量级为 100μm 时，则取 $n=2$，如 $1\times10^2 \mu m = 100\mu m$、$2.5\times10^2 \mu m = 250\mu m$ 等。

依次类推，可得所需的圆整公差值。

6. 几何公差值选择时还需要考虑的其他因素

根据前述，应根据零件的功能要求，并考虑加工的经济性和零件的结构、刚性等因素，通过类比或计算确定几何公差值，同时还应考虑下列因素：

1）在同一要素上给出的形状公差值应小于位置公差值。如要求平行的两个表面，其平面度公差值应小于平行度公差值。

2）圆柱形零件的形状公差值（轴线的直线度除外）一般情况下应小于其尺寸公差值。

3）平行度公差值应小于被测要素和基准要素之间的距离公差值。

4）对于下列情况，考虑到加工的难易程度和除主参数外其他参数的影响，在满足零件功能要求的前提下，适当降低 1~2 级选用。例如：孔相对于轴；长径比（L/d）较大的轴或孔；距离较大的轴或孔；宽度较大（一般大于 1/2 长度）的零件表面等。

3.6.4 独立原则与相关要求的选择

主要根据零部件的结构工艺特性及功能要求，充分考虑采用独立原则或相关要求的可行性、经济性进行选择。

1. 独立原则的应用

独立原则是处理几何公差和尺寸公差关系的基本原则，应用最广。以下几种情况采用独立原则：

1）尺寸精度和几何精度均有较严格的要求且需要分别满足。例如，为了保证与轴承内圈的配合性质，对减速器中的输出轴上与轴承相配合的轴径分别给出尺寸公差和圆柱度公差。

2）尺寸精度和几何精度的要求相差较大。例如，印刷机的滚筒，其圆柱度要求较高，而尺寸精度要求较低，应分别提出要求。

3）有特殊功能要求的要素，往往对其单独给出与尺寸精度无关的几何公差。例如，对导轨的工作面提出直线度或平面度要求。

4）尺寸公差与几何公差无联系的要素。

2. 相关要求的应用

包容要求用于有配合要求需要严格保证配合性质的场合。

最大实体要求用于无严格配合性质要求、只要求保证可装配性的场合。采用最大实体要求可以最大限度地提高制造的经济性。

最小实体要求用于需要保证零件强度和最小壁厚的场合。

可逆要求不能单独使用,必须与最大(最小)实体要求一起使用。在不影响使用性能要求前提下,为了充分利用图样上的公差带以提高效益,可以将可逆要求用于最大(最小)实体要求。

3.6.5 几何公差的未注公差值

为了获得简化制图以及其他好处,对一般机床加工能够保证的几何精度,不必在图样上采用几何公差框格的形式单独注出。实际要素的几何误差由未注几何公差控制。国家标准对直线度和平面度、垂直度、对称度、圆跳动分别规定了未注公差值,都分为 H、K、L 三种公差等级,见表 3-15~表 3-18。

表 3-15　直线度和平面度的未注公差值（摘自 GB/T 1184—1996）　　（单位：mm）

公差等级	公称长度范围					
	≤10	>10~30	>30~100	>100~300	>300~1000	>1000~3000
H	0.02	0.05	0.1	0.2	0.3	0.4
K	0.05	0.1	0.2	0.4	0.6	0.8
L	0.1	0.2	0.4	0.8	1.2	1.6

注：对于直线度应按其长度作为公称长度；对于平面度应按其表面较长的一侧或者圆表面的直径作为公称长度。

表 3-16　垂直度的未注公差值（摘自 GB/T 1184—1996）　　（单位：mm）

公差等级	公称长度范围			
	≤100	>100~300	>300~1000	>1000~3000
H	0.2	0.3	0.4	0.5
K	0.4	0.6	0.8	1
L	0.6	1	1.5	2

注：取形成直角的两边中较长的一边作为基准,较短的一边作为被测要素从而确定公称长度。

表 3-17　对称度的未注公差值（摘自 GB/T 1184—1996）　　（单位：mm）

公差等级	公称长度范围			
	≤100	>100~300	>300~1000	>1000~3000
H	0.5			
K	0.6		0.8	1
L	0.6	1	1.5	2

注：取两要素中较长者作为基准,较短者作为被测要素从而确定公称长度。

表 3-18　圆跳动的未注公差值（摘自 GB/T 1184—1996）　　（单位：mm）

公差等级	圆跳动公差值	公差等级	圆跳动公差值
H	0.1	L	0.5
K	0.2		

注：应以设计或工艺给出的支承面作为基准,否则应取两要素中较长者为基准。

对其他项目的未注公差值说明如下：

圆度未注公差值等于其尺寸公差值，但不能大于表 3-18 中径向圆跳动的未注公差值。圆柱度的未注公差未做规定，实际圆柱面的质量由其构成要素（截面圆、轴线、素线）的注出公差或未注公差控制。

平行度的未注公差值等于给出的尺寸公差值或是直线度和平面度未注公差值中的较大者。

同轴度的未注公差未做规定，可考虑与表 3-18 中径向圆跳动的未注公差值相等。

其他项目（线轮廓度、面轮廓度、倾斜度、位置度、全跳动）由各要素的注出或未注几何公差、线性尺寸公差或角度公差控制。

若采用标准规定的未注公差值，如采用 K 级，应在标题栏附近或在技术要求、技术文件（如企业标准）中注出标准号及公差等级代号，如 GB/T 1184-K。

任务 3-2 实施

- 从要素的几何特征来考虑可选用的几何公差特征项目。

因为减速器输出轴是以圆柱形要素为主，所以可选择的几何公差特征项目有圆度、圆柱度、跳动、同轴度、轴线的直线度、素线的直线度等。

- 从零件的功能要求，分析必须控制的几何误差，从而确定必要的几何公差特征项目。减速器输出轴在机器中起传动作用，它的精度对机器的旋转精度、噪声和振动有重要的影响，应规定安装齿轮部分的轴颈的轴线对基准轴线的同轴度公差或者规定安装齿轮部分的轴颈对基准轴线的跳动公差；与滚动轴承相配合的轴颈部分应该规定圆柱度（或圆度）公差；键槽应该规定对称度公差；定位端面应该规定径向圆跳动公差。

- 根据应用场合，用类比法确定几何公差的公差等级。

1）该输出轴用于通用一级圆柱齿轮减速器上，将安装轴承两轴颈（φ50k6）中心线确定为输出轴的旋转基准，并标上基准代号（图 3-89 所示 A、B）。查表 3-7 确定安装轴承两轴径（φ50k6）的圆柱度公差等级为 6 级；查表 3-5 得圆柱度公差值为 0.004mm。

2）为了方便检测，规定安装齿轮的轴颈（φ54r6）的圆柱面对组合基准轴线 A—B 的径向圆跳动公差。查表 3-13，通用减速器的精度要求为中等，圆跳动公差等级选择 6 级；查表 3-11 得径向圆跳动公差值为 0.015mm。

3）安装带轮的轴颈（φ40h6）上的键槽和安装齿轮的轴颈（φ54r6）上的键槽，应该规定对称度。查表 3-13，键槽尺寸公差等级为 IT9 级，对称度公差等级选择 8 级；查表 3-11 得对称度公差值为 0.020mm。对称度的基准为该轴颈的轴线。

4）为了保证安装精度，应规定安装齿轮和安装右侧轴承的两个轴肩的定位端面对组合基准轴线 A—B 的轴向圆跳动公差。查表 3-13，通用减速器的精度要求为中等，轴向圆跳动公差等级选择 6 级；查表 3-11 得轴向圆跳动公差值为 0.015mm。

- 将前面选择几何公差及其数值和相应的基准代号标注在图样上，具体标注如图 3-89 所示。

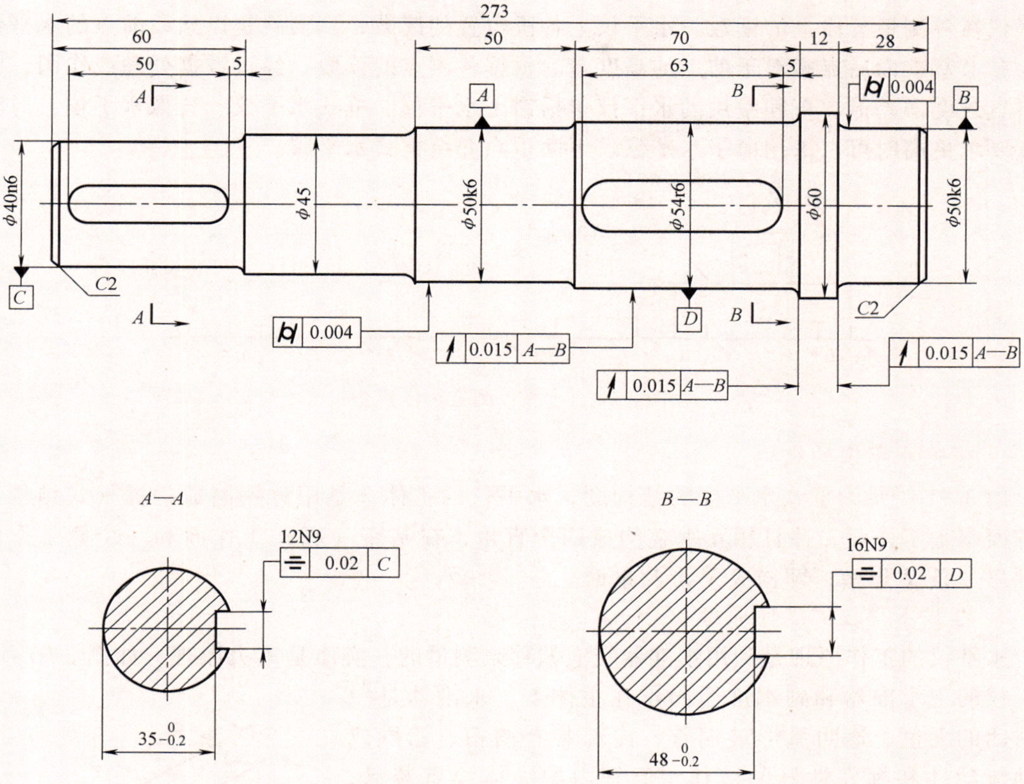

图 3-89 任务 3-2 的几何公差标注

3.7 直线度误差的检测

任务 3-3 用框式水平仪检测导轨的直线度误差

任务描述：某导轨长 1400mm，给定的直线度公差等级为 5 级，要求用框式水平仪测量该导轨的直线度误差并判断导轨的直线度误差是否合格。

3.7.1 节距法测直线度误差

节距法是车间或计量室测量较长工件直线度误差常用的方法，其基本测量原理是：将被测直线按一定的跨距分段测量，将每段后点相对于前点的高度差测出来，经过数据处理（图解或计算），求得所测直线的直线度误差值。节距法常用的测量仪器是水平仪或自准直仪。

水平仪是以自然水平面作为测量基准。测量时，先将被测要素调整到接近水平位置，使在测量过程中被测要素的变化不超过水平仪的示值范围。将水平仪放在跨距适当的桥板上并置于实际直线的一端，如图 3-90 所示。按桥

实训视频：
直线度误差
的检测

板的跨距（即测量分段的长度）依次逐段首尾相接地移动桥板，至另一端为止，同时记录水平仪在各测量分段上的读数。水平仪上各段位置的读数，其实就是以该段前点的水平位置作为参考基准而后点相对于前点的高度差。根据各测点的读数，经过数据处理或作图，即可获得直线度误差值。车间常用的水平仪包括钳工水平仪、框式水平仪、合像水平仪，对测量精度要求更高时可以采用电子水平仪。下面重点介绍框式水平仪。

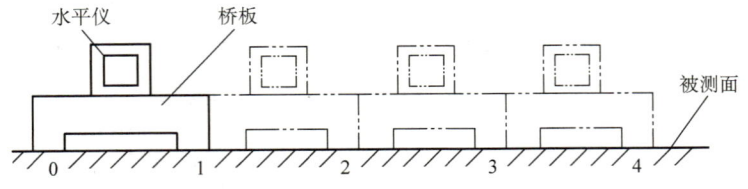

图 3-90　水平仪测直线度误差

1. 框式水平仪的结构

图 3-91 所示为框式水平仪的结构图，水平仪的主体 2 是用铸铁制成的框架式结构，四个外面都是工作面，并且相互垂直构成四个直角，在基座（底）工作面和一个侧工作面上各开出一条 V 形槽，即构成 V 形测量面。

2. 框式水平仪的工作原理

水平仪的工作原理是利用水准器气泡偏移来测量的，实质是重力原理，如图 3-91 所示。水平仪的主水准器和副水准器固定在主体上。水准器是一个封闭的无色、透明弧形玻璃管，内部装有酒精、乙醚或其他流动性和挥发性好的液体，但管内的液体没有装满，管内留有一部分空间，液体挥发后成为气体充满这一空间。由于玻璃管是弧形的，所以管内的气体呈气泡形状，人能看到玻璃管内气泡的情况。

由于重力的作用，不论水平仪放在什么位置，玻璃管内的液体均向低处流，气泡向高处升，所以，气泡永远停留在玻璃管内的最高处。当水平仪的基座工作面放在绝对的水平面位置时，气泡停留在玻璃管内的中央位置，如图 3-92a 所示。当水平仪的基座工作面放在不是绝对的水平面位置时，气泡就偏移玻璃管的中央位置而移动，停留在玻璃管内的最高位置，如图 3-92b 所示。基座工作面相对于水平面的倾角小，则气泡移动的距离就小；基座工作面相对于水平面的倾角大，则气泡移动的距离就大。因此，可以根据气泡移动的距离大小，从玻璃管外壁上的刻度读出

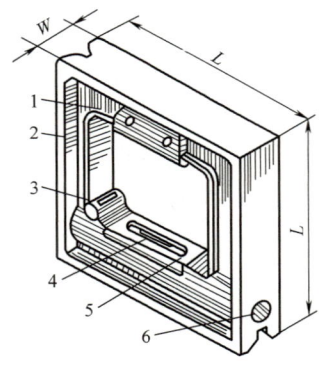

图 3-91　框式水平仪的结构图
1—隔热护板　2—主体（基座）
3—横向水准器（副水准器）
4—纵向水准器（主水准器）
5—盖板　6—"0"位调整窗口

水平仪基座工作面相对于水平面的倾角大小，或基座工作面两端高低的差值，这就是水平仪的工作原理。

3. 框式水平仪的分度值

假设玻璃管弧形的曲率半径为 $R(\text{mm})$，气泡移动的距离为 $C(\text{mm})$，基座工作面一端比另一端高造成的倾斜角为 $\alpha(\text{弧度})$，则

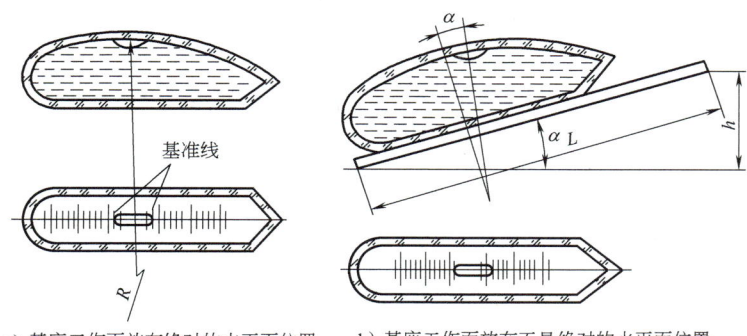

a) 基座工作面放在绝对的水平面位置　　b) 基座工作面放在不是绝对的水平面位置

图 3-92　框式水平仪的工作原理

$$C = R\alpha$$

从上式可见，气泡移动的距离 C 与玻璃管的曲率半径 R 和倾斜角 α 成正比。水平仪的分度值是指主水准器的气泡移动一个刻度所产生的倾斜，此倾斜以 1m 为基准长的倾斜高与底边的比表示，单位为 mm/m。换言之，水平仪的分度值是水平仪气泡移动一个分度所代表的量值，指水平仪气泡移动一个分度，工作面所需要倾斜的角度，分度值单位以 mm/m 表示。根据这一定义可得

$$i = \frac{h}{l}$$

式中，i 是水平仪的分度值，单位为 mm/m；l 是底边，单位为 m，取 $l = 1$m；h 是倾斜高，单位为 mm。

4. 框式水平仪的读数方法

用水平仪测量直线度时，首先要确定水平仪读数值的正负和被测面倾斜方向之间的关系，然后再选择基准线进行读数。

1) 读数值正负的确定。一般是根据主水准气泡的移动方向和水平仪的移动方向来确定水平仪读数值的正负，原则是，若气泡的移动方向与水平仪的移动方向一致，如图 3-93a 所示，则读数值为正（+），表示被测量范围向上倾斜；反之，若两者的移动方向相反，如图 3-93b 所示，则读数值为负（-），表示被测量范围向下倾斜。

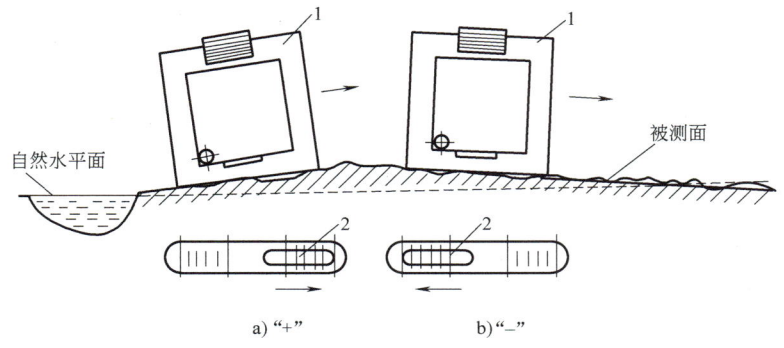

a) "+"　　b) "-"

图 3-93　框式水平仪读数值正负的规定

1—水平仪　2—主水准气泡

2)读数方法的选择。读水平仪有两种方法,即数格法和平均值法。数格法是以基准线为准,数主水准气泡任一端离开基准线的格数作为水平仪的读数值。平均值法是取主水准气泡两端离开基准线格数之和的算术平均值作为水平仪的读数值。数格法比较简便,而平均值法可消除由于环境温度变化使气泡变长或缩短而引起的读数误差。一般测量都喜欢用数格法。在做长时间的测量时,如果温度前后变化较大,应该用平均值法。读数中应注意:应从水平仪的上面与气泡垂直的方向观察气泡的位置,这样可以减少视差。读数时,还要避免人从口中和鼻孔中呼出的热气传到弧形玻璃管上,因为气泡对温度反应很敏感。

任务3-3 实施

- 量具的选用

根据工件的长度及检测的便利性,选用0.02mm/m的框式水平仪和跨距为200mm长的桥板。

- 测量与误差评定的步骤

1)检查框式水平仪是否在检定周期内,如果不在检定周期内,则不得使用。检查框式水平仪的外观质量,要求水准气泡清洁、透明,刻线清晰、均匀、无脱色现象,气泡移动平稳,无目力可见的跳动和停滞现象。

2)将被测导轨调整到接近水平位置,以保证在测量过程中被测要素的变化不超过水平仪的示值范围。在导轨的最左端确定一个起始点并画上标记,然后从起始点开始,每200mm画一个标记,将导轨分为7段,按照从左向右的方向(简称为顺测)移动桥板依次测量每一段,将读数值记录在表3-19中,起始点的值记为0。为了减少测量误差,在顺测完成后,按照从右向左返回方向(简称为返测)移动桥板,重新在各分段对应的位置上测量,返测移动桥板的位置应与顺测时一致,将读数值记录在表3-19中。取两次读数的平均值作为该次测量结果,将平均值记录在表3-19中。

表3-19 直线度误差数据处理

数值	序号							
	0	1	2	3	4	5	6	7
顺测读数值(格)	0	1.8	-1.3	2.9	1.7	-0.5	-0.8	2
返测读数值(格)	0	2.2	-0.7	3.1	2.3	0.5	-1.2	2
顺、返读数平均值(格)	0	2	-1	3	2	0	-1	2
累计值(格)	0	2	1	4	6	6	5	7

3)将读数平均值进行累加,得到累计值,见表3-19。

4)在坐标纸上或者在计算机上用含有表格的文档建立坐标系,以x轴代表各测点的长度(位置),y轴代表各测点的累计值。根据表3-19中的累计值在坐标系上描点,选择合适的比例,使图上被测线起点和终点的连线与x轴夹角不大于35°,以保证作图的评定精度,如图3-94a所示。

5)依次连接各坐标点得到误差折线图,如图3-94b所示。

6)用两端点连线法或最小区域法评定直线度误差值。

① 两端点连线法。连接误差折线的起点和终点,以此连线作为评定直线度的基准线,

取折线上各点对该基准线纵坐标距离的最大正值与最大负值的绝对值之和为被测长度直线度误差值,此处点在基准线之上取正值,在基准线之下取负值。最大正值为2,最大负值为-1,所以直线度误差值为 $f=2$ 格 $+|-1|$ 格 $=3$ 格,如图3-94b所示。

② 最小区域法。从直线的"走向"上观察误差折线,选择两个最低点连成直线 L_1,再平行于该直线并经过误差折线的最高点作一直线 L_2,就得到直线度的最小包容区域,沿 y 坐标的方向量取包容区域的宽度(即相当于几个坐标单位),就是符合最小条件准则的直线度误差值,如图3-94c所示。

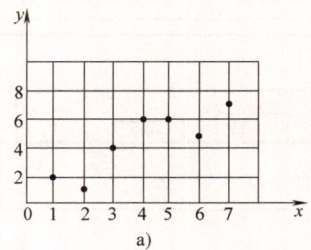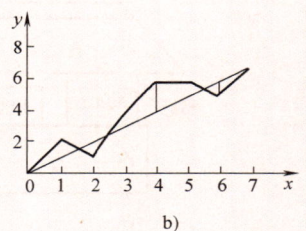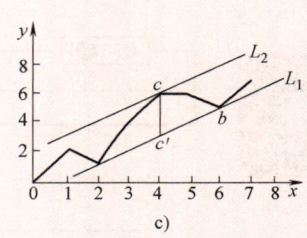

图3-94 图解法求直线度误差

最后将格数转换成线值,得到直线度误差值为

$$f = Lih = 200\text{mm} \times 0.02\text{mm/m} \times 3 = 12\mu\text{m}$$

式中,L 是桥板的跨距;i 是水平仪的分度值;h 是纵坐标值(格)。

- 求导轨直线度公差值

查表3-2,主参数取值为 1400mm,直线度公差等级为 5 级,得直线度公差值为 $25\mu\text{m}$。

- 直线度合格性的判定

将评定出的直线度误差值 $12\mu\text{m}$ 与直线度公差值 $25\mu\text{m}$ 进行比较可知,直线度误差值小于直线度公差值,所以该导轨的直线度误差合格。

拓展实训视频:光学自准直仪检测实训　　检测视频:影像仪法测量直线度误差　　检测视频:三坐标测量机测量直线度误差

3.7.2 间隙法测直线度误差

间隙法检测直线度误差是指用刀口形直尺、平尺、平晶、精密短导轨等模拟理想直线,与被测实际直线接触进行比较,根据间隙大小来确定直线度误差。

图3-95所示为用刀口形直尺测量直线度误差的示意图。刀口形直尺是用光隙法测量工件直线度误差和平面度误差的计量器具,其测量面呈刃口状,分为刀口尺、三棱尺、四棱尺。刀口尺只有一个测量面,三棱尺有三个互为 120° 的测量面,四棱尺有四个互为 90° 的测量面。测量时,让刀口形直尺的刃口与被测表面接触,调整刃口的位置,并用肉眼观察间隙的变化情况,在最大间隙为最小时,便符合最小条件,此时最大间隙即为直线度误差。当间

隙较大时可用塞尺测出最大间隙值;当间隙较小时可借助标准光隙来判断间隙的大小或者根据颜色来判断间隙的大小。

标准光隙可以这样得到:在平面平晶上研合 1.002mm、1.003mm、1.004mm、1.005mm 的量块,再在上面放一刀口形直尺,则可以得到 0.001mm、0.002mm、0.003mm 的标准光隙,如图 3-96 所示。在具体测量时应将标准光隙放在旁边,将测量中刀口形直尺与被测表面之间形成的光隙直接与标准光隙比较,以估计被测间隙值。

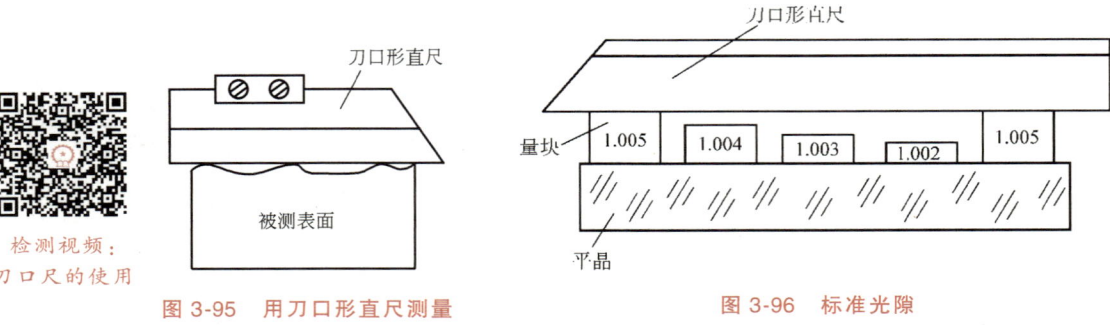

图 3-95 用刀口形直尺测量直线度误差的示意图

图 3-96 标准光隙

当光隙较小时,也可根据透光的颜色直接估计光隙的大小。一般光隙在 0.5~0.8μm 时呈蓝色;在 1.25~1.75μm 时呈红色;光隙呈白色时其大小已超过 2~2.5μm。

上述光隙法是一种简易的测量方法,被测长度一般小于 300mm,尺寸再大一些的刀口形直尺制造困难,且测量精度也不高。光隙法测量直线度误差需要较高的操作技巧,测量精度的高低与操作人员的经验密切相关。

图 3-97 所示为用平尺、塞尺测量直线度误差的示意图。平尺的测量面视为理想平面,用于测量工件平面的形状误差。按其结构形式,平尺分为矩形平尺、工字形平尺、桥形平尺和角形平尺 4 种。矩形平尺是截面形状为矩形、具有上下两个测量面的平尺。工字形平尺是截面形状为工字形、具有上下两个测量面的平尺。桥形平尺是侧面形状为弓形且由两个支承座支承、具有一个测量面的平尺。角形平尺是截面形状为三角形、具有角度互为 60° 三个测量面的平尺。

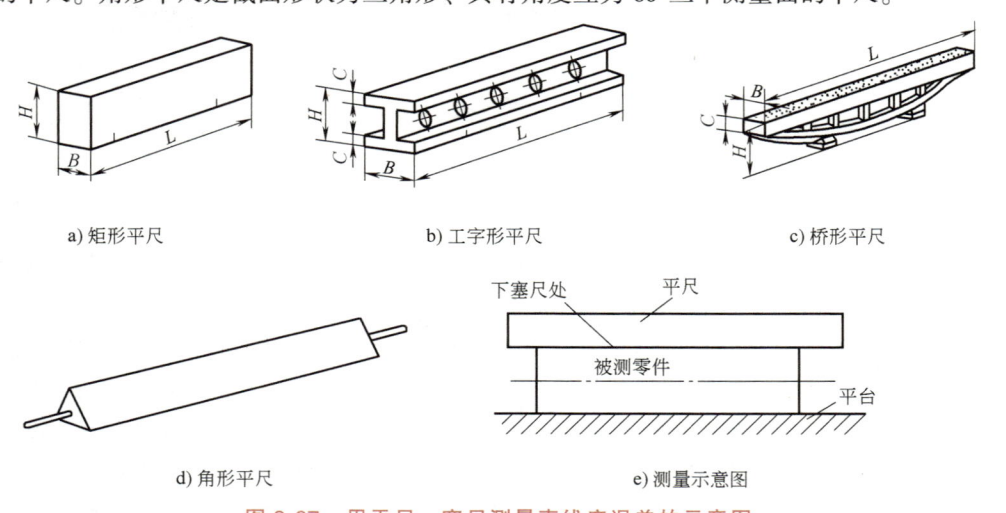

图 3-97 用平尺、塞尺测量直线度误差的示意图

检测时先将零件放在平台上,将平尺与被测直线接触,并使两者之间的最大间隙为最小,此时的最大间隙即为该被测直线的直线度误差值。具体误差值的大小可用塞尺测量,也可估计光隙。按上述方法均匀分布测量若干条素线,取其中最大的误差值作为被测零件的直线度误差值。

塞尺是具有确定厚度的单片或成组的薄片,是用于检验间隙的计量器具,尺片的厚度在0.02~1mm,一把塞尺由若干厚度各不相同的尺片组装在一起。在使用时应目测间隙的大小,选择不同厚度的尺片,反复试塞,直到能恰好塞进去为止。用塞尺测量是凭手感判断所选尺寸是否合适,没有操作经验的人使用塞尺测量造成的测量误差比较大,所以应多加练习。

3.7.3 指示表法测直线度误差

指示表法是通过指示表在测量基准上沿被测直线移动(或指示表固定,被测零件移动),以测量基准体现被测直线的理想直线,按选定的布点读取由指示表示值反映出的测量数据,再经过数据处理评定出误差值。

用指示表测量圆柱体素线的直线度误差,如图3-98所示。平板为测量基准,将被测零件支承在平板上并紧靠直角铁。测量时,将圆柱体素线等分成若干段,然后依次逐段测量并记录读数。根据记录的读数,用计算法(或图解法)按最小条件(也可按两端点连线法)即可求出该条素线的直线度误差值。具体测量时应在不同的轴截面内测量若干条素线,取其中最大的误差值作为该被测零件的直线度误差。

用导轨作为测量基准,并将被测直线的两端调整至与测量基准等高且平行,如图3-99所示。测量时将被测直线等分为若干段,指示表在导轨上沿被测直线方向等距间断移动,指示表的示值为测点相对于测量基准的 x 坐标值,用计算法(或图解法)按最小条件(也可按两端点连线法)即可求出被测零件的直线度误差。

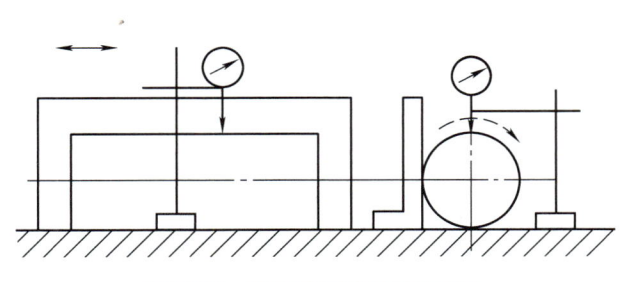

图 3-98 指示表测直线度误差 1

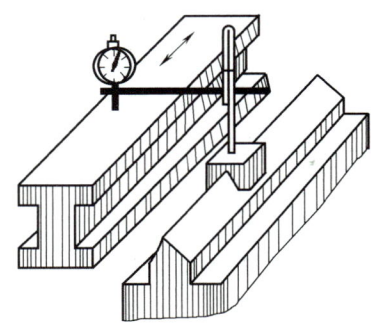

图 3-99 指示表测直线度误差 2

3.8 平面度误差的检测

任务 3-4 检测小平板的平面度误差

任务描述:某小平板的尺寸及平面度公差标注,如图3-100所示,要求用指示表测该小平板的平面度误差并判断合格性。

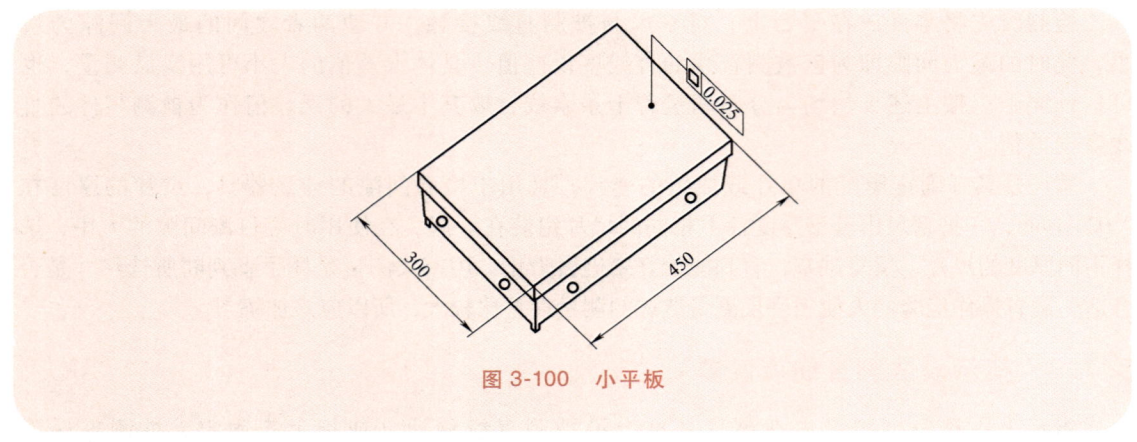

图 3-100　小平板

3.8.1　指示表法测平面度误差

1. 三点法测平面度误差

如图 3-101 所示，测量时用平板工作面作为测量基面，按一定的布点方式，用指示表逐点测量并记录读数，然后按一定的方法评定出平面度误差值。原则上应采用最小区域法评定平面度误差，但是在实际检测中经常采用近似的评定方法。一种方法是在测量前，调整被测实际表面上相距最远的三点距平板等高，然后在被测实际表面上均匀画线布点，逐点进行测量并记录读数，取各测量点中的最大读数值与最小读数值之差，作为被测实际表面的平面度误差值，此法称为三点法。

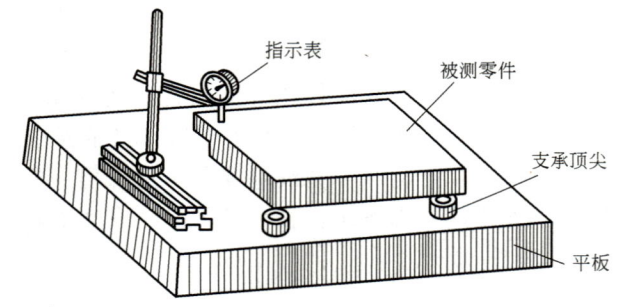

图 3-101　指示表测平面度误差

三点法不符合最小条件，所以评定出的误差值均大于按最小区域法评定出的误差值。但是，由于这种方法检测方便且经济实用，所以仍为实际测量所采用。如发生争议，应以最小区域法评定的结果作为仲裁依据。

2. 用坐标转换法求平面度的最小包容区域

可以利用坐标转换的方法将平面上测得的值进行处理，使之满足最小包容区域。下面介绍用坐标转换的方法求平面度的最小包容区域的方法。

在评定平面度误差时，可以将被测实际表面各测点对测量基准的坐标值转换为各测点对评定基准的坐标值，由于转换前后各测点之间的相对位置保持不变，所以坐标转换对平面度误差的评定结果没有影响。取第一条横向测量线为 x 坐标轴，第一条纵向测量线为 y 坐标轴，分别以 x 坐标轴和 y 坐标轴为旋转轴。假设绕 y 坐标轴的单位旋转量为 p，绕 x 坐标轴的单位旋转量为 q，则被测表面分别绕 x 坐标轴和 y 坐标轴旋转时，被测表面上各测点的综合旋转量如图 3-102 所示。

各测点的原坐标值加上综合旋转量，就求得坐标转换后各测点新的坐标值。经过一次或多次坐标旋转，就能获得各测点相对于评定基准的坐标值，也就是将被测平面旋转成满足三角形准则、交叉准则、直线准则这三种最小包容区域中的某一种，用最大值（最高点的坐标）减去最小值（最低点的坐标）即为平面度误差值。

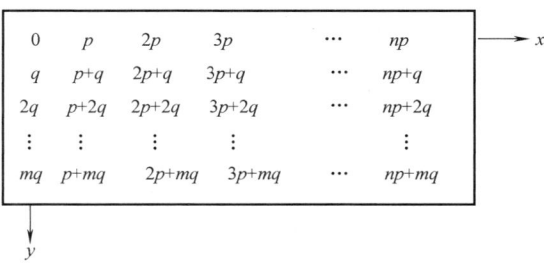

图 3-102 综合旋转量

任务 3-4 实施

- 量具及辅助工具的选用

根据被测工件的长度和宽度选择大小合适的平板作为测量基准，可调支座 3 个，百分表及表架各 1 个。

- 测量与误差评定的步骤

1) 把可调支座放在平板（测量基准）上，将其大致调到等高，并摆放成三角形，然后把工件放在支座上，如图 3-103 所示。

2) 调整百分表，使其测杆垂直于测量平台，且测头与被测工件表面接触并压下 0.5~1mm（即百分表大指针转过半圈至一圈）。

3) 调整可调支座，用百分表检测被测实际表面上最远三点，反复调整直到被测实际表面上最远三点相对于测量基准等高。

4) 在被测实际表面上均匀画线布 9 个点，逐点进行测量并记录读数值，如图 3-104 所示。

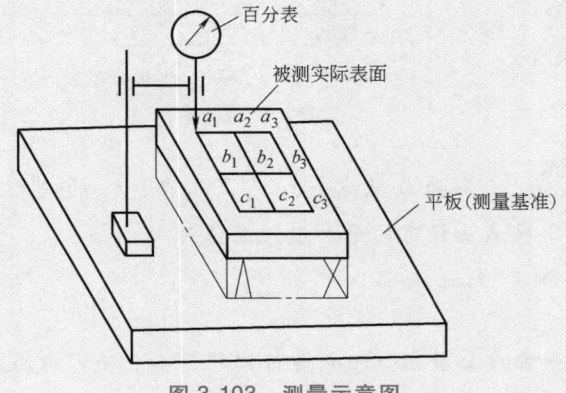

0 (a_1)	+13 (a_2)	+7 (a_3)
−12 (b_1)	+15 (b_2)	+4 (b_3)
−5 (c_1)	−10 (c_2)	+3 (c_3)

图 3-103 测量示意图　　　　　图 3-104 各测点的测得值

5) 按照三点法用最大值减去最小值的方法评定直线度误差值。$f = +15\mu m - (-12\mu m) = 27\mu m$，大于平面度公差值。三点法不满足最小条件，为了准确判断平面度是否合格，应用最小区域法求平面度误差。

6) 用最小区域法求平面度误差。观察测得值，可以推测该平面满足三角形准则，估

计 b_1、b_3、c_2 为最低点，b_2 为最高点。通过坐标转换的方法，使得 b_1、b_3、c_2 三点的坐标值相等。设绕 y 坐标轴的单位旋转量为 p，绕 x 坐标轴的单位旋转量为 q，则可以列出下列方程组，即

$$-12\mu m+q=-10\mu m+p+2q=4\mu m+2p+q$$

求解方程组，得到绕 y 坐标轴的单位旋转量 $p=-8\mu m$，绕 x 坐标轴的单位旋转量 $q=6\mu m$，由此可求得第一次坐标转换时各测点的综合旋转量，如图 3-105 所示。

将图 3-104 和图 3-105 所示各对应位置的数据分别相加，得到第一次坐标转换后各测点的坐标值，如图 3-106 所示。

0	−8	−16
+6	−2	−10
+12	+4	−4

图 3-105　第一次坐标转换时
各测点的综合旋转量

0 (a_1)	+5 (a_2)	−9 (a_3)
−6 (b_1)	+13 (b_2)	−6 (b_3)
+7 (c_1)	−6 (c_2)	−1 (c_3)

图 3-106　第一次坐标转换后
各测点的坐标值

通过观察，在图 3-106 中，因为 a_3 位置的坐标值为 $-9\mu m$，比 b_1、b_3、c_2 的坐标值还要低，所以通过第一次坐标转换后，还不符合三角形准则，还需要进行第二次坐标转换。将 b_1、c_2、a_3 三点视为最低点，按照同样的方法，可以列出下列方程组，即

$$-6\mu m+q=-9\mu m+2p=-6\mu m+p+2q$$

求得 $p=1\mu m$、$q=-1\mu m$。

求得第二次坐标转换时各测点的综合旋转量，如图 3-107 所示。第二次坐标转换后各测点的坐标值如图 3-108 所示。

0	+1	+2
−1	0	+1
−2	−1	0

图 3-107　第二次坐标转换时
各测点的综合旋转量

0 (a_1)	+6 (a_2)	−7 (a_3)
−7 (b_1)	+13 (b_2)	−5 (b_3)
+5 (c_1)	−7 (c_2)	−1 (c_3)

图 3-108　第二次坐标转换后
各测点的坐标值

图 3-108 符合三角形准则，b_1、c_2、a_3 三点为最低点，b_2 为最高点，b_2 的投影落在 b_1、c_2、a_3 三点连成的三角形内，按最小区域法评定的平面度误差值为

$$f=+13\mu m-(-7\mu m)=20\mu m$$

● 平面度合格性的判断

将评定出的平面度误差值 $20\mu m$ 与平面度公差值 $25\mu m$ 进行比较可知，直线度误差值小于平面度公差值，所以该工件的平面度误差合格。

3.8.2　节距法测平面度误差

对于大型平面的精密测量常用节距法测平面度误差，其方法是按一定方式在被测平面上布线，然后用水平仪或自准直仪在每条划定的直线上按节距逐点测量，将各点的测量值转化成坐标值后按规定进行数据处理，就可以求得平面度误差值。

用节距法测量平面度误差，布线的合理性非常重要，直接影响测量精度和数据处理的难易程度。通常采用的布线方式有对角线法和网格布点法，如图 3-109 所示。用水平仪和自准直仪检测平面度误差的操作过程很简单，但是数据处理的工作量很大，稍不注意就会发生差错。如果将电子水平仪、自准直仪与计算机结合用于检测平面度误差，通过输出接口与计算机连接，直接采集和处理数据就方便多了。

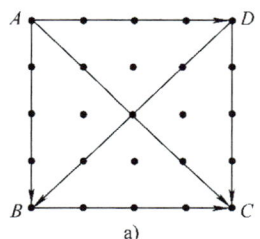
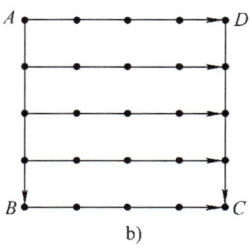

检测视频：三坐标测量机测平面度误差

图 3-109 节距法布线方式

3.8.3 干涉法测平面度误差

干涉法是利用光波干涉原理，根据平晶与被测平面贴合后出现的干涉条纹的形状和条数来确定平面度误差值的方法。平晶是由光学玻璃制造，以光波干涉法测量平面的平面度、直线度、研合性以及平行度的计量器具。光波在屏幕上叠加后，屏幕上一些地方的光波振动始终加强，而在另一些地方的光波振动始终减弱，振动加强的地方明亮，振动减弱的地方黑暗，于是在屏幕上形成明暗交替的条纹，称这些条纹为干涉条纹。

在检测工件平面度误差时，将平晶工作面和被测平面擦净后，将平晶工作面扣在被测平面上，如果被测平面是理想平面，则平晶工作面与被测平面紧密接触，没有空气层，所以看不到干涉条纹。如果被测平面不是理想平面，而是凸凹不平的，则平晶工作面与被测平面之间有空气层，就会产生变了形的干涉条纹。被测平面平面度误差越大，干涉条纹变形越大。当偏差大到一定程度时，干涉条纹变成光圈。因此，可以根据干涉条纹的形状或光圈的数量计算出被测平面的平面度误差。

(1) 根据干涉条纹计算平面度误差 测量时若出现向一个方向弯曲的干涉条纹，如图 3-110a 所示。调整平晶位置，使之出现 3~5 条干涉带，则平面度误差的近似值为

$$f = \frac{v}{\omega} \times \frac{\lambda}{2}$$

式中，λ 是光波波长，白光的平均波长为 $0.58\mu m$；v 是干涉条纹弯曲量；ω 是干涉条纹间距，在检测时直接估计出 $\frac{v}{\omega}$ 的值。

检测视频：平晶的使用

a) 干涉条纹　　b) 光圈

图 3-110 用平晶检验平面度

(2) 根据光圈计算平面度误差 若被测平面凹凸不平，则会出现光圈，如图 3-110b 所示。调整平晶的位置，使光圈数目最少，则平面度误差的近似值为

$$f = \frac{\lambda}{2} \times n$$

式中，n 是平晶直径方向上的光圈数。

检测视频：
影像仪的使用

3.9 圆度误差的检测

任务 3-5　用两点法和三点法检测销轴的圆度误差

任务描述：销轴的尺寸及圆度公差标注，如图 3-111 所示，要求用两点法和三点法测该销轴的圆度误差并判断合格性。

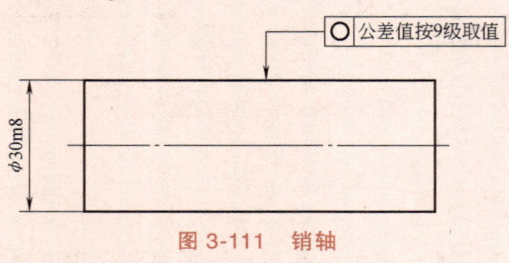

图 3-111　销轴

3.9.1　用两点法和三点法测圆度误差

1. 两点法

两点法又称直径测量法，如图 3-112 所示，是指在垂直于被测圆柱面轴线的测量平面内，测量直径的变化量 Δ，取直径变化量的一半作为被测截面上的圆度误差（$f = \Delta/2$）。在零件轴向的多个位置进行测量，取所有截面圆度误差的最大值作为零件的圆度误差值。两点法用代号"2"表示。

两点法测量时可以使用普通计量器具，如游标卡尺、千分尺、比较仪等，简便易行。但是此法只能用于检测被测轮廓具有偶数棱的圆度误差，不能用于检测奇数棱圆的圆度误差。因此，运用两点法检测时，必须已确切知道被测轮廓具有偶数棱的特征，才能获得较准确的测量结果。

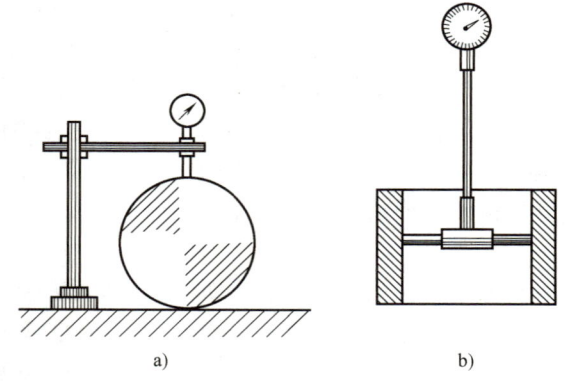

图 3-112　两点法测圆度误差

判断被测表面的奇、偶棱数，可在 V 形架上进行。让被测零件置于 V 形架上回转，在横向测量截面内用指示表测出最高点的读数，然后将工件旋转 180°再次测量，若指示表的示值与第一次相同或很接近，则一般为偶数棱；反之，在工件旋转 180°后指示表的示值相对于第一次偏小，则一般为奇数棱。

2. 三点法

三点法是利用 V 形架与指示表组合测量圆度误差，如图 3-113 所示。三点法可分为顶式与鞍式两类。对于顶式测量又分为对称式与非对称式。对称式是指测量方向与 V 形架两固定支承面的角平分线重合；非对称式是指测量方向与 V 形架两固定支承面的角平分线成一角度 β，如图 3-113c 所示。鞍式常用于大直径工件的测量。

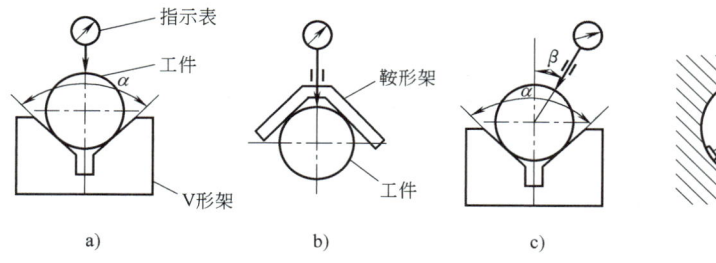

图 3-113 三点法测量示意图

V 形架（或固定支承）的夹角 α 有 90°、120°、60°、72°、108°五种。

三点法用代号"3"表示；顶式用"S"表示；鞍式用"R"表示，将以上代号和 V 形架（或固定支承）的夹角 α、指示表安装位置的测量角 β 写在一起就构成了三点测量装置的代号。例如：3Sα——三点顶式对称测量装置；3Rα——三点鞍式对称测量装置；$3S\dfrac{\alpha}{\beta}$——三点顶式非对称测量装置。

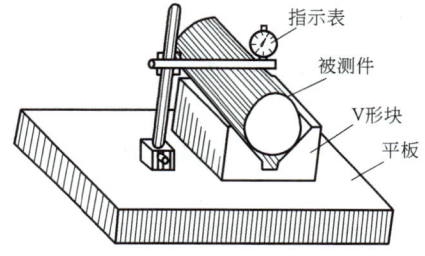

图 3-114 三点法测量装置

图 3-114 所示的三点法测量装置是通常用来测量外圆柱表面圆度误差的。测量时，被测圆柱面的轴线应垂直于测量截面，同时固定轴向位置，将被测圆柱面回转一周过程中指示表测头在径向方向上示值的最大差值 Δ 除以反映系数 F（表 3-20）作为圆度误差值 f，即 $f = \Delta / F$。

检测视频：两点法和三点法测圆度误差

表 3-20 两点法顶式测量和 V 形架对称安置的顶式三点法测量的反映系数 F（摘自 GB/T 4380—2004）

棱数 n	两点法	三点法				
		3S72°	3S108°	3S90°	3S120°	3S60°
2	2	0.47	1.38	1.00	1.58	—
3	—	2.62	1.38	2.00	1.00	3
4	2	0.38	—	0.41	0.42	—
5	—	1.00	2.24	2.00	2.00	—
6	2	2.38	—	1.00	0.16	3
7	—	0.62	1.38	—	2.00	—
8	2	1.53	1.38	2.41	0.42	—
9	—	2.00	—	—	1.00	3
10	2	0.70	2.24	1.00	1.58	—
11	—	2.00	—	2.00	—	—
12	2	1.53	1.38	0.41	2.16	3

(续)

棱数 n	两点法	三点法				
		3S72°	3S108°	3S90°	3S120°	3S60°
13	—	0.62	1.38	2.00	—	—
14	2	2.38	—	1.00	1.58	—
15	—	1.00	2.24	—	1.00	3
16	2	0.38	—	2.41	0.42	—
17	—	2.62	1.38	—	2.00	—
18	2	0.47	1.38	1.00	0.16	3
19	—	—	—	2.00	2.00	—
20	2	2.70	2.24	0.41	0.42	—
21	—	—	—	2.00	1.00	3

从前面的介绍看,三点法测量的关键是确定被测件的棱数,这一点也是三点法测量的难点。生产中工件出现的正棱圆形多为两棱、三棱、四棱、五棱、七棱,更多棱数及均匀等分的情况是极少的。棱数与加工条件密切相关:无心磨削加工多产生三棱、五棱、七棱;采用顶尖装夹进行车、磨加工,多产生两棱;当三点或四点定位装夹工件时多产生三棱或四棱。

在棱数为未知的情况下,采用两点法和三点法组合测量,能取得较好的效果。经过推算,在进行组合测量时,大多数情况下反映系数等于 2。所以,组合测量时应在多个截面测量,取所有测得值中的最大值除以 2 作为圆度误差。

任务 3-5 实施

● 量具及辅助工具的选用

根据工件的直径选用 25~50mm 的外径千分尺、$\alpha = 90°$ 的 V 形架、百分表、磁力表架、测量平台。

● 测量与误差评定的步骤

1) 检查外径千分尺、百分表是否在检定周期内,若不在检定周期内,则不得使用。

2) 先校对外径千分尺的零位,然后在均匀分布的三个截面上测量工件的直径,每个截面测量四次,记录在表 3-21 中。

3) 将工件放在 V 形架上,按照对称顶点式三点测量法安装调整百分表(此时百分表可以调零也可以不调零),然后在均匀分布的三个截面上测量,读取工件旋转一周的过程中百分表的最大值和最小值,记录在表 3-21 中。

表 3-21 两点法和三点法测量的数据 (单位:mm)

测量截面	两点法测量结果				三点法测量结果	
	第一次读数	第二次读数	第三次读数	第四次读数	最小值	最大值
第Ⅰ截面	30.010	30.032	30.025	30.034	0.052	0.074
第Ⅱ截面	30.012	30.032	30.022	30.017	0.050	0.066
第Ⅲ截面	30.023	30.039	30.045	30.042	0.058	0.078

4) 计算两点法测得的圆度误差。用每个截面测得值中的最大直径减去最小直径得到的差值除以2就是该截面用两点法测得的圆度误差,分别求得三个截面两点法测量的圆度误差值。

$$f_{两Ⅰ} = (30.034\text{mm} - 30.010\text{mm}) \div 2 = 0.012\text{mm}$$
$$f_{两Ⅱ} = (30.032\text{mm} - 30.012\text{mm}) \div 2 = 0.010\text{mm}$$
$$f_{两Ⅲ} = (30.045\text{mm} - 30.023\text{mm}) \div 2 = 0.011\text{mm}$$

所以,用两点法测得的圆度误差为 $f_{两○} = 0.012\text{mm} = 12\mu\text{m}$。

5) 计算三点法测得的圆度误差。用每个截面测得值中的最大值减去最小值得到的差值除以反映系数2就是该截面用三点法测得的圆度误差,分别求得三个截面三点法测量的圆度误差值。

$$F_{三Ⅰ} = (0.074\text{mm} - 0.052\text{mm}) \div 2 = 0.011\text{mm}$$
$$F_{三Ⅱ} = (0.066\text{mm} - 0.050\text{mm}) \div 2 = 0.008\text{mm}$$
$$F_{三Ⅲ} = (0.078\text{mm} - 0.058\text{mm}) \div 2 = 0.010\text{mm}$$

所以,用三点法测得的圆度误差为 $f_{三○} = 0.011\text{mm} = 11\mu\text{m}$。

6) 求工件的圆度误差。将两点法测得的圆度误差值与三点法测得的圆度误差值进行比较,取较大者作为工件的圆度误差。所以工件的圆度误差 $f_○ = f_{两○} = 0.012\text{mm} = 12\mu\text{m}$。

- 查工件的圆度公差值

根据图3-111中的标注,查表3-5,主参数为30mm,圆度公差等级为9级,得到圆度公差值为13μm。

- 圆度误差合格性的判断

将评定出的圆度误差值12μm与圆度公差值13μm进行比较可知,圆度误差值小于圆度公差值,所以该工件的圆度误差合格。

3.9.2 圆度仪法测圆度误差

圆度仪的测量原理是利用点的回转形成的基准圆与被测实际圆轮廓相比较而评定其圆度误差值。测量时,仪器测头与被测工件表面接触并做相对匀速转动,测头沿被测工件表面的正截面轮廓线划过,通过传感器将实际圆轮廓线相对于回转中心的半径变化量转变为电信号,经放大和滤波后自动记录下来,获得轮廓误差的放大图形,就可按放大图形来评定圆度误差;也可由仪器附带的电子计算装置运算,将圆度误差值直接显示并打印出来。圆度仪的测量示意图如图3-115所示。

检测视频:三坐标测量机测圆度误差

检测视频:影像仪法测圆度误差

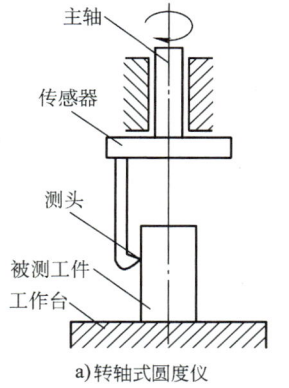

a) 转轴式圆度仪

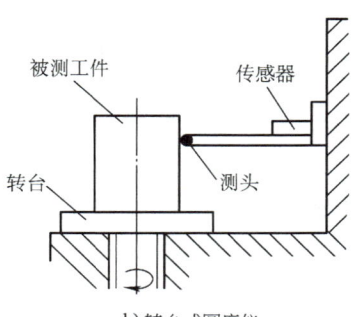

b) 转台式圆度仪

检测视频:激光跟踪仪

检测视频:圆度仪检测实训

图3-115 圆度仪的测量示意图

3.10 方向误差的检测

3.10.1 平行度误差的检测

1. 用指示表测量面对基准平面的平行度误差

在平台上用指示表测量图 3-39 所示的平行度误差。将被测工件稳定地放在测量平台上，使实际基准面与测量平台表面之间的最大距离为最小，由测量平台上表面（模拟基准要素）体现基准 D。指示表架在测量平台上移动，对被测表面上若干点进行测量，指示表的最大示值和最小示值之差即为平行度误差，如图 3-116 所示。

2. 用指示表测量面对线的平行度误差

在平台上用指示表测量图 3-38 所示的平行度误差。将心轴安装在基准孔中，使心轴与基准孔之间的最大间隙为最小，基准要素由心轴模拟体现。在测量平台上放置两个等高支承，将心轴放在等高支承上，使得以心轴模拟的基准轴线平行于测量平台。转动调整工件，使 $h_1 = h_2$。指示表架在测量平台上移动，对被测表面上若干点进行测量，指示表的最大示值和最小示值之差即为平行度误差，如图 3-117 所示。

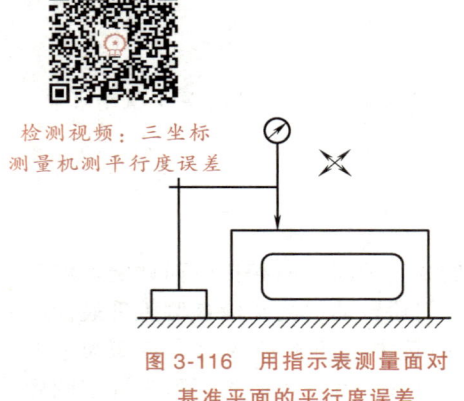

检测视频：三坐标测量机测平行度误差

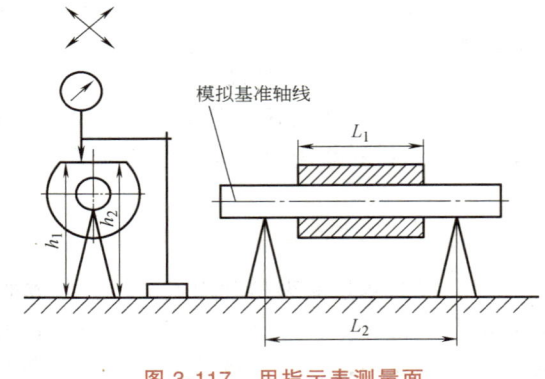

图 3-116 用指示表测量面对基准平面的平行度误差

图 3-117 用指示表测量面对线的平行度误差

3. 用指示表测量线对面的平行度误差

在平台上用指示表测量图 3-37 所示的平行度误差。如图 3-118 所示，将被测工件稳定地放置在测量平台上，尽量使基准表面与平台表面之间的最大距离为最小，用平台模拟体现基准 B。将心轴安装在被测孔中，使心轴与被测孔之间的最大间隙为最小，被测要素由心轴模拟体现。用同一指示表在心轴的最高素线两端相距为 L_2 的两个位置进行测量，测得示值分别为 M_1 和 M_2，按下式计算平行度误差，即

$$f = \frac{L_1}{L_2} |M_1 - M_2|$$

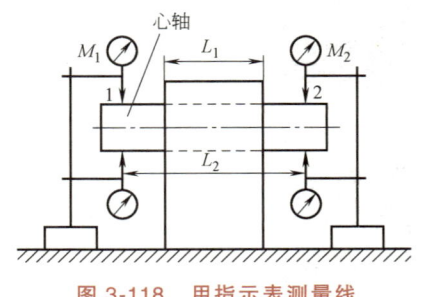

图 3-118 用指示表测量线对面的平行度误差

4. 用指示表测量线对线的平行度误差

在平台上用指示表测量图 3-119a 所示的平行度误差。如图 3-119b 所示，将心轴安装在基准孔和被测孔中，使心轴与基准孔、心轴与被测孔之间的最大间隙为最小，基准要素和被测要素均由心轴模拟体现。在测量平台上放置两个等高支承，将模拟基准要素的心轴放在等高支承上，使得以心轴模拟的基准轴线平行于测量平台。用同一指示表在心轴的最高素线两端相距为 L_2 的两个位置进行测量，测得示值分别为 M_1 和 M_2，按下式计算上下方向平行度误差，即

$$f_H = \frac{L_1}{L_2} | M_1 - M_2 |$$

如果要测量左右方向的平行度误差，将被测工件向左或者向右旋转 90°，用可调支承来支承被测工件以便调整，用类似的方法可以求出左右方向的平行度误差 f_V，如图 3-119c 所示。任意方向的平行度误差用下式计算，即

$$f_\phi = \sqrt{f_H^2 + f_V^2}$$

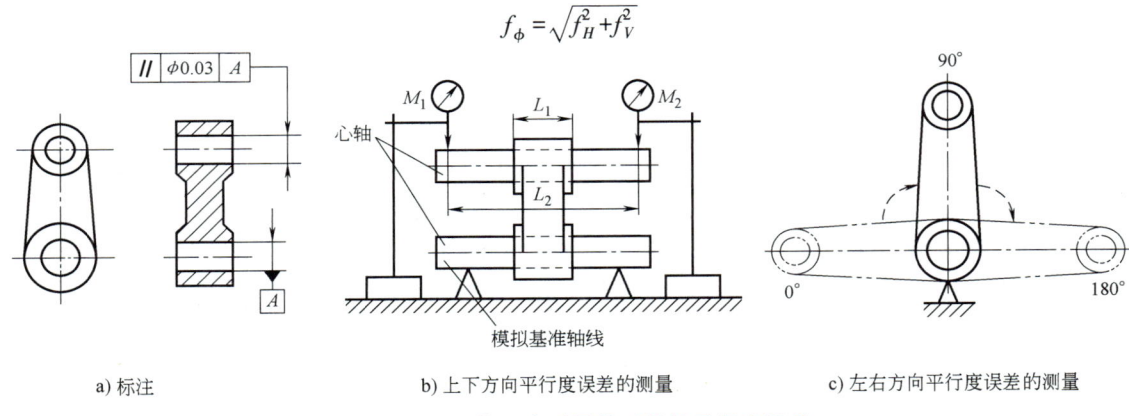

a) 标注　　　　　　b) 上下方向平行度误差的测量　　　　　　c) 左右方向平行度误差的测量

图 3-119　用指示表测量线对线的平行度误差

3.10.2　垂直度误差的检测

1. 用指示表测量面对面的垂直度误差

在平台上用指示表测量图 3-45 所示的垂直度误差。将基准表面固定在直角座上面，同时调整靠近基准的被测表面的指示表示值之差为最小。用直角座模拟体现基准 A，使直角座的底面与测量平台紧密接触，通过直角座将垂直度误差测量转化为平行度误差测量。指示表架在测量平台上移动，对被测表面上若干点进行测量，指示表的最大示值和最小示值之差即为垂直度误差，如图 3-120 所示。

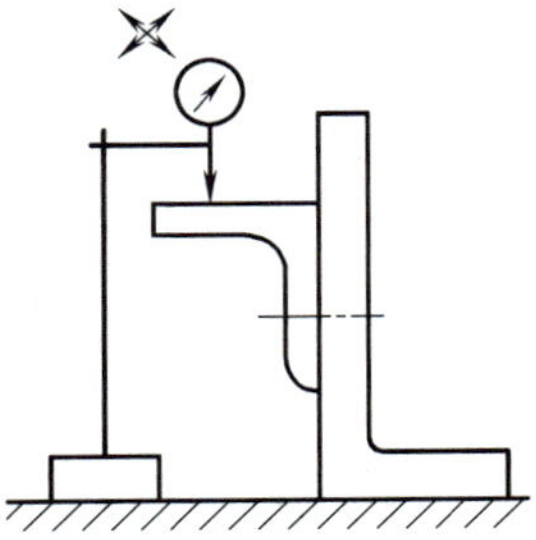

2. 用指示表测量线对线的垂直度误差

在平台上用指示表测量图 3-121a 所示的垂直度误差。如图 3-121b 所示，将心轴安装在基准孔和被测孔中，使心轴与基准孔、心轴与被测孔之间的最大间隙为最小，基准轴线和被测轴线均由心轴模拟体现。在测量平台上放置等高支承，将被测工件放在等高支承上并进行调整，使模拟基准要素（心轴）与直角尺的长边紧密贴合，也就是使

图 3-120　用指示表测量面对面的垂直度误差

得心轴模拟的基准轴线垂直于测量平台。用同一指示表在心轴的最高素线两端相距为 L_2 的两个位置进行测量,测得示值分别为 M_1 和 M_2,按下式计算垂直度误差,即

$$f = \frac{L_1}{L_2}|M_1 - M_2|$$

检测视频：三坐标
测量机测垂直度误差

检测视频：测高仪
测垂直度误差

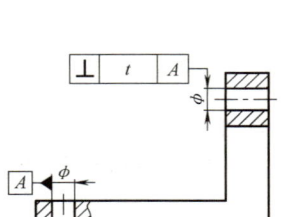

a) 标注

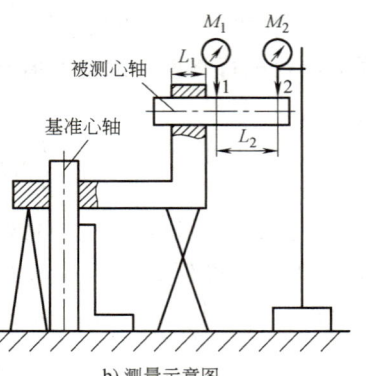

b) 测量示意图

检测视频：
直角尺的使用

图 3-121 用指示表测量线对线的垂直度误差

3. 用指示表测量线对面的垂直度误差

在平台上用指示表测量图 3-43 所示的垂直度误差。如图 3-122 所示,将被测工件放在转台上,对被测工件进行调平和调心,使被测工件的基准要素与转台平面之间的最大距离为最小,同时被测轴线与转台回转轴线对中。在不同的水平截面上,分别进行测量。转台每回转一周,读出在此截面上指示表的最大读数 M_{max} 和最小读数 M_{min},求出最大读数和最小读数之差 $\Delta = |M_{max} - M_{min}|$。从一系列不同水平截面上指示表的读数差中,选取最大的一个按照下式计算工件线对面的垂直度误差,即

$$f = \frac{1}{2}\Delta_{max}$$

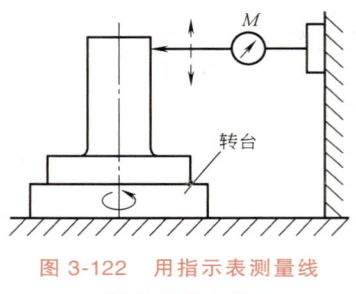

图 3-122 用指示表测量线
对面的垂直度误差

3.10.3 倾斜度误差的检测

1. 用塞尺测量线对线的倾斜度误差

在平台上用指示表测量图 3-123a 所示的倾斜度误差。如图 3-123b 所示安装心轴,尽可

检测视频：三坐标测
量机测倾斜度误差

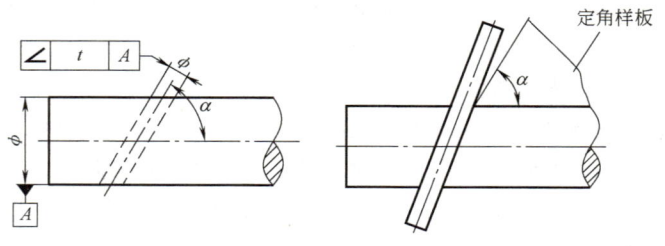

a) 标注　　　b) 测量示意图

图 3-123 用指示表测量线对线的倾斜度误差

能使心轴与被测孔之间的最大间隙为最小，由心轴模拟体现被测要素。基准轴线由外圆柱面体现，使角度等于理论正确角度 α 的定角样板的一条边与体现基准轴线的外圆柱面直接接触并使两者之间的最大距离为最小。用塞尺测出心轴与定角样板之间的最大间隙，即为倾斜度误差。

2. 用指示表测量面对面的倾斜度误差

在平台上用指示表测量图 3-49 所示的倾斜度误差。将与理论正确角度 40° 相等的定角座放置在测量平台上，由定角座模拟体现基准平面。将被测工件稳定地放置在定角座上，尽可能使基准平面与定角座之间的最大距离为最小。指示表架在测量平台上移动，对被测表面上若干点进行测量，指示表的最大示值和最小示值之差即为倾斜度度误差，如图 3-124 所示。

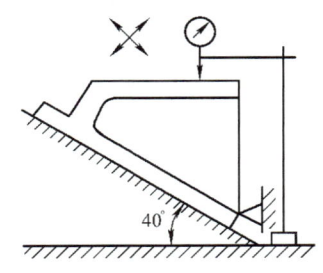

图 3-124 用指示表测量面对面的倾斜度误差

3.11 位置误差的检测

3.11.1 同轴度误差的检测

检测视频：影像仪测同轴度误差

检测视频：三坐标测量机测同轴度误差

检测视频：三坐标测量机测位置度误差

同轴度误差的检测，比较方便的办法是在圆度仪、三坐标测量机上测量，或者用测量圆跳动的方法代替测量同轴度。

通常，轴类零件同轴度误差的检测一般用基准轴线的素线模拟体现基准轴线，用被测轴线的素线模拟体现被测轴线。测量时，将基准轴线调整到与仪器的旋转轴线同轴，或将基准轴线调整到与平板工作面平行，因此，仪器的旋转轴线或平板工作面就成为参考基准，然后测量被测轴线对参考基准的误差即为同轴度误差。

检测视频：用二维影像仪测线轮廓度误差

3.11.2 对称度误差的检测

要测量图 3-53a 所示的对称度误差，可以用测量距离的方法测量工件中心平面相对于基准对称中心平面的对称度误差，如图 3-125 所示。测量时，将被测工件放在平板上，以平板表面作为测量基准，用指示表先测出表面Ⅰ与平板表面间的距离，然后将被测工件翻转 180°，按同样方法测出表面Ⅱ与平板表面间的距离。被测两表面对应点最大读数差的绝对值即为被测的对称度误差。

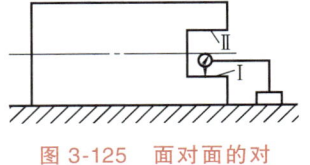

图 3-125 面对面的对称度误差测量

检测视频：激光干涉仪测量定位精度

检测视频：三坐标测量机测对称度误差

3.12 跳动误差的检测

任务 3-6 在偏摆检查仪上测台阶轴的径向圆跳动误差和轴向圆跳动误差

任务描述：某阶梯轴的尺寸及几何公差标注，如图 3-126 所示，要求在偏摆检查仪上测量阶梯轴的径向圆跳动误差和轴向圆跳动误差。

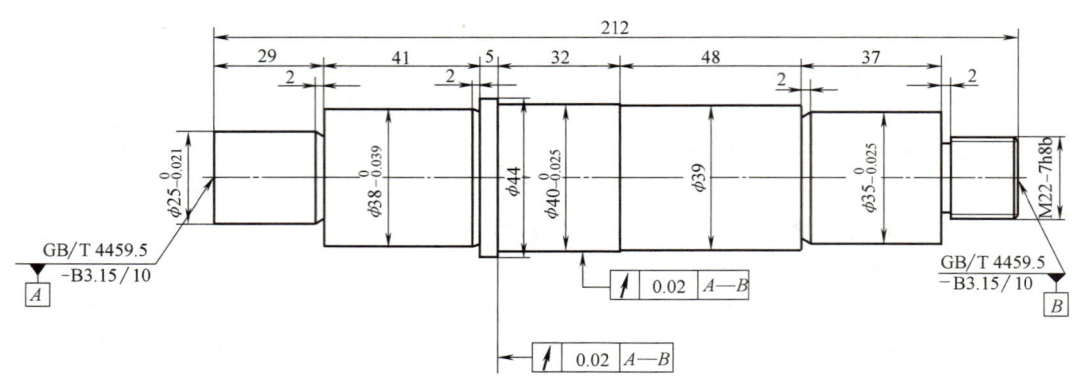

图 3-126 阶梯轴

3.12.1 圆跳动误差的检测

实训视频：
径向圆跳动
误差的检测

圆跳动误差分为径向圆跳动误差、轴向圆跳动误差、斜向圆跳动误差、给定方向的圆跳动误差四种，下面分别介绍前三种圆跳动误差的检测方法。

1. 径向圆跳动误差的检测

测量径向圆跳动误差时，一般用顶尖、套筒或 V 形架来模拟基准轴线（或公共基准轴线），如图 3-127 所示。用指示表在垂直于轴线的多个截面（测量面）上测量，在每个测量面上均在被测工件回转至少一周的基础上观察指示表的示值，分别记下最大示值 Δ_{max} 和最小示值 Δ_{min}，则该截面的径向圆跳动误差为

$$f_1 = \Delta_{max} - \Delta_{min}$$

然后移动指示表到另一个测量截面，按上述方法测量并求得截面上的径向圆跳动误差 f_2。依此类推，将所有拟定的截面全部测完后，比较 f_1、f_2、…、f_n 的大小，取最大值作为工件的径向圆跳动误差。

用顶尖法检测圆跳动误差，特别适合于设计图样上指定以工件上两顶尖孔的公共轴线为基准轴线的场合。对于带孔的盘套类零件，当能以标准心轴的两顶尖孔的公共轴线来模拟被测工件的基准轴线时，也可用顶尖法检测其圆跳动误差。顶尖法检测圆跳动误差，具有较高的精度且不需额外的轴向定位装置。

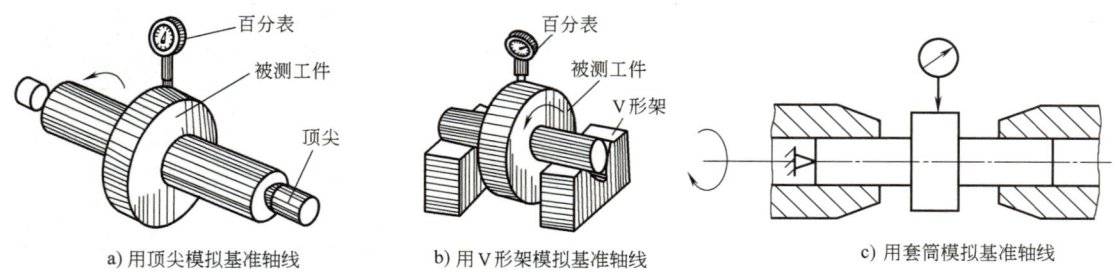

a) 用顶尖模拟基准轴线　　b) 用 V 形架模拟基准轴线　　c) 用套筒模拟基准轴线

图 3-127 径向圆跳动误差的测量

用 V 形架法检测圆跳动误差的方法简便，但是 V 形架法模拟基准轴线由于受到基准要

素圆柱度误差、两轴颈同轴度误差、V 形架角度及指示表安置方向与 V 形架对称中心面的夹角的综合影响，其检测精度受限制。为了减少这些误差，可以将 V 形架支承部位做成刃口形，如图 3-128 所示。这样可以将轴颈圆柱度误差和同轴度误差的影响减小为只有支承部位两截面圆度误差的影响。当选择 V 形架角度 α 以及指示表安置方向与 V 形架对称中心面的夹角 β 分别为 $α=90°$、$β=45°$、$α=120°$、$β=0°$ 或者 $α=60°$、$β=30°$ 时，可以尽量减小回转误差对测量结果的影响。

用 V 形架法测量圆跳动误差，应对被测工件做可靠的轴向定位，通常采用轴端定位法。当被测工件有顶尖孔时，可在顶尖孔内放一较高精度的钢球，让钢球与固定挡板接触进行定位，如图 3-129a 所示，其触点恰好处于被测工件的轴线上，这种定位方式的定位精度较高。当被测工件轴端为平面时，可用圆头销顶在被测工件的轴线处定位，如图 3-129b 所示。当轴端为大孔时，可用大于轴端面的挡板进行轴向

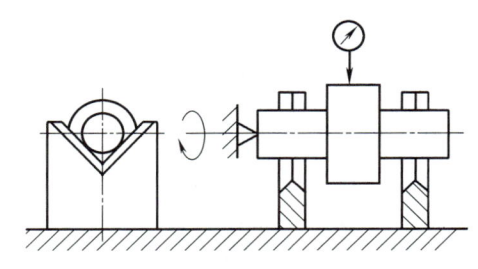

图 3-128　刃口型支承部位 V 形架测量圆跳动误差

定位，如图 3-129c 所示，此时该挡板与被测工件轴端接触的工作面应有较高的平面度，且要调整挡板使其工作面垂直于被测工件的回转轴线。除了轴端定位法有时还可以采用轴肩定位法。

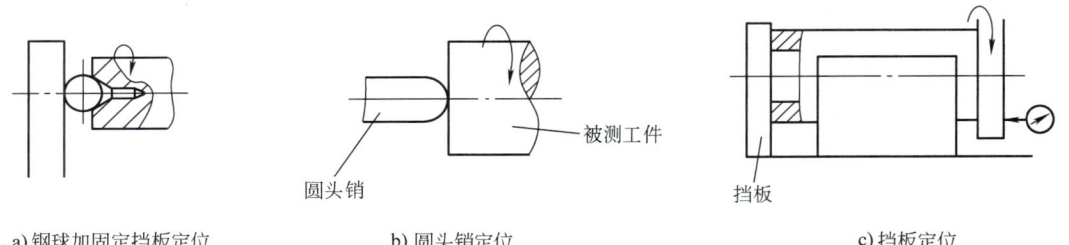

a) 钢球加固定挡板定位　　　　b) 圆头销定位　　　　c) 挡板定位

图 3-129　轴向定位的几种方式

用套筒法检测圆跳动误差。当工件基准轴线为单一基准时，用与基准轴颈最小外接的单个圆柱套筒轴线模拟，如图 3-130a 所示；当基准轴线为两轴颈的公共轴线时，用包容两基准轴颈的两同轴最小外接圆柱套筒轴线模拟，如图 3-130b 所示。测量时所用的套筒如能达到上述理想状况，则模拟基准轴线与定义十分接近，工件回转比较稳定且径向回转误差较

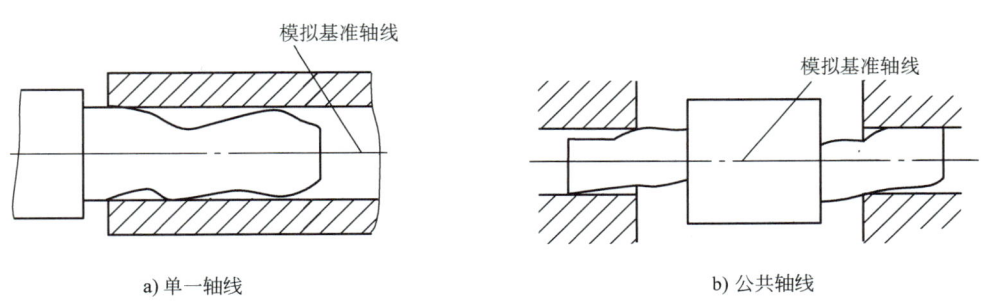

a) 单一轴线　　　　　　　　　　b) 公共轴线

图 3-130　套筒模拟基准轴线测圆跳动误差

小。但在实际应用时,套筒与基准轴颈之间总是存在一定的间隙,工件模拟基准轴线在回转时就不稳定,其径向回转误差与配合间隙的大小有关。要保证和提高套筒法检测跳动误差的精度,关键在于减小套筒与基准轴颈的配合间隙,这一点较难做到,因而套筒法未能得到广泛使用。套筒法对工件的轴向定位方法与 V 形架法相同。

2. 轴向圆跳动误差的检测

要测量图 3-61 所示的轴向圆跳动误差,可以采用套筒法,如图 3-131 所示。以测量平台 4 作为测量基准,将被测工件 1 的基准轴线对应的圆柱面安放在套筒 2 的导向孔中并用轴向定位支承 5 进行支承,用导向孔的轴线模拟体现基准轴线。被测工件与导向孔之间需留有很小的间隙,确保工件能够转动。在被测端面的某一半径位置处,沿被测工件的轴向,构建与基准轴线同轴的测量圆柱面。在测量圆柱面上,当被测工件回转一周的过程中,对被测要素进行测量,得到一系列测量值(指示表的示值),最大示值与最小示值之差即为该测量圆柱面上的轴向圆跳动误差。重复上述过程,在不同半径位置处的测量圆柱面上进行测量。取各测量圆柱面上的轴向圆跳动值中的最大值,作为工件的轴向圆跳动误差。

3. 斜向圆跳动误差的检测

要测量图 3-62 所示的斜向圆跳动误差,可以采用套筒法,如图 3-132 所示。以测量平台作为测量基准,将被测工件的基准轴线对应的圆柱面安放在套筒的导向孔中并用轴向定位支承进行支承,用导向孔的轴线模拟体现基准轴线,被测工件与导向孔之间需留有很小的间隙,确保工件能够转动。

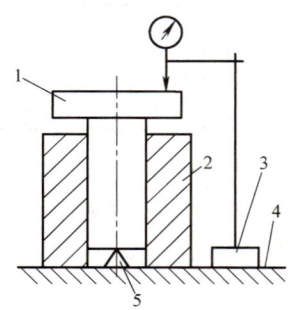

图 3-131　轴向圆跳动误差的测量
1—被测工件　2—套筒　3—指示表架
4—测量　平台　5—定位支承

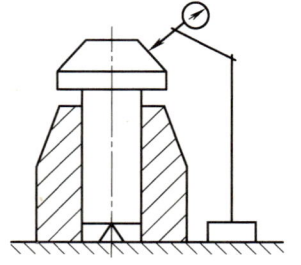

图 3-132　斜向圆跳动误差的测量

在被测圆锥面的某一半径位置处,沿着与锥面素线垂直的方向,构建与基准轴线同轴的测量圆锥面。在测量圆锥面上,当被测工件回转一周的过程中,对被测要素进行测量,得到一系列测量值(指示表的示值),最大示值与最小示之差值即为该测量圆锥面上的斜向圆跳动误差。重复上述过程,在不同半径位置处的测量圆锥面上进行测量。取各测量圆锥面上的斜向圆跳动值中的最大值,作为工件的斜向圆跳动误差。

3.12.2　全跳动误差的检测

全跳动误差有径向全跳动误差和轴向全跳动误差两种。测量径向全跳动误差时,指示表的测头方向与基准轴线垂直,且测量过程中指示表沿着平行于基准轴线的理想素线方向移动，整个过程中，指示表的最大示值与最小示值之差即为径向全跳动误差，如图3-133a所示。测量轴向全跳动误差时，指示表测头的方向与基准轴线平行，测量过程中指示表沿着垂直于基准轴线的方向移动，整个过程中，指示表的最大示值与最小示值之差即为轴向全跳动误差，如图3-133b、c所示。

测量全跳动误差时，无论是径向全跳动误差还是轴向全跳动误差，指示表通常采用等距的间断方式或按螺线式移动。检测全跳动误差时，基准轴线的体现方法、被测工件的轴向定位方式与检测圆跳动误差时相同。所用的检测仪器、设备与检测圆跳动误差时基本相同，只是在检测径向全跳动误差时必须有平行于基准轴线的测量基准，检测轴向全跳动误差时必须有垂直于基准轴线的测量基准，这些测量基准应有足够的精度，以便于在测量时移动指示表，确保全跳动误差的测量精度。

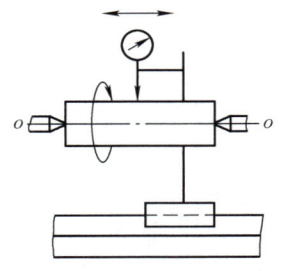
a) 径向全跳动误差的测量

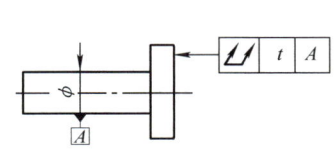
b) 轴向全跳动误差的测量1

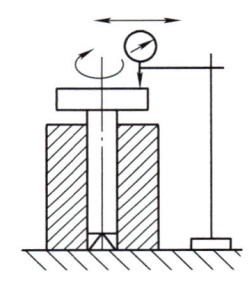
c) 轴向全跳动误差的测量2

图3-133 全跳动误差的测量

任务3-6 实施

- 量具及辅助工具的选用

根据工件的长度，选用合适的偏摆检查仪、分度值为0.01mm的百分表、分度值为0.002mm的杠杆百分表、磁力表座。

- 测量与误差评定的步骤

1) 检查百分表、杠杆百分表是否在检定周期内，如果不在检定周期内，则不得使用。检查偏摆检查仪和磁力表座是否完好。

2) 将阶梯轴安装在偏摆检查仪的两个顶尖上并锁紧顶尖，防止工件跌落。把磁力表座安放在偏摆检查仪导轨上，磁力表座的磁路打开，使表座连同百分表固定在偏摆检查仪的导轨上，调整百分表位置使百分表测量杆垂直于工件轴线，如图3-134所示，测头在被测圆截面的最高点上且压进0.5~1圈。

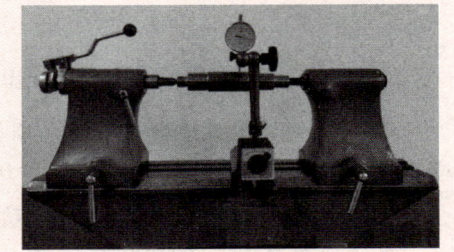
图3-134 在偏摆检查仪上测量径向圆跳动误差

3) 转动阶梯轴，观察百分表示值变化，记录被测工件在回转一周的过程中百分表的最大示值Δ_{max}与最小示值Δ_{min}，按此方法，测若干个截面，并将测得值记录在表3-22中。

表 3-22　径向圆跳动误差测量的数据　　　　　　　　　　（单位：mm）

测量截面	最大示值 Δ_{max}	最小示值 Δ_{min}
第Ⅰ截面	0.276	0.264
第Ⅱ截面	0.288	0.279
第Ⅲ截面	0.300	0.287

计算各截面的径向圆跳动误差值分别为

$$f_{\text{Ⅰ}} = 0.276\text{mm} - 0.264\text{mm} = 0.012\text{mm}$$

$$f_{\text{Ⅱ}} = 0.288\text{mm} - 0.279\text{mm} = 0.009\text{mm}$$

$$f_{\text{Ⅲ}} = 0.300\text{mm} - 0.287\text{mm} = 0.013\text{mm}$$

取各截面上所测得的径向圆跳动误差中最大值作为该工件的径向圆跳动误差值，所以工件的径向圆跳动误差为 $f_{径向} = 0.013\text{mm}$。

4) 调整杠杆百分表，使测头的测量方向与工件轴线平行，如图 3-135 所示，确保测头与被测端面接触并压下半圈左右；慢速旋转阶梯轴，观察杠杆百分表示值的变化，记录阶梯轴在回转一周的过程中百分表的最大示值 Δ_{max} 与最小示值 Δ_{min}。在端面上多个直径位置测量，并将测得值记录在表 3-23 中。

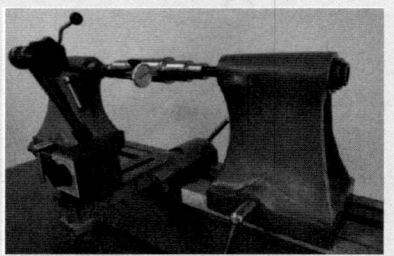

图 3-135　在偏摆检查仪上测量轴向圆跳动误差

表 3-23　轴向圆跳动误差测量的数据　　　　　　　　　　（单位：mm）

测量位置	最大示值 Δ_{max}	最小示值 Δ_{min}
第Ⅰ直径位置	0.0964	0.0796
第Ⅱ直径位置	0.0982	0.0866
第Ⅲ直径位置	0.0978	0.0846

计算各直径位置的轴向圆跳动误差值分别为

$$f_{\text{Ⅰ}} = 0.0964\text{mm} - 0.0796\text{mm} = 0.0168\text{mm} \approx 0.017\text{mm}$$

$$f_{\text{Ⅱ}} = 0.0982\text{mm} - 0.0866\text{mm} = 0.0116\text{mm} \approx 0.012\text{mm}$$

$$f_{\text{Ⅲ}} = 0.0978\text{mm} - 0.0846\text{mm} = 0.0132\text{mm} \approx 0.013\text{mm}$$

取各直径位置上所测得的轴向圆跳动误差中最大值作为该工件的轴向圆跳动误差值，所以工件的轴向圆跳动误差为 $f_{轴向} = 0.017\text{mm}$。

● 径向圆跳动误差与轴向圆跳动误差合格性的判断

经过比较可知，实测的径向圆跳动误差值（$f_{径向} = 13\mu\text{m}$）小于径向圆跳动公差值（20μm），所以工件的径向圆跳动误差合格；实测的轴向圆跳动误差值（$f_{轴向} = 17\mu\text{m}$）小于轴向圆跳动公差值（20μm），所以工件的轴向圆跳动误差合格。

3.13 三坐标测量技术（知识拓展）

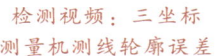

检测视频：三坐标测量机测线轮廓误差　　检测视频：三坐标测量机测面轮廓度误差　　知识拓展：三坐标测量技术　　实训视频：三坐标测量机的基本操作

习题与实践

一、判断题

1. 基准要素即为实际要素。　　　　　　　　　　　　　　　　　　　　　　　　　（　）
2. 关联要素包括给出了位置公差要求的要素和基准要素。　　　　　　　　　　　　（　）
3. 单一要素为仅对被测要素本身给出形状公差要求的被测要素。　　　　　　　　　（　）
4. 被测要素是图样上给出了几何公差的要素，是检测的对象。　　　　　　　　　　（　）
5. 零件上同一被测要素的圆跳动量包含了全跳动量。　　　　　　　　　　　　　　（　）
6. 轮廓度公差项目根据情况，可以有基准也可以没有基准。　　　　　　　　　　　（　）
7. 圆柱度公差是控制圆柱形零件正截面和纵截面内形状误差的综合性指标。　　　　（　）
8. 辅助平面和要素框格有相交平面框格、定向平面框格、方向要素框格和组合平面框格四种。（　）
9. 圆度公差不能用于圆锥面。　　　　　　　　　　　　　　　　　　　　　　　　（　）
10. 圆柱度公差可以用于圆锥面。　　　　　　　　　　　　　　　　　　　　　　　（　）
11. 零件上同一被测要素的圆度误差包含了圆柱度误差。　　　　　　　　　　　　　（　）
12. 形状误差与要素间的方向和位置无关。　　　　　　　　　　　　　　　　　　　（　）
13. 位置误差与要素的形状无关。　　　　　　　　　　　　　　　　　　　　　　　（　）
14. 最小条件是指被测要素对基准要素的最大变动量为最小。　　　　　　　　　　　（　）
15. 圆柱度和径向全跳动公差带形状相同。　　　　　　　　　　　　　　　　　　　（　）
16. 某平面的平行度误差为 0.05mm，则其平面度误差一定不大于 0.05mm。　　　　（　）

二、填空题

1. 根据图 3-136 所示的几何公差标注，按要求填写表 3-24。

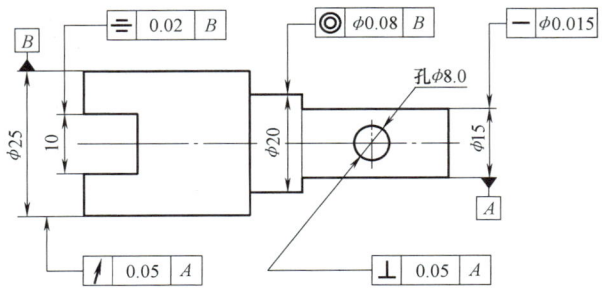

图 3-136　填空题第 1 题图

表 3-24　填空题第 1 题表

几何公差特征项目名称	被测要素	基准要素	公差带形状

2. 根据图 3-137 填写表 3-25。

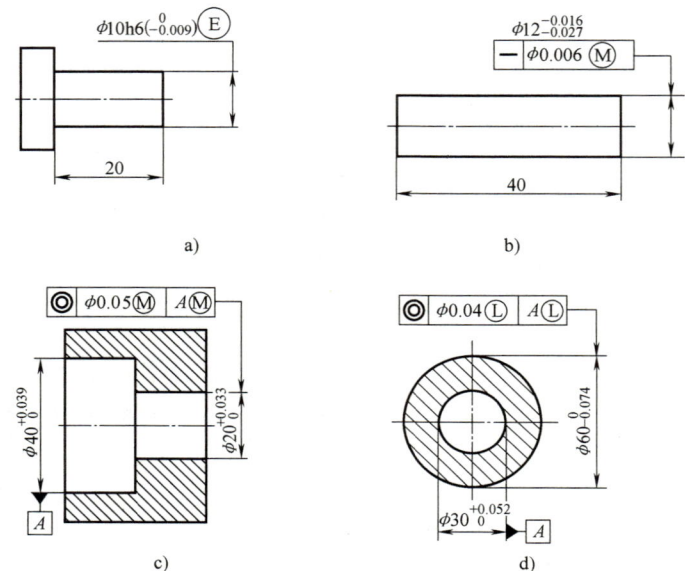

图 3-137　填空题第 2 题图

表 3-25　填空题第 2 题表

序号	最大实体尺寸 /mm	最小实体尺寸 /mm	几何公差的最小值 /μm	几何公差的最大值 /μm	理想边界名称及边界尺寸/mm	实际尺寸合格范围 /mm
a						
b						
c						
d						

三、选择题

1. 下列属于形状公差的有（　　）。
 A. 平行度　　　B. 平面度　　　C. 同轴度　　　D. 圆跳动

2. 下列公差带形状相同的有（　　）。
 A. 轴线对轴线的平行度与面对面的平行度
 B. 径向圆跳动与圆度
 C. 同轴度与径向全跳动
 D. 轴线对面的垂直度与轴线对面的倾斜度

3. 属于方向公差的有（　　）。
A. 平行度　　　　B. 平面度　　　　C. 圆柱度　　　　D. 圆度
4. 评定直线度误差时，要求所得误差值最小的评定方法是（　　）。
A. 两端点连线法　　　　　　B. 最小条件法
C. 最小二乘法
5. 标注几何公差时，必须在公差值前加注"ϕ"的项目有（　　）。
A. 圆度　　　　B. 圆柱度　　　　C. 圆跳动　　　　D. 同轴度

四、简答题

1. 试述几何公差带的四个要素。
2. 什么是评定形状误差的最小条件？为什么要按最小条件评定形状误差？
3. 圆度与径向圆跳动公差带有何异同？圆柱度、同轴度、径向全跳动三者公差带有何异同？
4. 用指示表测量图 3-138 所示工件的对称度误差，得 $\Delta = 0.03$ mm。问对称度误差是否超差，为什么？

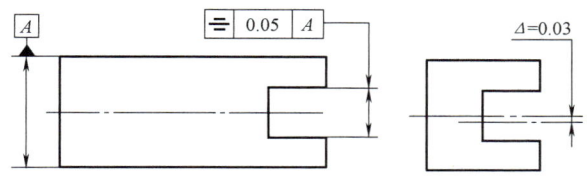

图 3-138　简答题第 4 题图

5. 简述辅助平面和要素框格中的相交平面、定向平面、方向要素的作用。

五、综合题

1. 用水平仪和桥板测量有效长度为 2000mm 的车床导轨的直线度误差，均匀布置测点，依次测量两相邻测点的高度差。采用水平仪的分度值为 0.01mm/m，桥板跨距为 250mm，测点共 9 个。水平仪在各测点的示值（格数）依次为：0、+1、+1、0、-1、-1.5、+1、+0.5、+1.5。试用两端点连线和最小条件作图分别求解该导轨的直线度误差值。

2. 将下列几何公差要求标注在图 3-139 上。
1）圆锥面的圆度公差为 0.01mm，圆锥素线直线度公差为 0.02mm。
2）ϕ35H7 孔的轴线对 ϕ10H7 孔的轴线的同轴度公差为 0.05mm。
3）ϕ35H7 内孔表面圆柱度公差为 0.005mm。
4）ϕ20h6 圆柱面的圆度公差为 0.006mm。
5）ϕ35H7 内孔端面对 ϕ10H7 中心线的轴向圆跳动公差为 0.05mm。
6）圆锥面对 ϕ10H7 中心线的斜向圆跳动公差为 0.05mm。

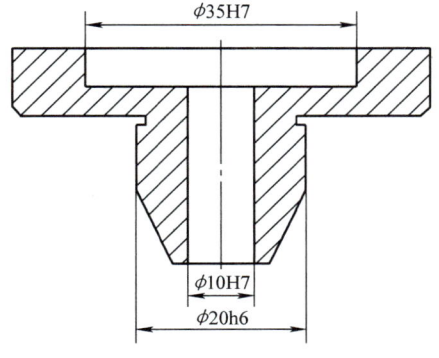

图 3-139　综合题第 2 题图

3. 指出图 3-140 中几何公差标注上（含基准符号）的错误，并加以改正（不变更几何公差特征项目）。

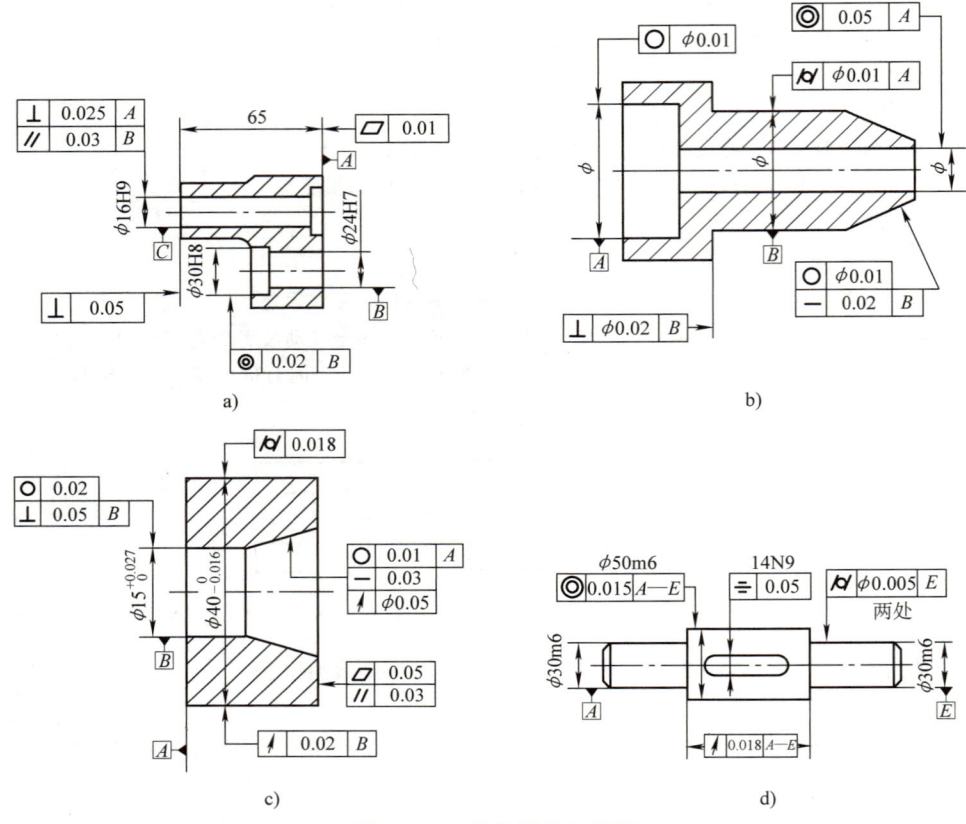

图 3-140 综合题第 3 题图

4. 对某工件表面均匀布点测量 9 个点，各测点对测量基准面的坐标值（单位为 μm）如图 3-141 所示，求该表面的平面度误差。

0	+4	+6
−5	+20	−9
−10	−3	+8

图 3-141 综合题第 4 题图

第4章

表面粗糙度及其检测

4.1 概述

任务 4-1 表面粗糙度代号的识读

任务描述： 图 4-1 中给出了零件的表面粗糙度要求，识读所注表面粗糙度代号的含义。

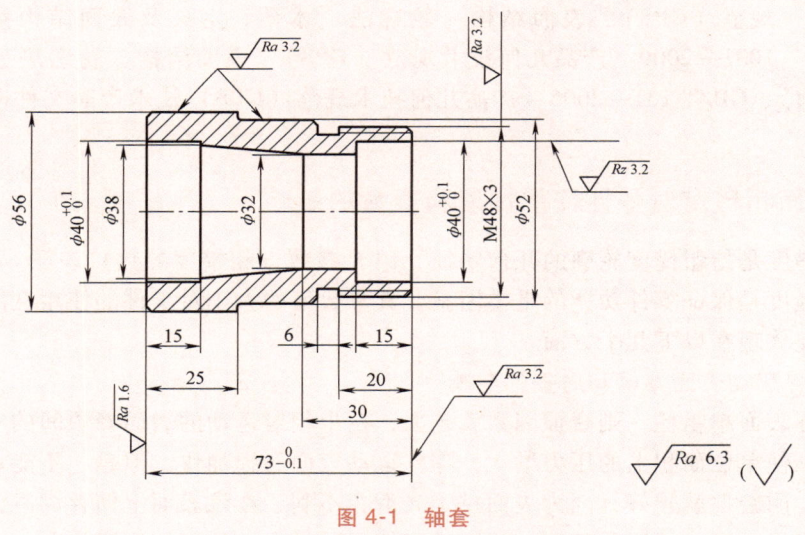

图 4-1 轴套

4.1.1 表面结构

加工过程中刀具和零件表面间的摩擦、切屑分离时表面金属层的塑性变形以及工艺系统振动、发热、回转不平衡等因素会导致零件表面产生复杂的表面结构特征。对这些表面结构特征的研究是用轮廓法进行的。物体与周围介质分离的表面称为实际表面，一个指定平面与实际表面相交所得的轮廓称为表面轮廓，如图 4-2 所示。表面轮廓是由无数大小不同的波形叠加在一起形成的复杂曲线。

对表面轮廓（图 4-3a）通过 λs 轮廓滤波器之后的总轮廓称为原始轮廓，如图 4-3b 所示。

对原始轮廓采用 λc 轮廓滤波器抑制长波成分以后形成的轮廓称为粗糙度轮廓，如图 4-3c 所示。对原始轮廓连续应用 λf 和 λc 两个滤波器以后形成的轮廓称为波纹度轮廓，如图 4-3d 所示。

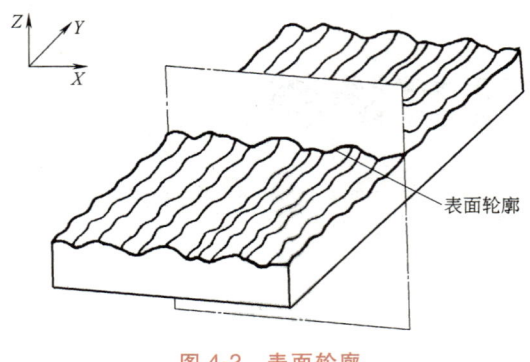

图 4-2　表面轮廓

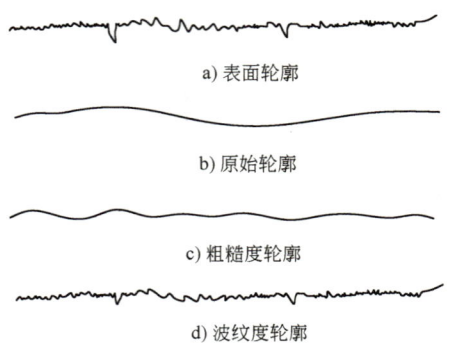

图 4-3　表面结构的三种轮廓

微课：表面粗糙度的概念

原始轮廓、粗糙度轮廓、波纹度轮廓构成零件的表面特征，称为表面结构。对应地把表面结构这三种轮廓分别称为 P 轮廓、R 轮廓、W 轮廓，对应的参数分别称为 P 参数、R 参数、W 参数。

与本章内容关系密切的国家标准有：GB/T 3505—2009《产品几何技术规范（GPS）　表面结构　轮廓法　术语、定义及表面结构参数》、GB/T 1031—2009《产品几何技术规范（GPS）　表面结构　轮廓法　表面粗糙度参数及其数值》、GB/T 131—2006《产品几何技术规范（GPS）　技术产品文件中表面结构的表示法》。

4.1.2　表面粗糙度对零件使用性能和寿命的影响

表面粗糙度是指粗糙度轮廓的几何特征，用 R 参数（粗糙度参数）表征。

表面粗糙度是保证零件功能的重要因素，其参数值的大小对零件的使用性能和寿命有直接影响，主要体现在以下几个方面：

1. 对零件运动表面摩擦和磨损的影响

零件实际表面越粗糙，则摩擦因数就越大，两个相对运动的表面峰顶间的实际有效接触面积就越小，使单位面积上的压力增大，零件运动表面磨损加快。但是，不能认为表面粗糙度数值越小，耐磨性就越好，因为表面过于光滑，不利于在该表面上储存润滑油，容易使运动表面间形成半干摩擦甚至干摩擦，反而使摩擦因数增大，从而加剧磨损。

2. 对配合性质的稳定性和机器的工作精度的影响

对间隙配合来说，表面粗糙则易磨损，使配合表面间的实际间隙逐渐增大；对过盈配合来说，粗糙表面轮廓的峰顶在装配时被挤平，实际有效过盈减小，降低了连接强度，从而影响到配合性质的稳定性，降低机器的工作精度。

3. 对疲劳强度的影响

零件表面越粗糙，表面微观不平度的凹谷一般就越深，应力集中就会越严重，零件在交变应力作用下，零件疲劳损坏的可能性就越大，疲劳强度就越低。

4. 对接触刚度的影响

表面越粗糙，表面间的实际接触面积就越小，单位面积受力就越大，这就会加剧峰顶处的局部塑性变形，使接触刚性降低，影响机器的工作精度和抗振性。

5. 对耐蚀性的影响

表面越粗糙，则越容易使腐蚀性物质附着于表面的微观凹谷，并渗入到金属内层，造成表面锈蚀。

此外，表面粗糙度对连接的密封性、零件的外观质量和表面涂层的质量等都有很大的影响。因此，在零件的几何精度设计中，对表面粗糙度提出合理要求是一项不可缺少的重要内容。

4.2 表面粗糙度的评定

4.2.1 中线

中线是具有几何轮廓形状并划分轮廓的基准线，是评定表面结构参数时的一条参考线。

粗糙度轮廓中线是指用 λc 轮廓滤波器抑制了长波轮廓成分相对应的中线，一般是最小二乘中线。

最小二乘中线是指具有理想轮廓的基准线，在取样长度内使轮廓上各点到该基准线的距离的平方和为最小，如图4-4所示，即

$$\sum_{i=1}^{n} y_i^2 = \min$$

式中，y_i 是轮廓偏距（$i = 1、2、3、\cdots、n$）。

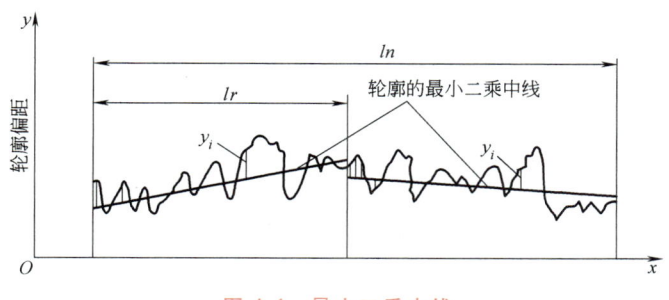

图 4-4 最小二乘中线

4.2.2 取样长度和评定长度

1. 取样长度 lr

取样长度是指在 x 轴方向判别被评定轮廓的不规则特征的长度。表面越粗糙，取样长度应越大，取样长度范围内至少包含5个以上的轮廓峰和谷，如图4-5所示。国家标准规定的取样长度 lr，见表4-1。

表 4-1　取样长度与评定长度的数值（摘自 GB/T 1031—2009）

$Ra/\mu m$	$Rz/\mu m$	lr/mm	ln（$ln=5lr$）$/mm$
≥0.008~0.02	≥0.025~0.10	0.08	0.4
>0.02~0.10	>0.10~0.50	0.25	1.25
>0.1~2.0	>0.50~10.0	0.8	4
>2.0~10.0	>10.0~50.0	2.5	12.5
>10.0~80.0	>50.0~320	8	40

2. 评定长度 ln

评定长度是指用于评定被评定轮廓 x 轴方向上的长度。它可以包括一个或几个取样长度，如图 4-5 所示。由于被测表面上各处的表面粗糙度不一定很均匀，在一个取样长度上往往不能合理反映被测量表面的粗糙度，所以需要在几个取样长度上分别测量，取其平均值作为测量结果，一般 $ln=5lr$。

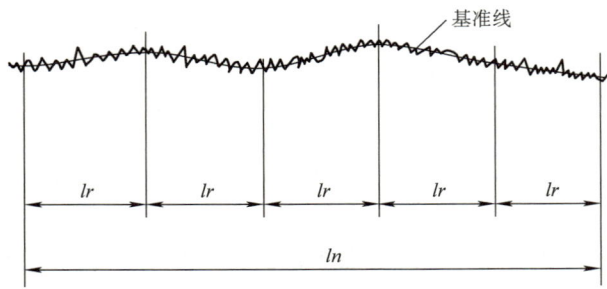

图 4-5　取样长度和评定长度

微课：表面粗糙度的评定参数

4.2.3　表面粗糙度常用评定参数

为了全面反映表面粗糙度对零件使用性能的影响，国家标准 GB/T 3505—2009 规定了表面粗糙度幅度参数、间距参数、混合参数以及曲线和相关参数。本书只介绍实际生产中用得最多的两个幅度参数。

1. 评定轮廓的算术平均偏差 Ra

它是指在一个取样长度内纵坐标值 $Z(x)$ 绝对值的算术平均值，即在一个取样长度内，被评定轮廓上各点至基准线的距离 Z_i 的绝对值的算术平均值，如图 4-6 所示，其数学表达式为

$$Ra = \frac{1}{lr}\int_0^{lr}|Z(x)|dx \approx \frac{1}{n}\sum_{i=1}^{n}|Z_i|$$

式中，Ra 是轮廓算术平均偏差；Z_i 是实际轮廓上各点至基准线的距离。

Ra 值越大，则表面越粗糙。Ra 参数能充分反映表面微观几何形状的特性，一般用电动轮廓仪进行测量，因此是普遍采用的评定参数。

2. 轮廓最大高度 Rz

它是指在一个取样长度内，最大轮廓峰高 Zp 和最大轮廓谷深 Zv 之和，如图 4-7 所示。

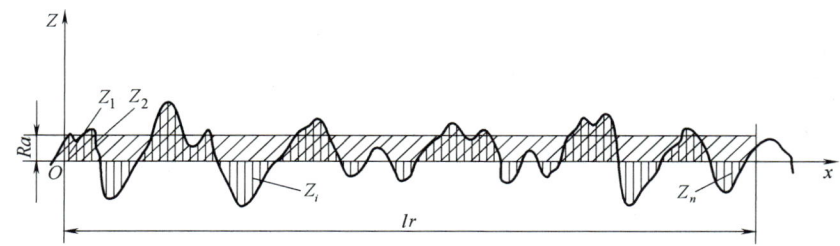

图 4-6　轮廓算术平均偏差 Ra

用公式表示就是

$$Rz = Zp_{\max} + Zv_{\max}$$

式中，Rz 是轮廓最大高度；$Zp_{\max}$ 是最大轮廓峰高；$Zv_{\max}$ 是最大轮廓谷深。

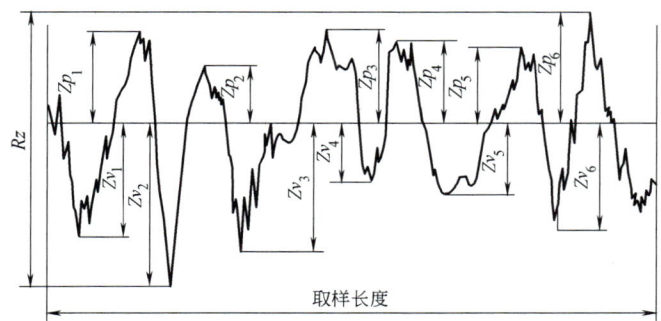

图 4-7　轮廓最大高度 Rz

Rz 用于控制不允许出现较深加工痕迹的表面，常标注于受交变应力作用的工作表面，如齿廓表面等。Rz 不如 Ra 那么全面。

4.3　表面粗糙度的图形符号及其标注

表面粗糙度的评定参数及其数值确定后，还应按规定把表面粗糙度要求正确地标注在图样上。

微课：表面粗糙度的标注

4.3.1　表面粗糙度的图形符号

表面粗糙度的图形符号及其含义见表 4-2。

表 4-2　表面粗糙度的图形符号及其含义

图形符号名称	图形符号	含义
基本图形符号	H_2 H_1 60° 60°	由两条不等长的与标注表面成 60° 夹角的直线构成，在图样上用宽度为字高度的 1/0 的实线画出。基本图形符号仅用于简化代号标注，没有补充说明时不能单独使用
要求去除材料的扩展图形符号		在基本图形符号上加一短横线，表示指定表面是用去除材料的方法获得，如通过机械加工获得的表面

(续)

图形符号名称	图形符号	含义
不允许去除材料的扩展图形符号		在基本图形符号上加一个圆圈,表示指定表面是用不去除材料方法获得,此图形符号也可用于表示保持上道工序形成的表面,不管这种状况是通过去除或不去除材料形成的
完整图形符号		在以上各种符号的长边上加一横线,以便标注表面结构特征的补充信息

4.3.2 表面粗糙度参数及其他补充要求在图形符号中的注写位置

为了明确表面粗糙度的要求,除了需要标注参数和数值外,必要时应标注补充要求,补充要求包括传输带、取样长度、加工工艺、表面纹理及方向、加工余量等。相关要求在图形符号中的注写位置如图4-8所示。

在图4-8中,位置a~e分别注写以下内容。

(1) 位置a 注写表面结构的单一要求。

(2) 位置a和b 注写两个或多个表面结构要求。

在位置a注写第一个表面结构要求,在位置b注写第二个表面结构要求。如果要注写第三个或更多个表面结构要求,图形符号应在垂直方向扩大,以空出足够的空间。扩大图形符号时,a和b的位置随之上移。

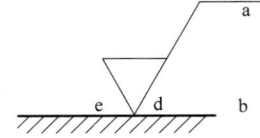

图4-8 相关要求在图形符号中的注写位置

(3) 位置c 注写加工方法、表面处理、涂层或其他加工工艺要求等,如车、磨、镀等。

(4) 位置d 注写所要求的表面纹理和纹理的方向,如=、X、M等,其具体含义见表4-4。

(5) 位置e 注写所要求的加工余量,以毫米(mm)为单位给出数值。

4.3.3 表面粗糙度代号的标注

在表面粗糙度图形符号中注写了具体参数代号及数值等要求后称为表面粗糙度代号。表面粗糙度代号的标注示例及其含义见表4-3。

表4-3 表面粗糙度代号的标注示例及其含义

表面粗糙度代号的标注示例	含义	补充说明
Ra 0.8	表示不允许去除材料,单向上限值,默认传输带,R轮廓(粗糙度轮廓),轮廓的算术平均偏差上限值为0.8μm,评定长度为5个取样长度(默认),"16%规则"(默认)	为了避免误解,在参数代号与极限值之间应插入空格(下同)
Rz 0.4	表示去除材料,单向上限值,默认传输带,R轮廓(粗糙度轮廓),轮廓最大高度的上限值为0.4μm,评定长度为5个取样长度(默认),"16%规则"(默认)	

（续）

表面粗糙度代号的标注示例	含　义	补充说明
∇ Rz max 0.2	表示去除材料,单向上限值,默认传输带,R 轮廓（粗糙度轮廓），轮廓最大高度的最大值 $0.2\mu m$，评定长度为 5 个取样长度（默认），"最大规则"	为了避免误解,在参数代号与极限值之间应插入空格（下同）
∇ 0.008-0.8/Ra 3.2	表示去除材料,单向上限值,传输带 $0.008\sim 0.8mm$，R 轮廓（粗糙度轮廓），轮廓算术平均偏差上限值为 $3.2\mu m$，评定长度为 5 个取样长度（默认），"16% 规则"（默认）	传输带 "$0.008\sim 0.8mm$" 中的前后数值分别为短波（λs）和长波（λc）滤波器的截止波长，表示波长范围。此时取样长度等于 λc，则 $lr=0.8mm$
∇ -0.8/Ra 3 3.2	表示去除材料,单向上限值,传输带：根据 GB/T 6062，取样长度 $0.8mm$（λs 默认 $0.0025mm$），R 轮廓，轮廓算术平均偏差上限值为 $3.2\mu m$，评定长度为 3 个取样长度，"16% 规则"（默认）	传输带仅注出一个截止波长值（本例 $0.8mm$ 表示 λc 值）时，另一截止波长值 λs 应理解成默认值，由 GB/T 6062 中查知 $\lambda s=0.0025mm$
⌀ U Ra max 3.2 L Ra 0.8	表示不允许去除材料,双向极限值,两极限值均使用默认传输带,R 轮廓；上限值：算术平均偏差 $3.2\mu m$，评定长度为 5 个取样长度（默认），"最大规则"；下限值：算术平均偏差 $0.8\mu m$，评定长度为 5 个取样长度（默认），"16% 规则"（默认）	本例为双向极限要求，用 "U" 和 "L" 分别表示上限值和下限值。在不致引起歧义时，可不加注 "U" 和 "L"

注："传输带"是指评定时的波长范围。传输带被一个截止短波的滤波器（短波滤波器）和另一个截止长波的滤波器（长波滤波器）所限制。

4.3.4　加工方法或相关信息的标注

　　轮廓曲线的特征对实际表面的表面结构参数值影响很大。标注的参数代号、参数值和传输带只作为表面结构要求，有时不一定能够完全准确地表示表面功能。加工工艺在很大程度上决定了轮廓曲线的特征，因此，一般应注明加工工艺。加工工艺用文字按图 4-9 和图 4-10 所示方式在完整符号中注明。

图 4-9　加工工艺和表面粗糙度要求的注法　　　图 4-10　镀覆和表面粗糙度要求的注法

4.3.5　表面纹理的注法

　　表面纹理及其方向用表 4-4 中规定的符号按照图 4-8 所示标注在完整符号中。采用定义的符号标注表面纹理不适用于文本标注。

表 4-4 表面纹理的标注

符号	示意图	符号	示意图
=	纹理平行于视图所在的投影面 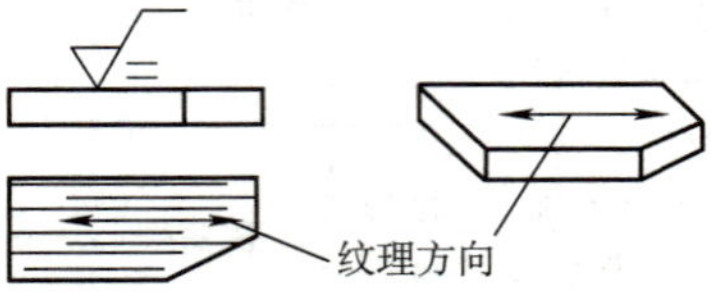	M	纹理呈多方向 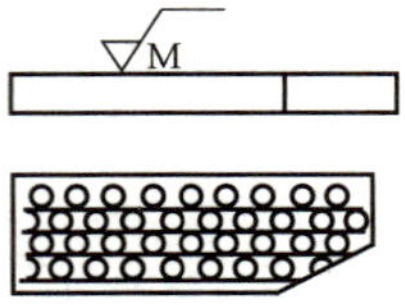
⊥	纹理垂直于视图所在的投影面 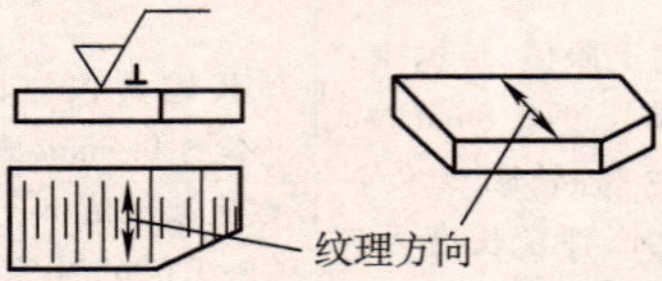	C	纹理呈近似同心圆且圆心与表面中心相关 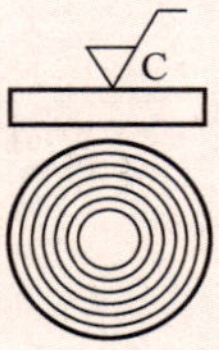
X	纹理呈两斜向交叉且与视图所在的投影面相交 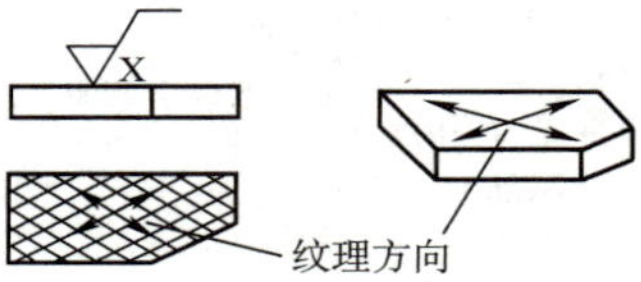	R	纹理呈近似放射状且与表面圆心相关 
P	纹理呈微粒、凸起,无方向 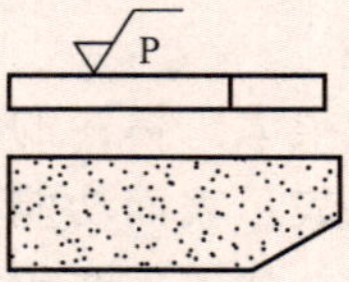		

4.3.6 表面粗糙度代号在图样上的标注

表面粗糙度要求对每一表面一般只标注一次,并尽可能标注在相应的尺寸及其公差的同一视图上。除非另有说明,所标注的表面粗糙度要求是对完工零件表面的要求。

表面粗糙度代号在图样上的注写和读取方向与尺寸的注写和读取方向一致,如图 4-11 所示;一般标注于可见轮廓线或其延长线上,符号应从材料外指向并接触表面,如图 4-12 所示;必要时也可用带箭头或黑点的指引线引出标注,如图 4-13 所示;在不致引起误解时,也可以标注在给定的尺寸线上,如图 4-14 所示;表面粗糙度代号还可标注在几何公差框格的上方,如图 4-15 所示。

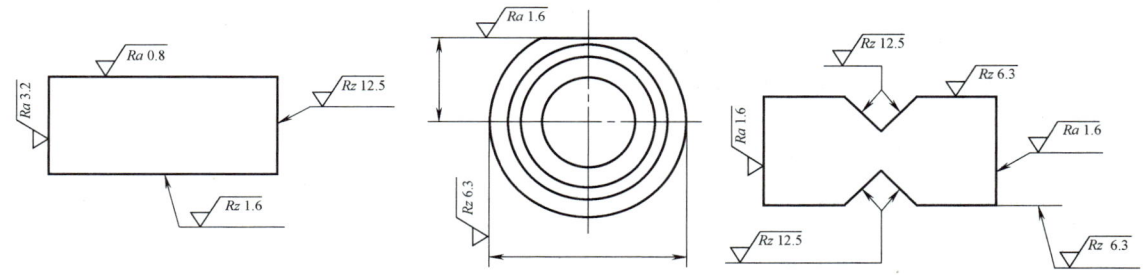

图 4-11　表面粗糙度代号的注写方向　　　　图 4-12　表面粗糙度代号在轮廓线上的标注示例

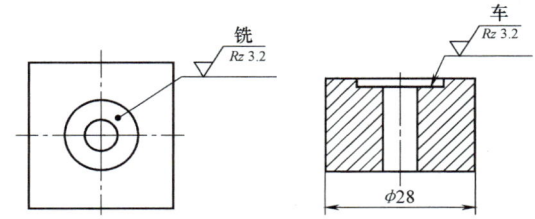

图 4-13　用指引线引出标注表面粗糙度代号

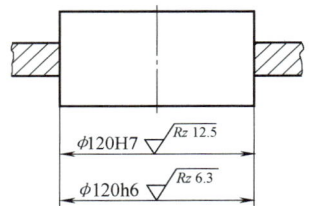

图 4-14　表面粗糙度代号标注在尺寸线上

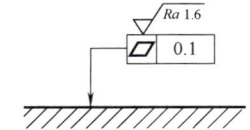

图 4-15　表面粗糙度代号标注在几何公差框格的上方

4.3.7　图样中的简化注法

1. 封闭轮廓的各表面有相同的表面粗糙度要求的注法

当在图样的某个视图上构成封闭轮廓的各表面有相同的表面粗糙度要求时，可在完整图形符号上加一圆圈，标注在图样中封闭轮廓线上。例如，图 4-16 表示构成封闭轮廓的 1、2、3、4、5、6 六个面的轮廓算术平均偏差上限值均为 3.2μm。

2. 多数（包括全部）表面有相同表面粗糙度要求的简化注法

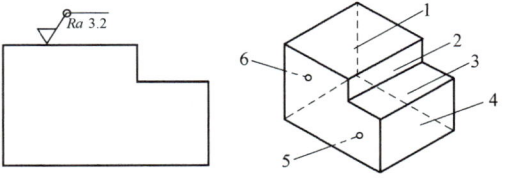

图 4-16　封闭轮廓的各表面有相同的表面粗糙度要求的标注

如果在工件的多数（包括全部）表面有相同的表面粗糙度要求，则其表面粗糙度要求可统一标注在图样的标题栏附近。此时（除全部表面有相同要求的情况外），表面粗糙度代号的后面应包括如下内容：

1) 在圆括号内给出无任何其他标注的基本符号，如图 4-17a 所示。
2) 在圆括号内给出不同的表面粗糙度要求，如图 4-17b 所示。

不同的表面粗糙度要求应直接标注在图形中，如图 4-17 所示。

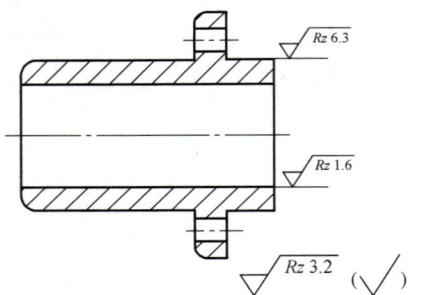
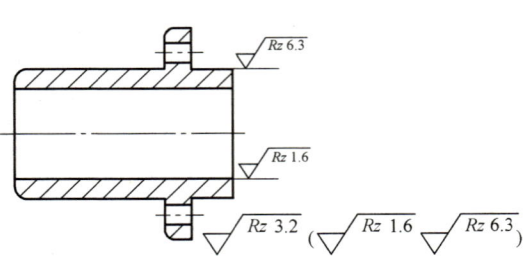

a) 在圆括号内给出无任何其他标注的基本符号　　　　b) 在圆括号内给出不同的表面粗糙度要求

图 4-17　多数表面有相同表面粗糙度要求的简化注法

3. 多个表面有相同表面粗糙度要求的注法

当多个表面具有相同的表面粗糙度要求或图样空间有限时，也可以采用简化注法。

1) 用带字母的完整符号，以等式的形式，在图形或标题栏附近，对有相同表面粗糙度要求的表面进行简化标注，如图 4-18 所示。

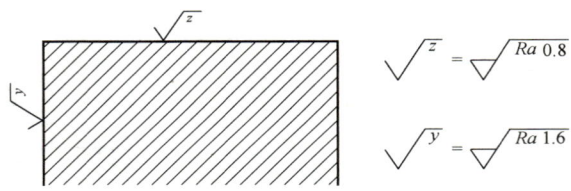

图 4-18　在图样空间有限时的简化注法

2) 只用表面粗糙度符号，以等式的形式给出对多个表面共同的表面粗糙度要求，如图 4-19 所示。

　　√ = √‾Ra 3.2　　　∇ = ∇‾Ra 3.2　　　⌀ = ⌀‾Ra 3.2

a) 未指定工艺方法　　　b) 要求去除材料　　　c) 不允许去除材料

图 4-19　多个表面具有相同粗糙度要求的简化注法

任务 4-1　实施

1) 表面粗糙度代号 √‾Ra 1.6 标注在零件左端面轮廓线的延长线上，表明零件左端面用去除材料的方法获得，要求轮廓算术平均偏差 Ra 的单向上限值为 $1.6\mu m$。

2) 表面粗糙度代号 √‾Ra 3.2 使用箭头指引线标注在零件右端面轮廓线的延长线上，表明零件右端面用去除材料的方法获得，要求轮廓算术平均偏差 Ra 的单向上限值为 $3.2\mu m$。

3) 表面粗糙度代号 $\sqrt{Ra\ 3.2}$ 使用箭头指引线标注在 $\phi 56mm$、$\phi 52mm$ 两圆柱面轮廓线上，表明零件的外圆柱面用去除材料的方法获得，要求轮廓算术平均偏差 Ra 的单向上限值为 $3.2\mu m$。

4) 表面粗糙度代号 $\sqrt{Ra\ 3.2}$ 标注在螺纹 $M48\times 3$ 的尺寸线上，表明零件的外螺纹用去除材料的方法获得，要求轮廓算术平均偏差 Ra 的单向上限值为 $3.2\mu m$。

5) 表面粗糙度代号 $\sqrt{Rz\ 3.2}$ 使用箭头指引线标注在 $\phi 40^{+0.1}_{0}mm$ 内圆柱面轮廓线的延长线上，表明零件的该圆柱面用去除材料的方法获得，要求轮廓最大高度 Rz 的单向上限值为 $3.2\mu m$。

4.4 表面粗糙度的选用

微课：表面粗糙度的选用

任务 4-2 表面粗糙度评定参数及其数值选择

任务描述：图 4-20 所示为车床尾座顶尖套筒零件图，请根据实际使用要求，选择零件表面粗糙度评定参数及其数值并标注在零件图上。

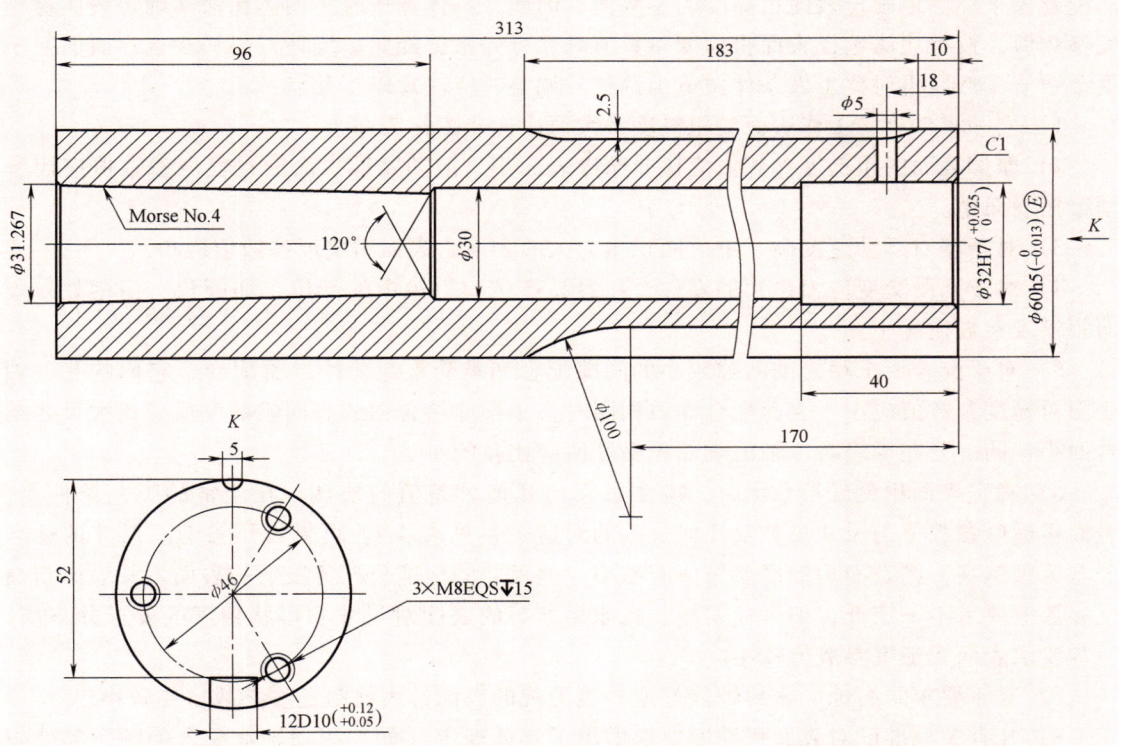

图 4-20 车床尾座顶尖套筒零件图

1. 评定参数的选用

零件表面粗糙度对其使用性能的影响是多方面的。因此，在选用表面粗糙度评定参数时，应能充分合理地反映表面微观几何形状的真实情况，对大多数表面来说，一般只给出幅度特征评定参数即可反映表面粗糙度的特征。故在图样上一般只注出一个或两个幅度参数。GB/T 1031—2009 推荐：当 Ra 值为 0.025~6.3μm 或 Rz 值为 0.1~25μm 时，优先选用 Ra。在上述范围内用电动轮廓仪能很方便地测出 Ra 的实际值。当 Ra 为 6.3~100μm 或 Rz 值为 25~400μm 和 Ra 值为 0.008~0.020μm 或 Rz 值为 0.032~0.08μm 时，用光切显微镜和干涉显微镜测 Rz 较为方便，所以当表面不允许出现较深加工痕迹，防止应力过于集中，从而保证零件的疲劳强度和密封性时，应选用 Rz。

2. 评定参数值的选择

(1) 表面粗糙度的参数值　表面粗糙度的评定参数值已经标准化，设计时应从标准规定的参数值中选取，见表4-5和表4-6。幅度参数值分为基本系列和补充系列，选用时应优先采用基本系列参数值。

(2) 表面粗糙度参数值的选用原则　表面粗糙度参数值选用原则是：首先满足功能要求；其次考虑经济合理性；在满足功能要求的前提下，参数的允许值应尽可能大，以减小加工困难，降低生产成本。

在实际生产中，由于表面粗糙度和零件的功能关系十分复杂，很难全面而精细地按零件功能要求来准确地确定表面粗糙度的参数值，因此，具体选用时多用类比法来确定表面粗糙度参数值。按类比法选择表面粗糙度参数值时，可先根据经验、统计资料初步选定表面粗糙度参数值，然后再对比工做条件做适当调整。调整时应注意以下几点：

1) 同一零件上，工作表面的粗糙度参数值应比非工作表面小。

2) 摩擦表面的粗糙度参数值应比非摩擦表面小，滚动摩擦表面的粗糙度参数值应比滑动摩擦表面小。

3) 对于相对运动速度高、单位面积压力大的表面，表面粗糙度参数值应小。

4) 对于承受交变应力作用的零件，在容易产生应力集中的部位，如圆角、沟槽处，表面粗糙度参数值应小。

5) 对于配合要求稳定的间隙较小的间隙配合和承受重载荷的过盈配合，它们的孔、轴表面粗糙度参数值应小。表面配合性质相同时，小尺寸结合面的表面粗糙度值应比大尺寸结合面小；同一公差等级时，轴的表面粗糙度值应比孔的小。

6) 确定表面粗糙度参数值时，应注意它与几何公差值的协调，在正常的工艺条件下，表面粗糙度参数值与尺寸公差及几何公差的对应关系见表4-7，可供设计参考。尺寸的标准公差等级越高，则表面粗糙度参考值应越小。但尺寸的标准公差等级低的表面，其表面粗糙度参数值要求不一定低，如医疗器械、机床摇把等的表面对尺寸和形状精度的要求并不高，但却要求表面粗糙度参数值较小。

7) 对于要求防腐蚀、密封性能好或外表美观的表面，表面粗糙度参数值应较小。

8) 凡有关标准已对表面粗糙度要求做出了具体规定（如与滚动轴承配合的轴颈和外壳孔、键槽、各级精度齿轮的主要表面等），则应按该标准的规定确定表面粗糙度参数值的大小。表4-8和表4-9列出了不同表面粗糙度参数值的应用举例，各类配合要求的孔、轴表面粗糙度参数的推荐值，可供设计时参考。

表4-5　Ra 的参数值（摘自 GB/T 1031—2009）　　　　　　　　　　（单位：μm）

基本系列	补充系列	基本系列	补充系列	基本系列	补充系列	基本系列	补充系列
	0.008						
	0.010						
0.012			0.125		1.25	12.5	
	0.016		0.160	1.6			16
	0.020	0.2			2.0		20
0.025			0.25	2.5		25	
	0.032		0.32	3.2			32
	0.040	0.4			4.0		40
0.050			0.50	5.0		50	
	0.063		0.63	6.3			63
	0.080	0.8			8.0		80
0.1			1.00		10.0	100	

表4-6　Rz 的参数值（摘自 GB/T 1031—2009）　　　　　　　　　　（单位：μm）

基本系列	补充系列	基本系列	补充系列	基本系列	补充系列	基本系列	补充系列	基本系列	补充系列	基本系列	补充系列
			0.125		1.25	12.5			125		1250
			0.160	1.6			16.0		160	1600	
		0.2			2.0	20		200			
0.025			0.25	2.5		25			250		
	0.032		0.32	3.2			32		320		
	0.040	0.4			4.0	40		400			
0.050			0.50	5.0		50			500		
	0.063		0.63	6.3			63		630		
	0.080	0.8			8.0	80		800			
0.1			1.0		10.0	100			1000		

表4-7　表面粗糙度参数值与尺寸公差及几何公差的对应关系

几何公差 t 占尺寸公差 T 的百分比 $t/T(\%)$	表面粗糙度参数值占尺寸公差 T 的百分比	
	$Ra/T(\%)$	$Rz/T(\%)$
≈60	≤5	≤20
≈40	≤2.5	≤10
≈25	≤1.2	≤5

表4-8　表面粗糙度的表面微观特征、经济加工方法及应用举例

	表面微观特性	$Ra/\mu m$	经济加工方法	应用举例
粗糙表面	微见刀痕	≤20	粗车、粗刨、粗铣、钻、毛锉、锯断	半成品粗加工过的表面，非配合的加工表面，如轴端面、倒角、钻孔、齿轮和带轮侧面、键槽底面、垫圈接触面

（续）

表面微观特性		$Ra/\mu m$	经济加工方法	应用举例
半光表面	可见加工痕迹	≤10	车、刨、铣、镗、钻、粗铰	轴上不安装轴承、齿轮处的非配合表面，紧固件的自由装配表面，轴和孔的退刀槽
	微见加工痕迹	≤5	车、刨、铣、镗、磨、拉、粗刮、滚压	半精加工表面，箱体、支架、盖面、套筒等和其他零件结合而无配合要求的表面，需要发蓝处理的表面等
	看不清加工痕迹	≤2.5	车、刨、铣、镗、磨、拉、刮、压、滚压	接近于精加工表面，箱体上安装轴承的镗孔表面，齿轮的工作面
光表面	可辨加工痕迹方向	≤1.25	车、镗、磨、拉、刮、精铰、磨齿、滚压	圆柱销、圆锥销，与滚动轴承配合的表面，卧式车床导轨面，内、外花键定心表面
	微辨加工痕迹方向	≤0.63	精铰、精镗、磨、刮、滚压	要求配合性质稳定的配合表面，工作时受交变应力的重要零件，较高精度车床的导轨面
	不可辨加工痕迹方向	≤0.32	精磨、珩磨、研磨、超精加工	精密机床主轴锥孔，顶尖圆锥面，发动机曲轴、凸轮轴工作表面，高精度齿轮齿面
极光表面	暗光泽面	≤0.16	精磨、研磨、普通抛光	精密机床主轴轴颈表面，一般量规工作表面，气缸套内表面，活塞销表面
	亮光泽面	≤0.08	超精磨、精抛光、镜面磨削	精密机床主轴轴颈表面，滚动轴承的滚珠，高压泵中柱塞套配合表面
	镜状光泽面	≤0.04		
	镜面	≤0.01	镜面磨削、超精研	高精度量仪、量块的工作表面，光学仪器中的金属镜面

表 4-9　各类配合要求的孔、轴表面粗糙度参数的推荐值

配合要求		孔				轴			
轻度装卸（如交换齿轮、滚刀等）	公称尺寸/mm	尺寸公差等级							
		5	6	7	8	5	6	7	8
		$Ra/\mu m$ 不大于							
	≤50	0.4	0.4~0.8	0.8	0.8~1.6	0.2	0.4	0.4~0.8	0.8
	50~500	0.8	0.8~1.6	1.6	1.6~3.2	0.4	0.8	0.8~1.6	1.6
过盈配合 ①按机械压入法装配 ②按热处理法装配	公称尺寸/mm	尺寸公差等级							
		5	6	7	8	5	6	7	8
		$Ra/\mu m$ 不大于							
	≤50	0.2~0.4	0.8	0.8	1.6	0.1~0.2	0.4	0.4	0.8
	>50~120	0.8	1.6	1.6	1.6~3.2	0.4	0.8	0.8	0.8~1.6
	>120~500	0.8	1.6	1.6	1.6~3.2	0.4	1.6	1.6	1.6~3.2
滑动轴承配合		尺寸公差等级							
		6~9		10~12		6~9		10~12	
		$Ra/\mu m$ 不大于							
		0.8~1.6		1.6~3.2		0.4~0.8		0.8~3.2	

(续)

配合要求	孔						轴				
	径向圆跳动公差/μm										
	2.5	4	6	10	16	25	2.5	4	6	10	16	25
	Ra/μm 不大于										
精密定心用的配合	0.1	0.2	0.2	0.4	0.8	1.6	0.05	0.1	0.1	0.2	0.4	0.8
	液体湿摩擦条件										
	Ra/μm 不大于										
	0.2~0.8						0.1~0.4				

任务4-2 实施

1) φ60h5 外圆柱的精度要求较高（IT5），但无其他要求，故表面粗糙度参数选用 Ra，依据表4-9，参数值取 0.4μm。

2) 装顶尖的4号莫氏锥孔与顶尖配合（对中结合），且要求具有较强的自锁能力，表面质量要求较高，故表面粗糙度参数选用 Ra，参数值取 0.8μm。

3) φ32H7 孔为安装螺母的定位孔，精度要求为 IT7，故表面粗糙度参数选用 Ra，参数值取 1.6μm。

4) 零件端面的表面粗糙度参数选用 Ra，参数值取 3.2μm。

5) 零件各个表面的表面粗糙度标注如图4-21所示。

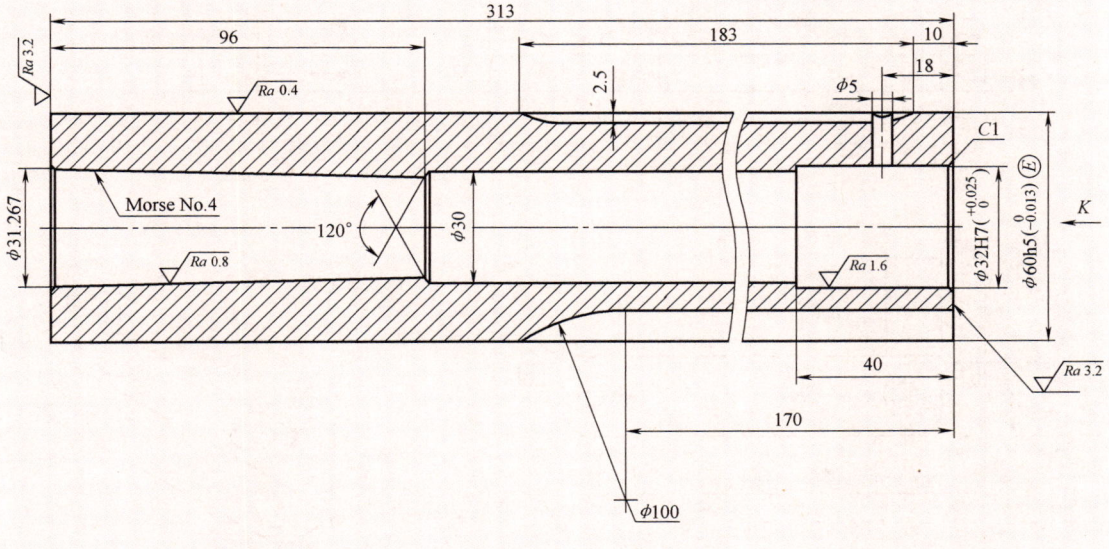

图4-21 车床尾座顶尖套筒零件图表面粗糙度标注

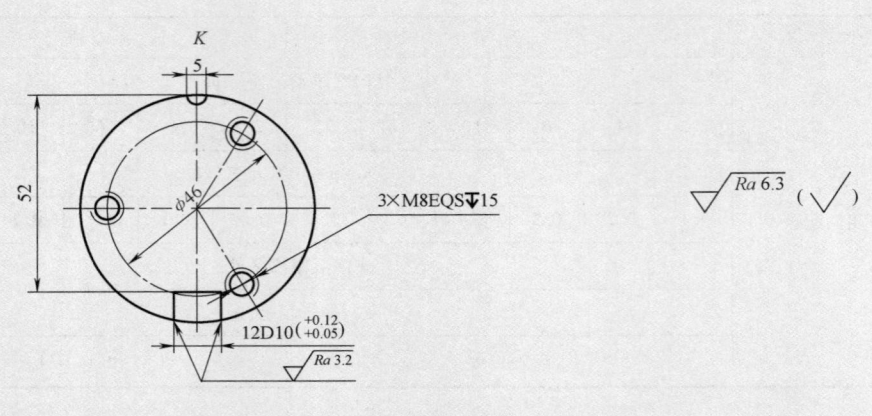

图 4-21 车床尾座顶尖套筒零件图表面粗糙度标注（续）

4.5 表面粗糙度的检测

微课：表面粗糙度的测量

任务 4-3 用手持式粗糙度仪测量零件的表面粗糙度

任务描述：图 4-22 所示为连接块零件图，按照图中标注的要求，用手持式粗糙度仪检验零件的表面粗糙度，并判断合格性。

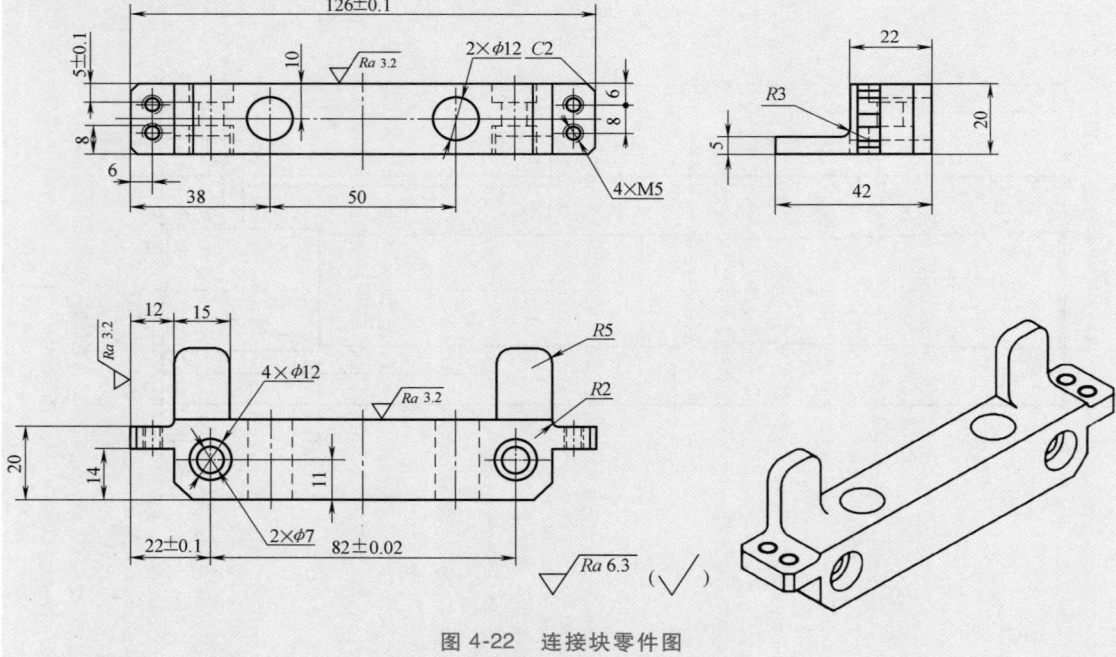

图 4-22 连接块零件图

4.5.1 比较法测量表面粗糙度

比较法是将被测零件表面与表面粗糙度样块直接进行比较，通过人的视觉或触觉判断被测零件表面粗糙度的一种检测方法。图4-23所示为表面粗糙度样块的外形图。视觉比较是用人眼反复比较被测零件表面与表面粗糙度样块表面的加工痕迹、反光强弱、色彩差异，以帮助确定被测零件的表面粗糙度大小，必要时也可借助放大镜观察。触觉比较是用手触摸或用手指划过被测零件表面与表面粗糙度样块表面，通过感觉比较被测零件表面与表面粗糙度样块表面在波峰高度和间距上的差异，从而判断被测零件表面粗糙度的大小。

比较法简单易行，适合车间生产检验。它的缺点是评定的可靠性很大程度上取决于检验人员的经验，仅适用于评定表面粗糙度要求不高的零件。当零件批量较大时，也可从成批零件中挑选几个样品，经检定后作为表面粗糙度样块使用。

4.5.2 用触针式仪器测量表面粗糙度

1. 测得值与极限值相比较的规则

（1）被检特征区域　被检零件各个部位的表面结构，可能呈现均匀一致的状况，也可能差别很大，这点可以通过对表面进行目测来判断。在表面结构看起来均匀的情况下，应采用整体表面上

图4-23　表面粗糙度样块的外形图

测得的参数值与图样上（或技术文件中）的规定值相比较。如果个别区域的表面结构有明显差异，应将每个区域上测得的参数值分别与图样上（或技术文件中）的规定值相比较。当参数的规定值为上限值时，应在几个测量区域中选择可能会出现最大参数值的区域测量。

（2）16%规则　当参数的规定值为上限值时，如果所选参数在同一评定长度上的所有实测值中，大于图样上（或技术文件中）规定值的个数不超过实测值总数的16%，则该表面合格。

当参数的规定值为下限值时，如果所选参数在同一评定长度上的所有实测值中，小于图样上（或技术文件中）规定值的个数不超过实测值总数的16%，则该表面合格。

实行16%规则时，所用参数符号没有"max"标记。

（3）最大规则　若参数的规定值为最大值，则在被检表面的全部区域内测得的参数值一个也不应超过图样上（或技术文件中）的规定值。若规定参数的最大值，应参数符号后面增加一个"max"标记。

2. 测量方向与测量部位的选择

测量表面粗糙度参数值时，若图样上没有特别注明测量方向，则应在数值最大的方向上测量。一般来说就是在垂直于表面加工纹理方向的截面上测量。对于没有加工纹理方向的表

面（如电火花、研磨等加工表面），测量方向可以是任意的。此外，测量时还应注意不要把表面缺陷（如沟槽、气孔、划痕等）包括进去。

应在被测表面可能产生极值的部位进行测量，这可通过目测来确定。应在表面这一部位均匀分布的位置上分别测量，以获得各个独立的测量结果。

3. 取样长度的确定

1) 先采用目测、表面粗糙度样块比较等方法来估计被测轮廓 Ra 或 Rz 的数值，并根据表 4-1 预选取样长度。

2) 用仪器按预选的取样长度完成 Ra 或 Rz 的一次预测量，并将测得值与表 4-1 中预选取样长度所对应的 Ra 或 Rz 的数值范围比较。

3) 如果第 2) 步中测得值超出了预选取样长度所对应的数值范围，则应按照测得值的范围重新确定取样长度，并按照新的取样长度设定仪器后再次测量，此时测得值应能满足表 4-1 中的 Ra 或 Rz 的数值与取样长度的组合。如果不满足，则再次调整，直到符合为止。

4) 如果第 2) 步中测得值没有超出预选取样长度所对应的数值范围，则把取样长度调整为紧邻的更短的取样长度进行测量，然后观察测得值是否满足表 4-1 中的 Ra 或 Rz 的数值与取样长度的组合。如果满足，则这个较小的取样长度是最佳的。

4. 表面粗糙度测量的简化程序

(1) **目视检查** 对于表面粗糙度明显好于规定值、明显差于规定值或存在明显影响表面功能的缺陷等情况，没有必要采用更精确的方法检查，采用目视法检查即可。

(2) **比较检查** 如果目视检查不能做出判定，可采用表面粗糙度样块进行触觉和视觉的比较检查。

(3) **测量** 如果比较检查不能做出判定，应根据目视检查的结果，在被测表面上最有可能出现极值的部位进行测量。

1) 当采用的是 16% 规则，在出现下述情况时可以判定零件是合格的并停止检查。否则，零件应判定为不合格。

① 第 1 个测得值不超过图样规定值的 70%。
② 最初的 3 个测得值不超过图样规定值。
③ 最初的 6 个测得值中只有 1 个值超过图样规定值。
④ 最初的 12 个测得值中只有 2 个值超过图样规定值。
⑤ 对重要零件判断为不合格前，有时可做大于 12 次的测量，如测量 25 次，允许有 4 个测得值超过图样规定值。

2) 采用最大规则（在参数符号后面有"max"）时，一般在表面可能出现最大值处应至少进行三次测量；如果表面呈均匀痕迹，则可在均匀分布的三个部位测量。

3) 利用测量仪器能获得最可靠的表面粗糙度检测结果。因此，对于要求严格的零件，一开始就应直接用测量仪器进行检测。

5. 手持式粗糙度仪简介

(1) **手持式粗糙度仪的测量原理** 用手持式粗糙度仪测量零件表面粗糙度时，将传感器放在零件被测表面上，由仪器内部的驱动机构带动传感器沿被测表面做等速滑行，传感器通过内置的锐利触针感受被测表面的表面粗糙度。此时零件被测表面的表面粗糙度引起触针产生位移。该位移使传感器电感线圈的电感量发生变化，从而在相敏整流器的输出端产生与被测表面粗糙度成比例的模拟信号。该信号经过放大及电平转换之后进入数据采集系统，DSP 芯片将采集的数据进行数字滤波和参数计算。测量结果在液晶显示屏上读出，也可在打印机上输出，还可以与 PC 进行通信。

（2）**手持式粗糙度仪的结构及功能**　图 4-24 所示为某手持式粗糙度仪的外形图，其主要结构和按键的功能如下：

1）传感器。它是仪器的关键零件，通过内置的锐利触针感受被测表面并产生位移，使传感器电感线圈的电感量发生变化，从而产生与被测表面的表面粗糙度成比例的模拟信号。

2）显示屏。显示测量结果及其他各种信息的液晶屏幕。

3）电源键。按下一次松开后，仪器开机，然后自动进入基本测量状态。

4）起动键。测量准备就绪后，按起动键进入测量和自动处理，并显示测量结果。

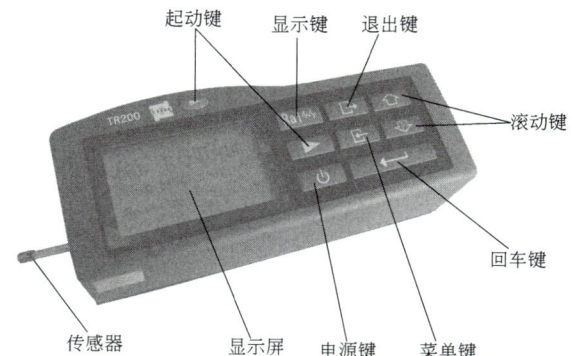

图 4-24　某手持式粗糙度仪的外形图

5）显示键。按显示键显示轮廓图形，配合回车键还可以改变图形放大倍数。

6）菜单键。进入菜单操作状态，配合滚动键和回车键可以改变测量条件（取样长度、评定长度、标准、量程、滤波器、显示参数等），进行功能选择（打印参数和轮廓、触针位置、示值校准），进行系统设置（语言、单位、液晶背光、亮度等）。

（3）**使用方法**

1）装卸传感器。安装时，用手拿住传感器的主体部分，按图 4-25 所示将传感器插入仪器底部的传感器连接套中，然后轻推到底。拆卸时，用手拿住传感器的主体部分或保护套管的根部，慢慢地向外拉出。

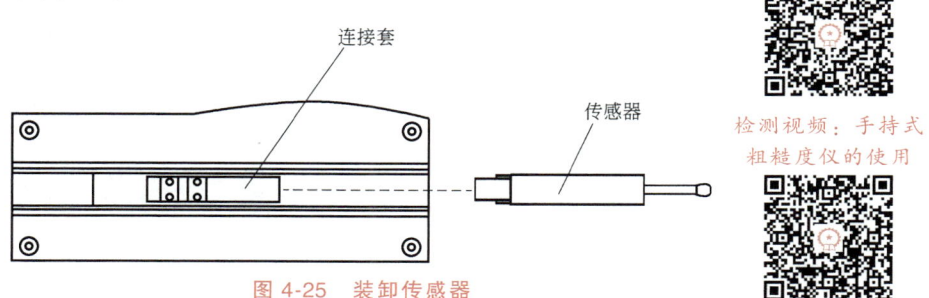

图 4-25　装卸传感器

2）确定测量方向。传感器的滑行轨迹必须垂直于零件被测表面的加工纹理方向，如图 4-26 所示。

3）正确选取放置位置。在进行测量前，应将仪器正确、平稳、可靠地放置在零件被测表面上。图 4-27 所示为正确和错误的放置位置。

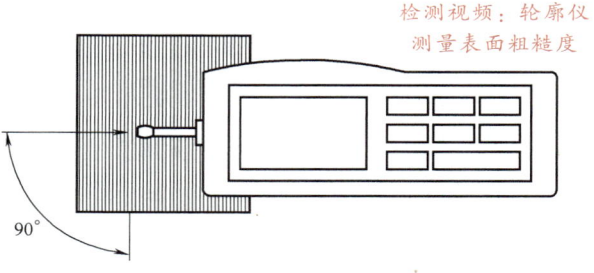

图 4-26　手持式粗糙度仪的测量方向

检测视频：三维形貌
测量仪测表面粗糙度

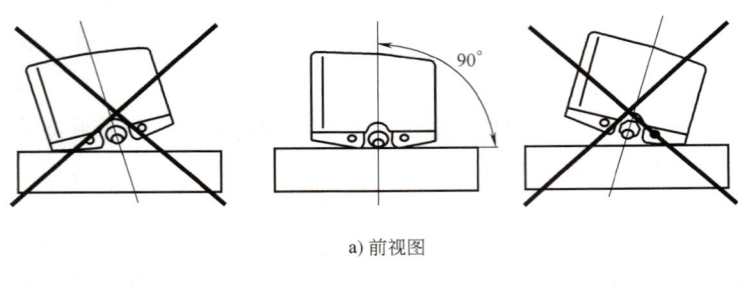

a) 前视图

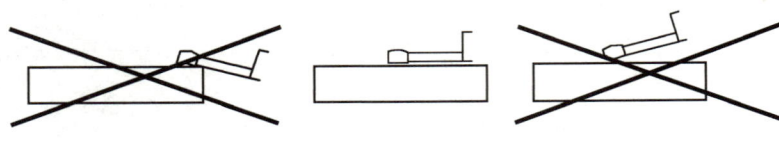

b) 侧视图

图 4-27 正确和错误的放置位置

任务 4-3 实施

- 测量仪器和辅助工具的选用

根据零件的结构尺寸及检测的便利性，选用手持式粗糙度仪、粗糙度仪台架。

- 测量与评定的步骤

1) 根据被测零件的结构尺寸，将手持式粗糙度仪夹持在适当的位置，如图 4-28 所示。

2) 长按电源键 约 2s，起动仪器，开机后进入基本测量状态的主界面。

3) 按下回车键 进入参数设置界面，根据被测表面粗糙度选择取样长度 l_r = 2.5mm，评定长度为取样长度的 5 倍，按下退出键 回到主界面。

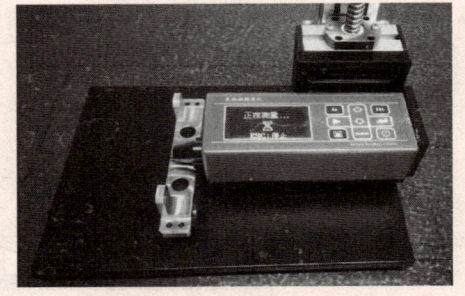

图 4-28 手持式粗糙度仪测量过程

4) 在主界面状态下，按下触针位置键 ，转动台架升降手轮，使显示屏中显示的箭头指向 0，以确保触针与被测表面处于合适的接触位置，调整好后按触针位置键 回到主显示界面。

5) 按下起动测量键 ，开始测量，测量完毕后，主界面显示测量参数值，也可以通过参数选择键 观察全部测量结果。

6) 根据图样标注，逐项进行检测，并判断合格性（具体测量结果及结论略）。

7) 测量工作完成后，按下电源键 关闭仪器。

习题与实践

一、判断题

1. 测量表面粗糙度时，一般应平行于加工纹理方向进行。（　　）
2. 用表面粗糙度样块检测零件时，能得出精确的表面粗糙度参数值。（　　）
3. 零件实际表面越粗糙，则零件运动时表面磨损越快。（　　）
4. 表面粗糙度的取样长度一般即为评定长度。（　　）
5. Ra 测量方便，能充分反映表面微观几何形状高度的特征，是普遍采用的评定参数。（　　）
6. 受交变载荷的零件，其表面粗糙度参数值应小。（　　）
7. 零件的尺寸精度越高，通常表面粗糙度参数值相应取得越小。（　　）
8. 零件的表面粗糙度参数值要求越小，越易于加工。（　　）
9. 表面粗糙度不划分等级，直接用参数及数值表示。（　　）
10. Rz 对表面不允许出现较深的加工痕迹和小零件的表面质量有实用意义。（　　）

二、填空题

1. 评定长度是指评定轮廓表面粗糙度所必需的一段长度，一般情况等于_____倍取样长度。
2. 表面粗糙度是保证零件功能的重要因素，其参数值的大小对零件的_____和_____有直接影响。
3. 轮廓算数平均偏差的符号是_____；轮廓的最大高度的符号是_____。
4. 测量表面粗糙度时，规定取样长度的目的在于_____。
5. 轮廓中线是评定表面粗糙度数值的_____线。
6. 选用表面粗糙度时，应在满足表面功能要求情况下，尽量选用_____的表面粗糙度参数值。

三、选择题

1. 加工零件时产生表面粗糙度的主要原因是（　　）。
   A. 进给不均匀　　　B. 刀痕和振动　　　C. 机床的几何精度　　　D. 背吃刀量
2. 表面粗糙度参数值越小，则零件的（　　）。
   A. 耐磨性好　　　B. 配合精度高　　　C. 疲劳强度差　　　D. 加工容易
3. 表面粗糙度是（　　）误差。
   A. 宏观几何形状　　　B. 微观几何形状　　　C. 宏观相互位置　　　D. 微观相互位置
4. 选择表面粗糙度参数值时，下列论述正确的有（　　）。
   A. 同一零件上工作表面应比非工作表面参数值大
   B. 受交变载荷的表面，参数值应大
   C. 配合质量要求高，参数值应小
   D. 尺寸精度要求高，参数值应小
5. 下列论述正确的有（　　）。
   A. 表面粗糙度属于表面微观性质的形状误差
   B. 表面粗糙度属于表面宏观性质的形状误差
   C. 表面粗糙度属于表面波纹度误差
   D. 介于表面宏观形状误差与微观形状误差之间的是波纹度误差
6. 表面粗糙度普遍采用（　　）参数。
   A. Ra　　　B. Rz　　　C. Ry　　　D. Rq
7. 表面粗糙度代（符）号在图样上应标注在（　　）。

A. 可见轮廓线上　　　B. 尺寸界线上　　　C. 虚线上

8. 只对零件切削加工，表面粗糙度无具体数值要求，可标注（　　）符号。

A. √　　　B. ∀　　　C. ⌀　　　D. √

9. 同一零件，工作表面的表面粗糙度参数值应_____非工作表面。

A. 大于　　　B. 小于　　　C. 等于　　　D. 大于或等于

10. 同一表面的表面粗糙度参数值_____几何公差值。

A. 一定大于　　　B. 一定小于　　　C. 可以小于　　　D. 可以大于

四、简答题

1. 表面结构包括哪几种轮廓？
2. 表面粗糙度对零件的功能有何影响？
3. 为什么要规定取样长度和评定长度？两者之间的关系如何？
4. 国家标准 GB/T 3505—2009 中规定评定表面粗糙度的幅度参数有哪些？

五、综合题

1. 将图 4-29 所示的心轴、衬套的零件图画出，用类比法确定各个表面粗糙度参数项目及参数值，并将其标注在零件图上。

2. 试将下列的表面粗糙度轮廓技术要求标注在图 4-30 所示的机械加工的零件图样上。

1) D_1 孔的表面粗糙度轮廓参数 Ra 的上限值为 $3.2\mu m$。

2) D_2 孔的表面粗糙度轮廓参数 Ra 的上限值为 $6.3\mu m$，下限值为 $3.2\mu m$。

3) 零件右端面采用铣削加工，表面粗糙度轮廓参数 Rz 的上限值为 $12.5\mu m$，下限值为 $6.3\mu m$，加工纹理呈近似放射形。

4) d_1 和 d_2 圆柱面粗糙度轮廓参数 Rz 的上限值为 $25\mu m$。

5) 其余表面的表面粗糙度轮廓参数 Rz 的上限值为 $12.5\mu m$。

3. 将表面粗糙度代号标注在图 4-31 上，要求：

1) 用任何方法加工圆柱面 d_3，Ra 最大允许值为 $3.2\mu m$。

2) 用去除材料的方法获得孔 d_1，Ra 最大允许值为 $3.2\mu m$。

3) 用去除材料的方法获得表面 a，Rz 最大允许值为 $3.2\mu m$。

4) 其余用去除材料的方法获得表面，Ra 允许值均为 $25\mu m$。

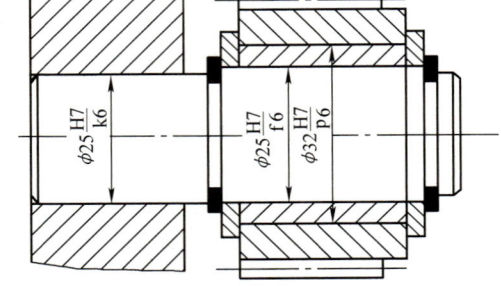

图 4-29　综合题第 1 题图

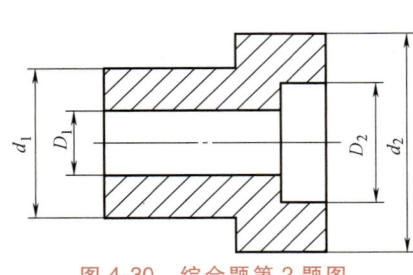

图 4-30　综合题第 2 题图

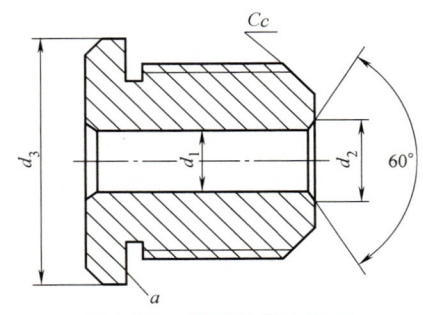

图 4-31　综合题第 3 题图

第5章

圆锥公差及角度与锥度的检测

5.1 圆锥的基础知识与圆锥公差

5.1.1 圆锥配合的特点与基本参数

1. 圆锥配合的特点

在机械行业中，圆锥配合是机械设备常用的典型结构。圆锥配合的特点是：可自动定心，对中性良好，而且装拆简便，配合间隙或过盈的大小可以自由调整，能利用自锁性来传递转矩并且有良好的密封性等。但是，圆锥配合在结构上比较复杂，其加工和检测比较困难。

与本章内容密切相关的标准有 GB/T 157—2001《产品几何量技术规范（GPS） 圆锥的锥度与锥角系列》、GB/T 11334—2005《产品几何量技术规范（GPS） 圆锥公差》、GB/T 12360—2005《产品几何量技术规范（GPS） 圆锥配合》等标准。

微课：圆锥配合的特点

微课：圆锥配合的基本参数

2. 圆锥配合的基本参数

(1) **圆锥表面** 与轴线成一定角度且一端相交于轴线的一条线段（母线），围绕着该轴线旋转形成的表面，如图 5-1 所示。

(2) **圆锥** 由圆锥表面与一定尺寸所限定的几何体，如图 5-1 所示。

(3) **圆锥直径** 圆锥在垂直于其轴线的截面上的直径。常用的圆锥直径有：最大圆锥直径 D（内、外圆锥的最大直径分别用 D_i、D_e 表示），最小圆锥直径 d（内、外圆锥的最小直径分别用 d_i、d_e 表示），给定截面上的圆锥直径 D_x（d_x），如图 5-2 所示。

(4) **圆锥长度** 最大圆锥直径截面与最小圆锥直径截面之间的轴向距离。内、外圆锥长度分别为 L_i 和 L_e，如图 5-2 所示。

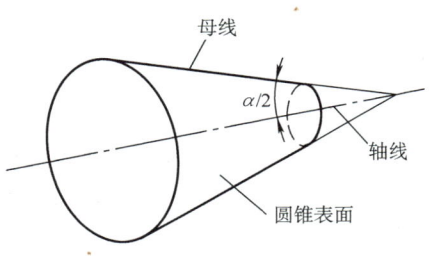

图 5-1 圆锥表面

(5) **圆锥的结合长度 L_p**　内、外圆锥结合部分的轴向距离。

(6) **圆锥角（锥角）α**　在通过圆锥轴线的截面内，两条素线间的夹角，如图5-2所示。圆锥素线角 $\alpha/2$ 为圆锥素线与轴线间的夹角，并且等于圆锥角的1/2。

(7) **锥度 C**　两个垂直于圆锥轴线截面的直径 D 和 d 之差与其两截面间的轴向距离 L 之比，即

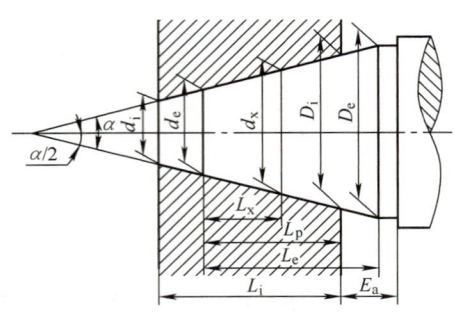

图5-2　圆锥的几何参数

$$C = \frac{D-d}{L} \tag{5-1}$$

锥度 C 与圆锥角 α 的关系为：$C = 2\tan\dfrac{\alpha}{2} = 1 : \dfrac{1}{2}\cot\dfrac{\alpha}{2}$

锥度一般用比例或分式表示，如 $C = 1:20$ 或 $1/20$。

(8) **基面距**　相互配合的内、外圆锥基准平面之间的距离，用 E_a 表示，如图5-3所示。基面距用来确定内、外圆锥的轴向相对位置。

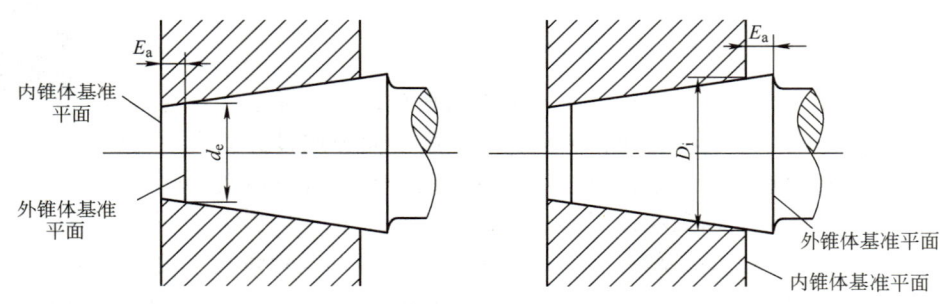

图5-3　圆锥结合的基面距

微课：圆锥配合的种类

5.1.2　圆锥配合的分类及其形成方法

1. 圆锥配合的分类

(1) **间隙配合**　这类配合具有间隙，而且在装配和使用过程中间隙大小可以调整，常用于有相对运动的机构中，如某些车床主轴的圆锥轴颈与圆锥滑动轴承衬套的配合。

(2) **过盈配合**　这类配合具有过盈，自锁性好，能产生较大的摩擦力来传递转矩，拆装方便，如钻头（或铰刀）的圆锥柄与机床主轴圆锥孔的配合、圆锥形摩擦离合器中的配合等。

(3) **过渡配合**　可能具有间隙或过盈的配合称为过渡配合，其中要求内、外圆锥紧密接触，间隙为零或稍有过盈的配合称为紧密配合。它用于对中定心或密封，可以防止漏液、漏气，如锥形旋塞、发动机中的气阀与阀座的配合等。为了保证良好的密封性，通常将内、外锥面成对研磨，所以这类配合的零件没有互换性。

2. 圆锥配合的形成方法

圆锥配合有结构型圆锥配合和位移型圆锥配合两种。

（1）**结构型圆锥配合的形成方法** 由圆锥结构确定装配的最终位置而形成所需要的配合。结构型圆锥配合可以是间隙配合、过渡配合或过盈配合。

1）由内、外圆锥的结构确定装配的最终位置而形成配合。图 5-4 所示为由轴肩接触得到间隙配合。

2）由内、外圆锥基准平面之间的结构尺寸确定装配后的最终位置而形成的配合。图 5-5 所示为由结构尺寸 E_a（基面距）得到过盈配合。

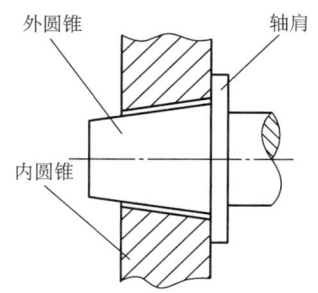
图 5-4　由轴肩接触得到间隙配合

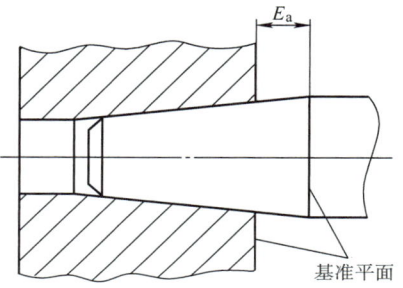
图 5-5　由结构尺寸 E_a（基面距）得到过盈配合

（2）**位移型圆锥配合的形成方法** 内、外圆锥在装配时做一定相对轴向位移形成所需要的配合。位移型圆锥配合可以是间隙配合或过盈配合。

1）由内、外圆锥实际初始位置 A 开始，做一定的相对轴向位移而形成间隙配合，如图 5-6 所示。实际初始位置是指在不施加装配力的情况下相互结合的内、外圆锥表面接触时的轴向位置。

2）由内、外圆锥实际初始位置 A 开始，施加一定装配力产生轴向位移而形成过盈配合，如图 5-7 所示。

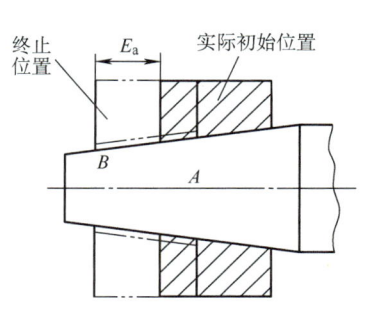
图 5-6　由轴向位移形成圆锥间隙配合

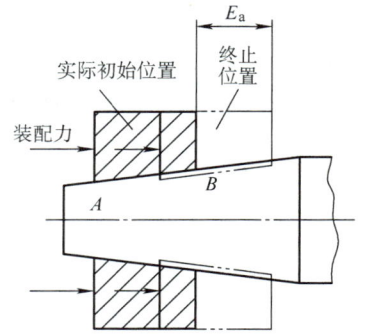
图 5-7　由施加装配力形成圆锥过盈配合

5.1.3　锥度与锥角系列

为了便于生产和控制圆锥，在设计时，应选用标准锥度或标准锥角。一般用途圆锥的锥度与锥角系列见表 5-1，表中给出了锥角或锥度的推算值，优先选用系列 1。

表 5-1 一般用途圆锥的锥度与锥角系列（摘自 GB/T 157—2001）

基本值		推算值			锥度 C	用途
系列 1	系列 2	锥角 α (°)(′)(″)	(°)	rad		
120°		—	—	2.09439510	1 : 0.2886751	节气阀、汽车、拖拉机阀门
90°		—	—	1.57079633	1 : 0.5000000	重型顶尖、重型中心孔、阀销锥体
	75°	—	—	1.30899694	1 : 0.6156127	沉头螺钉、小于 M10 的螺锥
60°		—	—	1.04719755	1 : 0.8660254	顶尖、中心孔、弹簧夹头、埋头钻
45°		—	—	0.78539816	1 : 1.2071068	埋头铆钉
30°		—	—	0.52359878	1 : 1.8660254	摩擦轴节、弹簧卡头、平衡块
1 : 3		18°55′28.7199″	18.92464442°	0.33029735	—	受力方向垂直于轴线、易拆开的连接
	1 : 4	14°15′0.1177″	14.25003270°	0.24870999	—	—
1 : 5		11°25′16.2706″	11.42118627°	0.19933730	—	受力方向垂直于轴线的连接、锥形摩擦离合器、磨床主轴
	1 : 6	9°31′38.2202″	9.52728338°	0.16628246	—	
	1 : 7	8°10′16.4408″	8.17123356°	0.14261493	—	
	1 : 8	7°9′9.6075″	7.15266875°	0.12483762	—	重型机床主轴
1 : 10		5°43′29.3176″	5.72481045°	0.09991679	—	受轴向力和扭转力的连接处、主轴承受轴向力处
	1 : 12	4°46′18.7970″	4.77188806°	0.08328516	—	
	1 : 15	3°49′5.8975″	3.81830487°	0.06664199	—	承受轴向力的机件，如机车十字头轴
1 : 20		2°51′51.0925″	2.86419237°	0.04998959	—	机床主轴、刀具刀杆尾部、锥形铰刀、心轴
1 : 30		1°54′34.8570″	1.90968251°	0.03333025	—	锥形铰刀、套式铰刀、扩孔钻的刀杆、主轴颈部
1 : 50		1°8′45.1586″	1.14587740°	0.01999933	—	锥销、手柄端部、锥形铰刀、量具尾部
1 : 100		34′22.6309″	0.57295302°	0.00999992	—	受静变负载不拆开的连接件，如心轴等
1 : 200		17′11.3219″	0.28647830°	0.00499999	—	导轨镶条、受振动及冲击负载不拆开的连接件
1 : 500		6′52.5295″	0.11459152°	0.00200000	—	—

注：系列 1 中 120°～1：3 的数值近似按 R10/2 优先数系列，1：5～1：500 按 R10/3 优先数系列（见 GB/T 321）。

特殊用途圆锥的锥度与锥角系列见表 5-2。它仅适用于某些特殊行业。在机床、工具制造中，广泛使用莫氏锥度。常用的莫氏锥度共有 7 种，0～6 号，使用时只有相同号的莫氏内、外锥才能配合。

表 5-2 特殊用途圆锥的锥度与锥角系列（摘自 GB/T 157—2001）

基本值	推算值			锥度 C	用途
	锥角 α				
	(°)(′)(″)	(°)	rad		
11°54′	—	—	0.20769418	1∶4.7974511	纺织机械和附件
8°40′	—	—	0.15126187	1∶6.5984415	
7°	—	—	0.12217305	1∶8.1749277	
7∶24	16°35′39.4443″	16.59429008°	0.28962500	1∶3.4285714	机床主轴工具配合
1∶19.002	3°0′52.3956″	3.01455434°	0.05261390	—	莫氏锥度 No.5
1∶19.180	2°59′11.7258″	2.98659050°	0.05212584	—	莫氏锥度 No.6
1∶19.212	2°58′53.8255″	2.98161820°	0.05203905	—	莫氏锥度 No.0
1∶19.254	2°58′30.4217″	2.97511713°	0.05192559	—	莫氏锥度 No.4
1∶19.922	2°52′31.4463″	2.87540176°	0.05018523	—	莫氏锥度 No.3
1∶20.020	2°51′40.7960″	2.86133223°	0.04993967	—	莫氏锥度 No.2
1∶20.047	2°51′26.9283″	2.85748008°	0.04987244	—	莫氏锥度 No.1

5.1.4 圆锥公差及其给定方法

1. 圆锥公差

圆锥公差包括圆锥直径公差 T_D、圆锥角公差 AT、给定截面圆锥直径公差 T_{DS} 和圆锥形状公差 T_F 四个方面。

微课：圆锥
直径公差

(1) 圆锥直径公差 T_D　圆锥直径公差是指圆锥直径允许的变动量，用 T_D 表示，它适用于圆锥全长上。圆锥直径公差区是两个极限圆锥所限定的区域，如图 5-8 所示。圆锥直径公差是一个没有符号的绝对值，以公称圆锥直径（一般取最大圆锥直径 D）为公称尺寸，按 GB/T 1800 规定的标准公差选取。

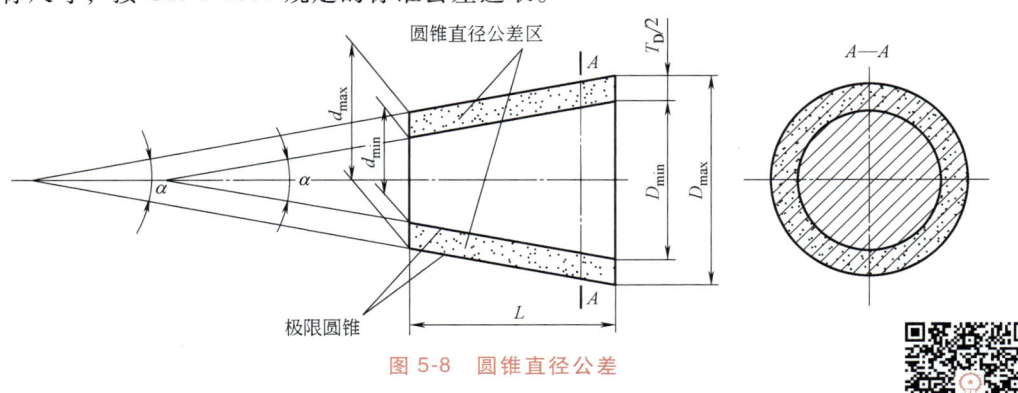

图 5-8　圆锥直径公差

(2) 圆锥角公差 AT（AT_D、AT_α）　圆锥角公差是指圆锥角的允许变动量。圆锥角公差区是两个极限圆锥角所限定的区域，如图 5-9 所示。

圆锥角公差共分 12 个公差等级，用 $AT1 \sim AT12$ 表示，其中 $AT1$ 最高，$AT12$ 最低，如 $AT6$ 表示 6 级圆锥角公差。部分公差等级的圆锥角公差值

微课：圆锥角
公差和圆锥
形状公差

见表 5-3。

圆锥角公差值按圆锥长度分尺寸段，其表示方法有以下两种。

1) AT_α 以角度单位（微弧度、度、分、秒）表示圆锥角公差值（$1\mu rad$ 等于半径为 $1m$ 弧长为 $1\mu m$ 所产生的角度，$5\mu rad \approx 1''$，$300\mu rad \approx 1'$）。

2) AT_D 以长度单位（μm）表示圆锥角公差值。在同一圆锥长度分段内，AT_D 值有两个，分别对应于 L 的最大值和最小值。

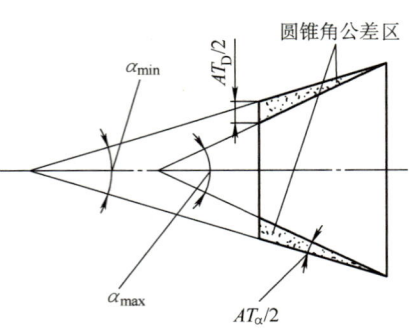

图 5-9 圆锥角公差

表 5-3 部分公差等级的圆锥角公差值（摘自 GB/T 11334—2005）

公称圆锥长度 L/mm	圆锥角公差等级								
	AT4			AT5			AT6		
	AT_α		AT_D	AT_α		AT_D	AT_α		AT_D
	μrad	(')('')	μm	μrad	(')('')	μm	μrad	(')('')	μm
>16~25	125	26''	>2.0~3.2	200	41''	>3.2~5.0	315	1'05''	>5.0~8.0
>25~40	100	21''	>2.5~4.0	160	33''	>4.0~6.3	250	52''	>6.3~10.0
>40~63	80	16''	>3.2~5.0	125	26''	>5.0~8.0	200	41''	>8.0~12.5
>63~100	63	13''	>4.0~6.3	100	21''	>6.3~10.0	160	33''	>10.0~16.0
>100~160	50	10''	>5.0~8.0	80	16''	>8.0~12.5	125	26''	>12.5~20.0
公称圆锥长度 L/mm	圆锥角公差等级								
	AT7			AT8			AT9		
	AT_α		AT_D	AT_α		AT_D	AT_α		AT_D
	μrad	(')('')	μm	μrad	(')('')	μm	μrad	(')('')	μm
>16~25	500	1'43''	>8.0~12.5	800	2'45''	>12.5~20.0	1250	4'18''	>20~32
>25~40	400	1'22''	>10.0~16.0	630	2'10''	>16.0~25.0	1000	3'26''	>25~40
>40~63	315	1'05''	>12.5~20.0	500	1'43''	>20.0~32.0	800	2'45''	>32~50
>63~100	250	52''	>16.0~25.0	400	1'22''	>25.0~40.0	630	2'10''	>40~63
>100~160	200	41''	>20.0~32.0	315	1'05''	>32.0~50.0	500	1'43''	>50~80
公称圆锥长度 L/mm	圆锥角公差等级								
	AT10			AT11			AT12		
	AT_α		AT_D	AT_α		AT_D	AT_α		AT_D
	μrad	(')('')	μm	μrad	(')('')	μm	μrad	(')('')	μm
>16~25	2000	6'52''	>32~50	3150	10'49''	>50~80	5000	17'10''	>80~125
>25~40	1600	5'30''	>40~63	2500	8'35''	>63~100	4000	13'44''	>100~160
>40~63	1250	4'18''	>50~80	2000	6'52''	>80~125	3150	10'49''	>125~200
>63~100	1000	3'26''	>63~100	1600	5'30''	>100~160	2500	8'35''	>160~250
>100~160	800	2'45''	>80~125	1250	4'18''	>125~200	2000	6'52''	>200~320

AT_α 和 AT_D 的关系如下，即

$$AT_D = AT_\alpha \times L \times 10^{-3}$$

式中，AT_D 的单位为 μm；AT_α 的单位为 μrad；L 的单位为 mm。

例如，当 $L=100$mm、AT_α 为 9 级时，查表 5-3 得 $AT_\alpha = 630$μrad 或 $2'10''$，得

$$AT_D = (630 \times 100 \times 10^{-3})\text{μm} = 63\text{μm}$$

若 $L=80$mm、AT_α 仍为 9 级，则计算得

$$AT_D = (630 \times 80 \times 10^{-3})\text{μm} = 50.4\text{μm} \approx 50\text{μm}$$

(3) 给定截面圆锥直径公差 T_{DS} 给定截面圆锥直径公差是指在垂直于圆锥轴线的给定截面内圆锥直径的允许变动量。它仅适用于该给定截面的圆锥直径，其公差区是给定的截面内两同心圆所限定的区域，如图 5-10 所示。

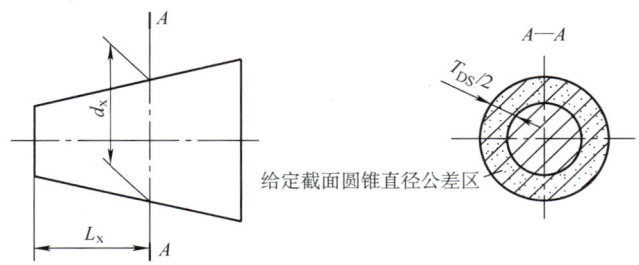

图 5-10 给定截面圆锥直径公差

T_{DS} 公差带所限定的是平面区域，而 T_D 公差带所限定的是空间区域，两者是不同的。

(4) 圆锥形状公差 T_F 圆锥形状公差包括素线直线度公差和横截面圆度公差。圆锥直径公差 T_D 可以控制圆锥形状误差，当圆锥形状公差有更高的要求时，可另外给出形状公差。

2. 圆锥公差的给定方法

1) 给出圆锥的公称圆锥角 α（或锥度 C）和圆锥直径公差 T_D。由 T_D 确定两个极限圆锥。此时圆锥角误差和圆锥形状误差均应在极限圆锥所限定的区域内。

当对圆锥角公差、圆锥形状公差有更高的要求时，可再给出圆锥角公差 AT、圆锥的形状公差 T_F。此时，AT、T_F 仅占 T_D 的一部分。

2) 给出给定截面圆锥直径公差 T_{DS} 和圆锥角公差 AT。此时，给定截面圆锥直径和圆锥角应分别满足这两项公差的要求。T_{DS} 和 AT 的关系如图 5-11 所示。

该方法是在假定圆锥素线为理想直线的情况下给出的。当对圆锥形状公差有更高的要求

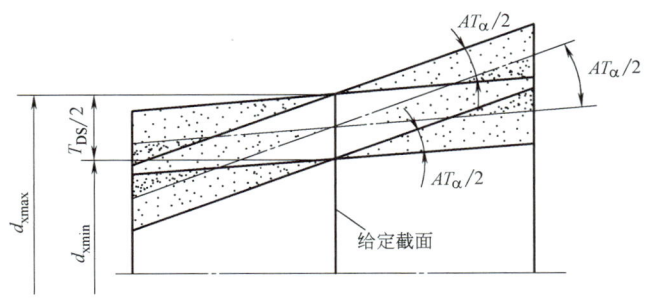

图 5-11 T_{DS} 和 AT 的关系

时，可再给出圆锥形状公差 T_F。

3. 圆锥公差的标注

在通常情况下，应按面轮廓度法标注圆锥公差。

图 5-12 所示为给定圆锥角的圆锥公差注法。

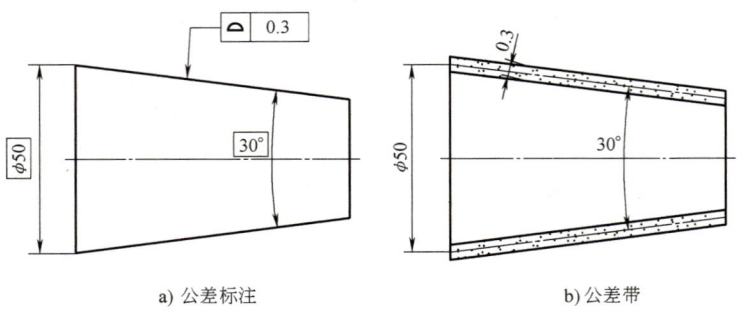

a) 公差标注　　　　　　　　b) 公差带

图 5-12　给定圆锥角的圆锥公差注法

图 5-13 所示为给定锥度的圆锥公差注法。

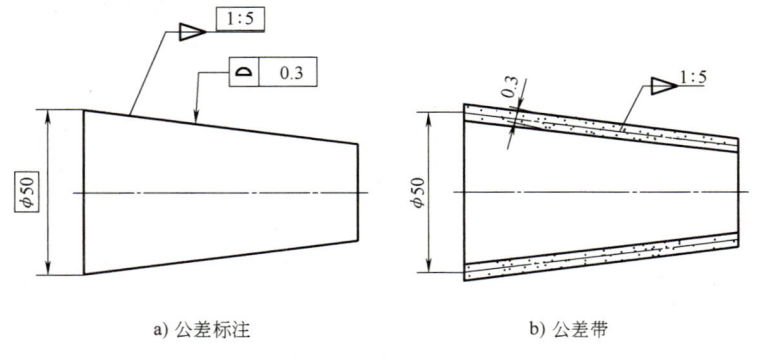

a) 公差标注　　　　　　　　b) 公差带

图 5-13　给定锥度的圆锥公差注法

图 5-14 所示为给定圆锥轴向位置的圆锥公差注法。

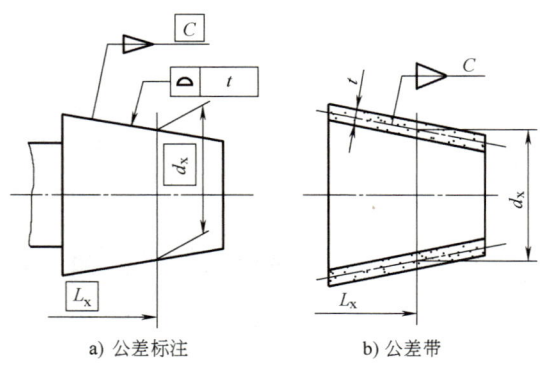

a) 公差标注　　　　　　　　b) 公差带

图 5-14　给定圆锥轴向位置的圆锥公差注法

除了以上三种标注方法之外，圆锥公差还有其他的标注方法，具体应用时可以查阅相关标注。

5.2 角度和锥度检测

检测视频：三坐标机测角度

任务 5-1　用游标万能角度尺检测圆锥角

任务描述：某顶尖的图样如图 5-15 所示，公称圆锥角为 60°，圆锥角公差等级为 10 级，按照双向对称分布（图中用问号代表极限偏差值）确定极限偏差，用游标万能角度尺检测顶尖的圆锥角并判断合格性。

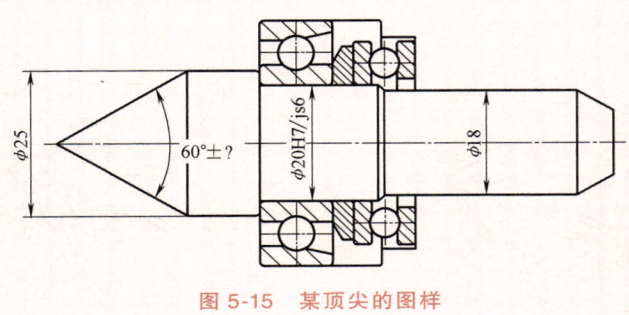

图 5-15　某顶尖的图样

5.2.1　游标万能角度尺

直接测量法是用测量角度的量具和量仪直接测量，被测的锥度或角度数值可在量具和量仪上直接读出。对于精度不高的工件，常用游标万能角度尺进行测量；对于精度高的工件，则需用光学分度头和测角仪进行测量。

在生产车间游标万能角度尺是常用的可直接测量被测工件角度的量具。常见的游标万能角度尺结构如图 5-16 所示，在主尺 3 上刻有 90 个分度和 30 个辅助分度。扇形板 6 上刻有游标，用卡块 9、10 可以把角尺 7 及直尺 8 固定在扇形板 6 上，主尺 3 能沿着扇形板 6 的圆弧面和制动头 5 的圆弧面移动，用制动头 5 可以把主尺 3 紧固在所需的位置上。这种游标万能角度尺的游标读数值有 2′ 和 5′ 两种，测量范围为 0°~320°。

利用基尺、角尺、直尺的不同组合，可以分别得到 0°~50°、50°~140°、140°~230°、230°~320° 四种组合，能测量 0°~320° 范围内的任意角度，如图 5-17 所示。

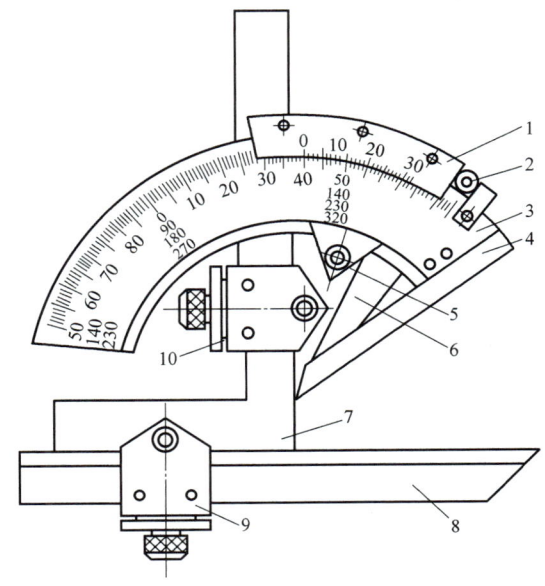

图 5-16　常见的游标万能角度尺结构

1—游标尺　2—微动装置　3—主尺　4—基尺　5—制动头　6—扇形板　7—角尺　8—直尺　9、10—卡块

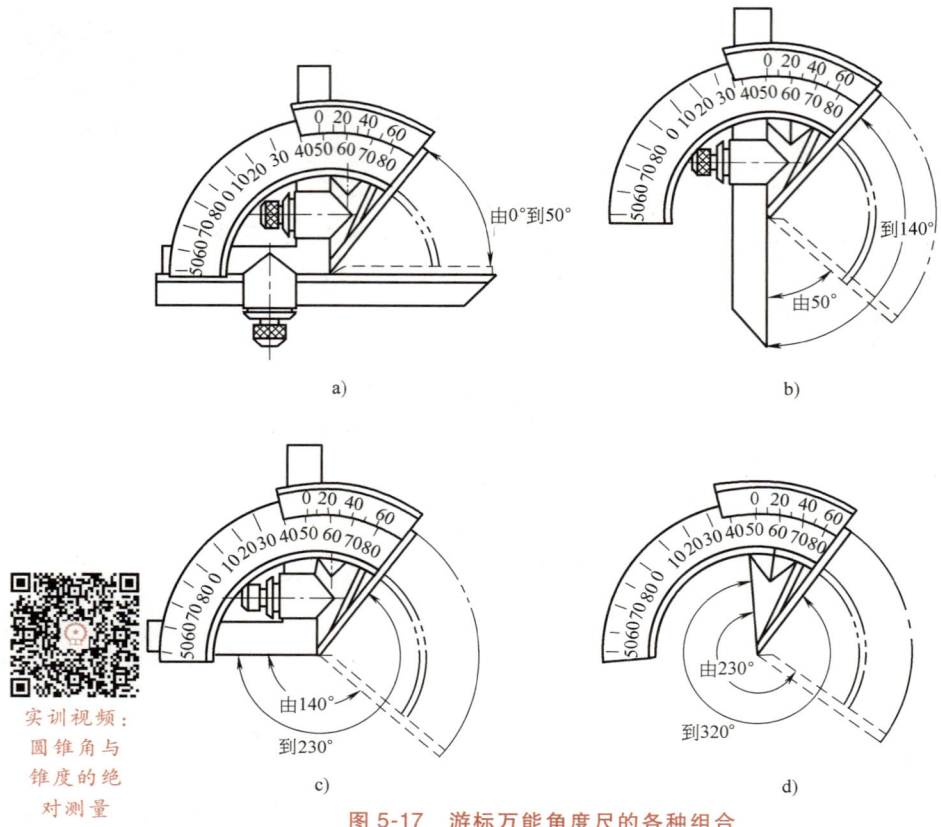

图 5-17 游标万能角度尺的各种组合

实训视频：
圆锥角与
锥度的绝
对测量

任务 5-1 实施

- 量具和辅助工具选用

根据任务要求，选用分度值为 2′ 的游标万能角度尺一把、夹持用的台虎钳或其他夹持工具一套。

- 测量与评定的步骤

1）将被测顶尖以及游标万能角度尺清洗干净，并用纱布擦干。

2）根据被测顶尖公称圆锥角为 60°，采用 50°~140° 的组合方式，组合好游标万能角度尺。

3）调整角度尺，使直尺和基尺的工作面与被测工件紧密接触，通过透光观察工件两边与直尺、基尺缝隙，如果不透光或光隙均匀，则表明贴合紧密，然后拧紧固定螺钉进行读数，将工件每转过 30° 测一次，共测 6 次记录在表 5-4 中，取其平均值作为工件圆锥角的测量值。

4）测量完毕后，用汽油或酒精把游标万能角度尺洗净，用纱布擦干，然后装入盒子中。

5）查表求极限偏差、判断合格性。由图样标注，可以计算公称圆锥长度为 21.65mm，查表 5-3 可得到圆锥角公差值为 6′52″，按照对称分布，上极限偏差为 +3′26″，

下极限偏差为 $-3'26''$。圆锥角的合格范围为 $59°56'34''\sim 60°3'26''$，实测值 $59°55'$ 没在此范围内，所以不合格，见表 5-4。

表 5-4　任务 5-1 测量记录表

测量次数	1	2	3	4	5	6
测得值	59°52′	60°6′	59°46′	60°10′	59°24′	60°12′
测量结果(平均值)	59°55′					
圆锥角公差	6′52″			上极限偏差	+3′26″	
				下极限偏差	-3′26″	
合格性结论	不合格					

任务 5-2　用正弦规检测锥度偏差

任务描述：图 5-18 所示为 3 级的莫氏 1 号圆锥塞规，要求用正弦规检测其锥度偏差并判断其合格性。

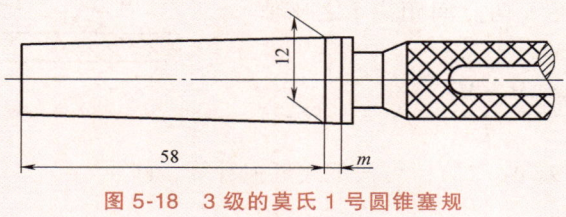

图 5-18　3 级的莫氏 1 号圆锥塞规

5.2.2　正弦规

1. 正弦规的结构

正弦规是利用正弦函数原理精确地检测圆锥的锥度或角度偏差的工具。

正弦规的结构如图 5-19 所示，主要由主体工作平面 1 和两个直径相同的圆柱 2 组成。为便于被检工件在正弦规的主体工作平面上定位和定向，装有后挡板 3 和侧挡板 4。

根据两圆柱中心间的距离和主体工作平面宽度，制成两种形式：宽型正弦规和窄型正弦规。

检测视频：
正弦规测量
锥度偏差

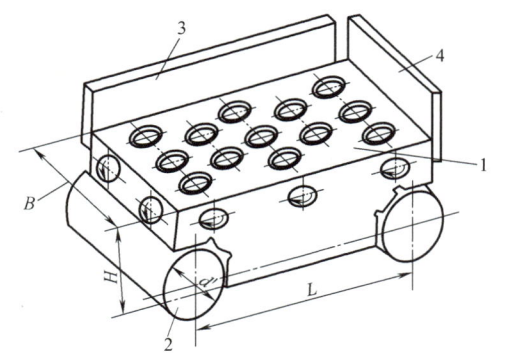

微课：圆锥角
与锥度的
间接测量

图 5-19　正弦规的结构

1—主体工作平面　2—圆柱　3—后挡板　4—侧挡板

正弦规的两个圆柱中心距精度很高，如宽型正弦规 $L=100\text{mm}$ 的极限偏差为 $\pm 0.003\text{mm}$；窄型正弦规 $L=100\text{mm}$ 的极限偏差为 $\pm 0.002\text{mm}$。同时，主体工作平面的平面度精度以及两个圆柱之间的相互位置精度都很高，因此，可以用作精密测量。

使用时，将正弦规放在平板上，圆柱之一与平板接触，另一圆柱下垫以量块组，则正弦规的主体工作平面与平板间组成一角度，其关系式为

$$\sin\alpha = \frac{h}{L}$$

式中，α 是正弦规放置的角度；h 是量块组尺寸；L 是正弦规两圆柱的中心距。

2. 正弦规检测锥度偏差的原理

用正弦规检测圆锥塞规时，首先根据被检测的圆锥塞规的基本圆锥角按 $h=L\sin\alpha$ 算出量块组尺寸，然后将量块组放在平板上与正弦规圆柱之一相接触，此时正弦规主体工作平面相对于平板倾斜 α 角。放上圆锥塞规后，用指示表分别测量被检圆锥塞规上 a（大端）、b（小端）两点的读数 M_a、M_b，如图 5-20 所示。a、b 两点读数之差 ΔM 与 a、b 两点间距离 l 之比值即为锥度偏差 ΔC，即

$$\Delta C = \frac{\Delta M}{l} = \frac{M_a - M_b}{l} \tag{5-2}$$

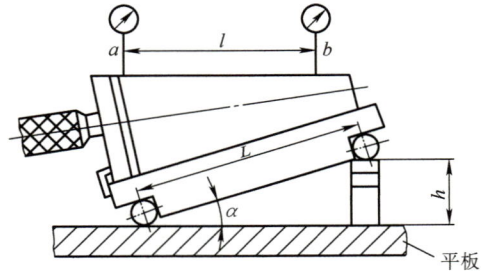

图 5-20　用正弦规检测圆锥塞规的锥度偏差

如换算成圆锥角偏差 $\Delta\alpha$（"），可按下式近似计算，即

$$\Delta\alpha = 2\times 10^5 \times \Delta C \tag{5-3}$$

式中，$\Delta\alpha$ 是圆锥角偏差，单位为（"）。

3. 使用正弦规的注意事项

1）不能用正弦规测量粗糙工件，被测工件表面不应有毛刺、灰尘，也不应带有磁性。

2）使用正弦规时，应注意轻拿轻放，不得在平板上长距离拖拉正弦规，以防两圆柱磨损。

3）在正弦规上装夹工件时，应避免划伤工件表面。

4）两圆柱中心距的准确与否直接影响测量精度，所以不能随意调整圆柱的紧固螺钉。

5）使用完毕，应将正弦规清洗干净并涂上防锈油。

任务 5-2　实施

- 量具和辅助工具选用

根据被测工件，选用 $L=100\text{mm}$ 窄型正弦规一台、量块一套、百分表及磁力表架一套、测量平板一块。

- 测量与评定的步骤

1）正弦规两圆柱中心距为 100mm，由表 5-2 查得莫氏 1 号圆锥塞规公称圆锥角为 $2°51'26.9283''$（$2.85748008°$）。计算所需的量块尺寸为：$h = L\sin\alpha = 100\text{mm} \times \sin 2.85748008° = 4.985\text{mm}$。然后从 91 块成套量块盒子中分别选取尺寸为 1.005mm、1.08mm、1.9mm 和 1mm 的量块，清洗擦干并组合量块组。

2) 清洗并擦干正弦规、莫氏1号圆锥塞规、测量平板。

3) 将量块组放在测量平板上与正弦规圆柱之一接触,此时正弦规主体工作平面相对于测量平板倾斜α角,放上莫氏1号圆锥塞规后,用百分表分别测量被检莫氏1号圆锥塞规素线上 a、b 两点（a、b 两点各距端面距离约为3mm）读数值,将莫氏1号圆锥塞规旋转90°,重复测量4次,计算出 a、b 两点读数值的平均值,用钢直尺或游标卡尺测量出 a、b 两点之间的距离 l,根据式（5-2）计算出锥度偏差,根据式（5-3）将锥度偏差换算成圆锥角偏差,见表5-5。

表 5-5　任务 5-2 测量记录表

测量次数	1	2	3	4
a 端（大端）读数/mm	0.301	0.292	0.295	0.298
b 端（小端）读数/mm	0.293	0.302	0.297	0.296
a、b 测量点之间的距离 l/mm	52			
锥度偏差 ΔC	0.0001538	-0.0001923	-0.00003846	0.00003846
a 端（大端）读数平均值/mm	0.2965	b 端（小端）读数平均值/mm		0.297
锥度偏差 ΔC	$\Delta C = \dfrac{0.2965 - 0.297}{52} = -9.615 \times 10^{-6}$			
圆锥角偏差	$\Delta\alpha = 2 \times 10^5 \times (-9.615 \times 10^{-6}) = -1.923''$			
合格性	合格			

4) 根据图样要求,查阅 GB/T 11853—2003《莫氏与公制圆锥量规》得3级的莫氏1号圆锥塞规的上极限偏差为0,下极限偏差为 $-26''$,实际偏差为 $-1.923''$,合格。

5.2.3　比较法测锥度或圆锥角

比较测量法又称为相对测量法。它是将角度量具与被测角度比较,用光隙法或涂色检验的方法估计被测锥度及角度的误差。常用的量具有圆锥量规和锥度样板等。

圆锥量规的结构形式如图5-21所示。圆锥量规可以检验工件的锥度及基面距误差。检验时,先检验锥度,检验锥度常用涂色检验的方法,在量规表面沿着素线方向涂上3～4条均布的红丹线,与零件研合转动 1/3～1/2 转,取出量规,根据接触面的位置和大小判断锥度误差;然后用圆锥量规检验工件的基面距误差,在量规的大端或小端处有距离为 m 的两条刻线或台阶,m 为工件圆锥的基面距公差。测量时,被测圆锥的端面只要介于两条刻线或

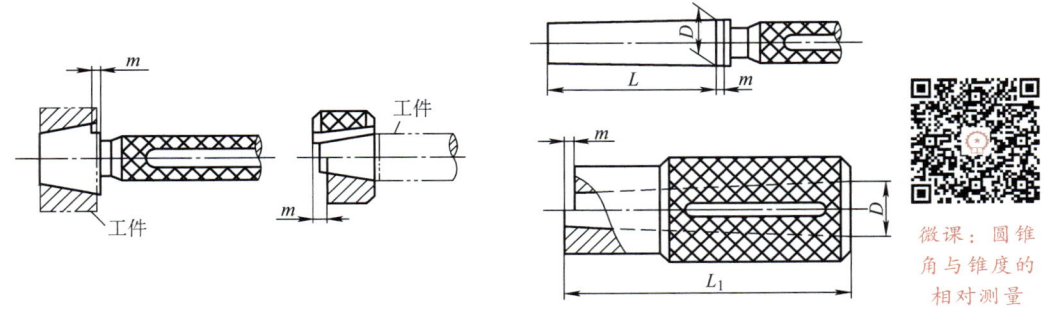

图 5-21　圆锥量规的结构形式

微课：圆锥角与锥度的相对测量

台阶之间，即为合格。

圆锥量规分为 3 个等级：1 级圆锥量规用于检验圆锥角公差等级为 $AT3$、$AT4$ 的工件的圆锥角；2 级圆锥量规用于检验圆锥角公差等级为 $AT5$、$AT6$ 的工件的圆锥角；3 级圆锥量规用于检验圆锥角公差等级为 $AT7$、$AT8$ 的工件的圆锥角。

习题与实践

一、判断题
1. 游标万能角度尺的测量范围是 $0°\sim180°$。（ ）
2. 正弦规测量后需经数据处理，得出工件的角度或锥度。（ ）
3. 锥度的单位是 mm/m。（ ）
4. 紧密配合的圆锥不具有互换性。（ ）
5. 用正弦规测量锥度时，所选择的量块尺寸不仅与被测工件的圆锥角有关，且还与正弦规的两圆柱之间的中心距有关。（ ）
6. 正弦规虽然结构简单，但其尺寸精度和形状位置精度均很高，因而一般用作精密测量。（ ）
7. 采用正弦规测量角度时，指示表的测头直接与被测工件的表面接触，因而属于直接测量法。（ ）

二、填空题
1. 正弦规是间接测量零件_____的精密量具。
2. 正弦规测量计算公式 $h = L\sin\alpha$ 中，h 是_____，L 是_____。
3. 圆锥配合分为_____、_____和_____。
4. 圆锥配合的形成方法有_____和_____两种。
5. 常用的莫氏锥度共有_____种，从_____号至_____号。
6. 圆锥公差包括_____公差、_____公差、_____公差、_____公差四种。
7. 圆锥角公差共分_____个公差等级，用_____表示，其中_____最高，_____最低。
8. 圆锥形状公差包括_____和_____。

三、选择题
1. 游标万能角度尺的刻线原理与（　　）相似。
A. 游标卡尺　　　　B. 千分尺　　　　C. 百分表　　　　D. 正弦规
2. 游标万能角度尺只装直尺时的测量范围是（　　）；直尺和角尺全拆下时的测量范围是（　　）。
A. $0°\sim50°$　　　　B. $50°\sim140°$　　　　C. $140°\sim230°$　　　　D. $230°\sim320°$

四、简答题
1. 试述圆锥配合的基本参数；圆锥配合有哪些特点？
2. 圆锥配合分为哪几类？各适用于什么场合？
3. 圆锥直径公差与给定截面圆锥直径公差有什么不同？

五、综合题
1. 一外圆锥的锥度 $C = 1:20$，最大直径 $D_e = 20\text{mm}$，圆锥长度 $L_e = 60\text{mm}$，试求最小直径 d_e、圆锥角 α 和素线角 $\alpha/2$。
2. 有一外圆锥，已知其最大直径 $D_e = 20\text{mm}$，最小直径 $d_e = 15\text{mm}$，圆锥长度 $L_e = 50\text{mm}$，试求其锥度、圆锥角和圆锥素线角。
3. 某零件的圆锥角 $\alpha = 30° + 2'$，在中心距 $L = 100\text{mm}$ 的正弦规上测量。求：
1）应垫量块组高度 H。
2）若从百分表读出锥体素线 $l = 60\text{mm}$，长度两端数值 $M_a = +5\mu\text{m}$、$M_b = -10\mu\text{m}$，求零件的实际圆锥角。

第6章

键和花键联接的公差与检测（网络资源）

6.1 单键联接

  任务 6-1 普通平键公差的选用

    6.1.1 平键的公差与配合

  任务 6-1 实施

  任务 6-2 键槽对称度误差的检测

    6.1.2 键的检验

  任务 6-2 实施

6.2 花键联接

  任务 6-3 花键联接公差的选用

    6.2.1 矩形花键尺寸系列

    6.2.2 定心方式

    6.2.3 矩形花键的公差与配合

    6.2.4 矩形花键的标注

    6.2.5 矩形花键的检验

  任务 6-3 实施

习题与实践

第6章 网络资源

第7章

滚动轴承的公差与配合（网络资源）

7.1　滚动轴承的公差等级及应用
7.2　滚动轴承公差及其特点
7.3　滚动轴承的配合及选择
　任务7-1　滚动轴承配合的选用
　　7.3.1　滚动轴承与轴及轴承座孔的配合
　　7.3.2　滚动轴承配合选择的主要依据
　　7.3.3　滚动轴承配合的选择
　任务7-1　实施
习题与实践

第7章　网络资源

第8章

普通螺纹的公差及其检测

8.1 螺纹的分类及普通螺纹的主要参数

8.1.1 螺纹的种类及使用要求

螺纹联接在机械制造和仪器制造中应用广泛。它是由相互结合的内、外螺纹组成,通过相互旋合及牙侧面的接触作用来实现零部件间的联接、紧固和相对位移等功能。

微课:螺纹的分类

螺纹的分类方法很多,按用途不同可分为以下两类:

1) 联接螺纹。它主要用于紧固和联接零件,是使用最广泛的一种螺纹,要求其有良好的旋合性和联接的可靠性。联接螺纹中应用最广的是普通螺纹。

2) 传动螺纹。它主要用于传递动力或精确位移,要求具有足够的强度,保证动力传递的可靠,并要求传动比稳定,保证位移的精确。传动螺纹牙型有梯形、三角形、锯齿形和矩形等。

本章主要介绍应用最广泛的普通螺纹的公差、配合及其误差检测。

8.1.2 普通螺纹的基本牙型和主要几何参数

根据 GB/T 192—2003《普通螺纹 基本牙型》,普通螺纹的基本牙型如图 8-1 所示。它是将高为 H 的等边三角形(原始三角形)截去顶部和底部所形成的螺纹牙型,称为基本牙型。

微课:普通螺纹的几何参数

根据 GB/T 14791—2013《螺纹 术语》,普通螺纹的主要几何参数有以下几种:

1. 大径(D 或 d)

它是指与内螺纹牙底或外螺纹牙顶相切的假想圆柱的直径。国家标准规定普通螺纹大径的基本尺寸为螺纹的公称直径。

2. 小径(D_1 或 d_1)

它是指与内螺纹牙顶或外螺纹牙底相切的假想圆柱的直径。普通螺纹小径与大径的基本

尺寸之间的关系为

$$d_1 = d - 1.0825P \tag{8-1}$$

$$D_1 = D - 1.0825P \tag{8-2}$$

3. 中径（D_2 或 d_2）

它为一假想的圆柱直径，该圆柱的母线通过螺纹的牙厚和牙槽宽度相等的地方。普通螺纹中径与大径的基本尺寸之间的关系为

$$d_2 = d - 0.6495P \tag{8-3}$$

$$D_2 = D - 0.6495P \tag{8-4}$$

注意：在同一螺纹配合中，内、外螺纹的中径、大径和小径的基本尺寸对应相同。

4. 螺距（P）

它是指相邻两牙体上的对应牙侧与中径线相交两点间的轴向距离。

5. 单一中径

它是一假想圆柱体直径，该圆柱体的母线通过实际螺纹上牙槽宽度等于基本螺距一半（$P/2$）的地方，而不考虑牙厚大小。它在实际螺纹上可以测得，代表螺纹中径的实际尺寸。当螺距无误差时，中径等于单一中径；当螺距有误差时，则两者不相等，如图8-2所示。

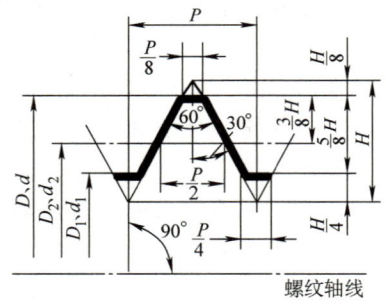

图8-1 普通螺纹的基本牙型

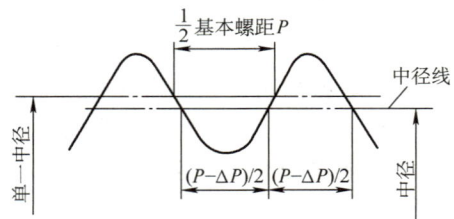

图8-2 单一中径与中径

P—基本螺距　ΔP—螺距误差

6. 牙型角（α）

牙型角是指在螺纹牙型上相邻两牙侧间的夹角，对于普通圆柱螺纹理论的牙型角$\alpha = 60°$。

7. 牙侧角（β）

在螺纹牙型上，一个牙侧与垂直于螺纹轴线平面间的夹角称为牙侧角。对于普通螺纹理论的牙侧角$\beta = 30°$。牙型角正确时，其牙侧角β可能有偏差。

8. 螺纹旋合长度 L

它是指两配合螺纹的有效螺纹相互接触的轴向长度。在两个配合螺纹的轴向长度（螺纹装配长度）的基础上扣除引导螺纹的倒角部分和螺纹的收尾部分即为旋合长度。

普通螺纹的直径与螺距系列见表8-1，普通螺纹的基本尺寸见表8-2。

表 8-1　普通螺纹的直径与螺距系列（摘自 GB/T 193—2003）　　（单位：mm）

公称直径 D、d			螺距 P									
第1系列	第2系列	第3系列	粗牙	细牙								
				3	2	1.5	1.25	1	0.75	0.5	0.35	0.25	0.2
1			0.25										0.2
	1.1		0.25										0.2
1.2			0.25										0.2
	1.4		0.3										0.2
1.6			0.35										0.2
	1.8		0.35										0.2
2			0.4							0.25			
	2.2		0.45							0.25			
2.5			0.45							0.35			
3			0.5							0.35			
	3.5		0.6							0.35			
4			0.7						0.5				
	4.5		0.75						0.5				
5			0.8						0.5				
		5.5							0.5				
6			1					0.75					
	7		1					0.75					
8			1.25					1	0.75				
		9	1.25					1	0.75				
10			1.5				1.25	1	0.75				
		11	1.5			1.5		1	0.75				
12			1.75				1.25	1					
	14		2			1.5	1.25	1					
		15				1.5		1					
16			2			1.5		1					
		17				1.5		1					
	18		2.5		2	1.5		1					
20			2.5		2	1.5		1					
	22		2.5		2	1.5		1					
24			3		2	1.5		1					
		25			2	1.5							
		26				1.5							
	27		3		2	1.5		1					
		28			2	1.5		1					
30			3.5	(3)	2	1.5		1					
		32			2	1.5							
	33		3.5	(3)	2	1.5							
		35				1.5							
36			4	3	2	1.5							
		38				1.5							
	39		4	3	2	1.5							

注：尽可能避免选用括号内的螺距。

表 8-2　普通螺纹的基本尺寸（摘自 GB/T 196—2003）　　　　（单位：mm）

公称直径（大径）D、d	螺距 P	中径 D_2、d_2	小径 D_1、d_1	公称直径（大径）D、d	螺距 P	中径 D_2、d_2	小径 D_1、d_1
4.5	0.75	4.013	3.688	16	2	14.701	13.835
	0.5	4.175	3.959		1.5	15.026	14.376
5	0.8	4.480	4.134		1	15.350	14.917
	0.5	4.675	4.459	17	1.5	16.026	15.376
5.5	0.5	5.175	4.959		1	16.350	15.917
6	1	5.350	4.917	18	2.5	16.376	15.294
	0.75	5.513	5.188		2	16.701	15.835
7	1	6.350	5.917		1.5	17.026	16.376
	0.75	6.513	6.188		1	17.350	16.917
8	1.25	7.188	6.647	20	2.5	18.376	17.294
	1	7.350	6.917		2	18.701	17.835
	0.75	7.513	7.188		1.5	19.025	18.376
9	1.25	8.188	7.647		1	19.350	18.917
	1	8.350	7.917	22	2.5	20.376	19.294
	0.75	8.513	8.188		2	20.701	19.835
10	1.5	9.026	8.376		1.5	21.026	20.376
	1.25	9.188	8.647		1	21.350	20.917
	1	9.350	8.917	24	3	22.051	20.752
	0.75	9.513	9.188		2	22.701	21.835
11	1.5	10.026	9.376		1.5	23.026	22.376
	1	10.350	9.917		1	23.350	22.917
	0.75	10.513	10.188	25	2	23.701	22.835
12	1.75	10.863	10.106		1.5	24.026	23.376
	1.5	11.026	10.376		1	24.350	23.917
	1.25	11.188	10.647	26	1.5	25.026	24.376
	1	11.350	10.917	27	3	25.051	23.752
14	2	12.701	11.835		2	25.701	24.835
	1.5	13.026	12.376		1.5	26.026	25.376
	1.25	13.188	12.647		1	26.350	25.917
	1	13.350	12.917	28	2	26.701	25.835
15	1.5	14.026	13.376		1.5	27.026	26.376
	1	14.350	13.917		1	27.350	26.917

8.2　螺纹几何参数对互换性的影响

微课：螺纹几何参数对互换性的影响

任务 8-1　计算作用中径

任务描述：某公称直径为 20mm、螺距为 $P=2.5$mm 的外螺纹，实际测得 $d_{2单}=18.176$mm，$\Delta P_\Sigma=50\mu m$，$\Delta\beta_左=-80'$，$\Delta\beta_右=+60'$，求该螺纹的作用中径。

螺纹联接的互换性要求是指螺纹的可旋合性和联接的可靠性。

影响螺纹互换性的几何参数有5个：大径、中径、小径、螺距和牙侧角，其主要因素是螺距偏差、牙侧角偏差和中径偏差。因普通螺纹主要保证可旋合性和联接的可靠性，故国家标准只规定中径公差，而不分别制定三项公差。

8.2.1 螺距偏差对互换性的影响

螺距偏差包括与旋合长度无关的单个螺距偏差（ΔP）和与旋合长度有关的累积螺距偏差（ΔP_Σ），而后者是影响互换性的主要因素，此处重点讨论累积螺距偏差对互换性的影响。

以图8-3为例进行分析，假设内螺纹具有理想牙型，外螺纹的中径及牙侧角均无偏差，仅存在螺距偏差，并假设在旋合长度内外螺纹的累积螺距偏差为ΔP_Σ，这时内、外螺纹因产生干涉（图8-3所示阴影部分）而无法旋合或旋合困难。为了使有螺距偏差的外螺纹可旋入理想牙型的内螺纹，应把外螺纹的中径减小一个数值（相当于将螺纹牙体切除一部分至图8-3所示细实线处）。因在车间生产条件下，很难对螺距逐个地分别检测，因而对普通螺纹不采用规定螺距公差的办法，而是采取将外螺纹中径减小或内螺纹中径增大，以保证达到旋合的目的。将螺距偏差换算成中径的补偿值称为螺距偏差的中径当量值，以f_P（对外螺纹）或F_P（对内螺纹）表示。从图8-3中的$\triangle abc$可以推算出

$$f_P/2 = |\Delta P_\Sigma|/2\tan\beta$$

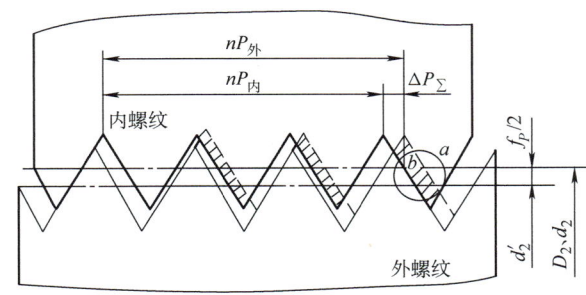
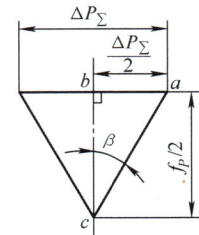

图8-3 螺距偏差对互换性的影响

普通螺纹牙侧角$\beta = 30°$，故

$$f_P = 1.732|\Delta P_\Sigma| \tag{8-5}$$

由于ΔP_Σ不论正或负，都影响旋合性（只是干涉发生在牙侧左、右面的位置不同而已），故ΔP_Σ应取绝对值。

内螺纹的推导过程和外螺纹类似，其计算公式也相同，即

$$F_P = 1.732|\Delta P_\Sigma| \tag{8-6}$$

这里要注意理解：当外螺纹有螺距偏差时，相当于使外螺纹的中径增大了，增大的量为f_P，而当内螺纹有螺距偏差时，相当于使内螺纹的中径减小了，减小的量为F_P。

8.2.2 牙侧角偏差对互换性的影响

牙侧角偏差可能是由于牙型角α本身不准确（$\alpha \neq 60°$）或由于它与轴线的相对位置不

正确而造成 $\beta_左 \neq \beta_右$，也可能是两者综合作用的结果。

为便于分析，设内螺纹具有理想牙型，外螺纹的中径和螺距与内螺纹相同，仅有牙侧角偏差。当外螺纹牙侧角小于内螺纹牙侧角时，即 $\Delta\beta = \beta_外 - 30° < 0$，如图 8-4a 所示，则内、外螺纹在靠近大径处将发生干涉而不能旋合；当外螺纹牙侧角大于内螺纹牙侧角时，即 $\Delta\beta = \beta_外 - 30° > 0$，如图 8-4b 所示，则内、外螺纹在靠近小径处将发生干涉而不能旋合。因在车间生产条件下，很难对牙侧角逐个地分别检测，因而对普通螺纹不采用规定牙侧角公差的办法，而是采取将外螺纹中径减小或内螺纹中径增大，以保证达到旋合的目的。用牙侧角偏差换算成中径的补偿值称为牙侧角偏差的中径当量值，以 f_β（对外螺纹）或 F_β（对内螺纹）表示。根据三角形的正弦定理可以推算出

$$f_\beta = 0.073P(K_1|\Delta\beta_左| + K_2|\Delta\beta_右|) \tag{8-7}$$

式中，f_β 的单位为 μm；P 是螺距，单位为 mm；$\Delta\beta_左$、$\Delta\beta_右$ 分别是左、右牙侧角偏差，单位为分（′）；K_1、K_2 是修正系数。

对外螺纹，当牙侧角偏差为正值时，对应的 K_1（K_2）值取 2，当牙侧角偏差为负值时，对应的 K_1（K_2）值取 3；对内螺纹，当牙侧角偏差为正值时，对应的 K_1（K_2）值取 3，当牙侧角偏差为负值时，对应的 K_1（K_2）值取 2。

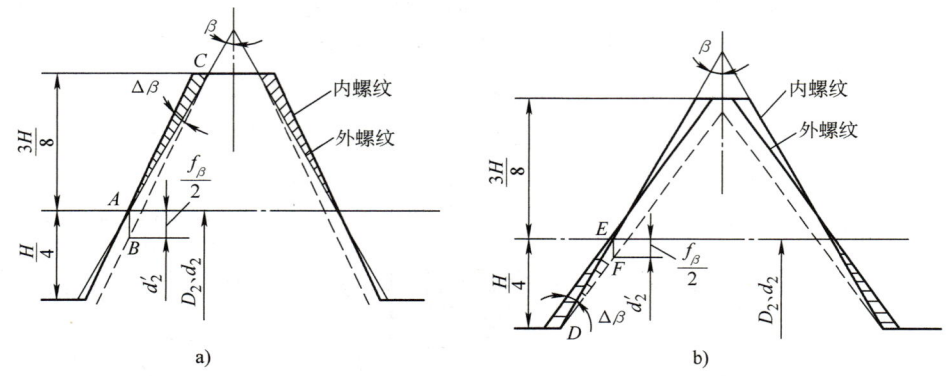

图 8-4 牙侧角偏差对互换性的影响

当外螺纹有牙侧角偏差时，相当于使外螺纹的中径增大了，增大的量为 f_β，而当内螺纹有牙侧角偏差时，相当于使内螺纹的中径减小了，减小的量为 F_β。

8.2.3 中径偏差对互换性的影响

内、外螺纹的单一中径偏差将直接影响螺纹的旋合性和结合强度。当外螺纹的中径大于内螺纹的中径时，会影响旋合性；反之，若外螺纹中径过小，则配合太松，难以使牙侧间接触良好，影响联接可靠性。因此，为了保证螺纹的旋合性，应该限制外螺纹的最大中径和内螺纹的最小中径；为了保证螺纹的联接可靠性，还必须限制外螺纹的最小中径和内螺纹的最大中径。

8.2.4 作用中径及螺纹中径合格性的判断原则

1. 作用中径

作用中径是指在规定的旋合长度内，恰好包容（没有过盈或间隙）实际螺纹牙侧的一

个假想理想螺纹的中径。该理想螺纹具有基本牙型并且包容时与实际螺纹在牙顶和牙底处不发生干涉。

前面分析过,当螺纹有了螺距偏差或(和)牙侧角偏差时,对内螺纹而言相当于螺纹中径变小了,对外螺纹而言相当于螺纹中径变大了,此变化后的中径就是作用中径,在螺纹配合中实际起作用的中径。

内螺纹的作用中径:
$$D_{2作用} = D_{2单一} - F_P - F_\beta \tag{8-8}$$

外螺纹的作用中径:
$$d_{2作用} = d_{2单一} + f_P + f_\beta \tag{8-9}$$

显然,使相互结合的内、外螺纹能自由旋合的条件是:$D_{2作用} \geq d_{2作用}$。

2. 螺纹中径合格性的判断原则

国家标准中没有单独规定螺距和牙侧角公差,只规定了中径公差,用中径公差来同时限制单一中径、螺距、牙侧角三个参数的变动。因而作用中径把螺距偏差、牙侧角偏差及单一中径偏差三者联系在一起,是保证螺纹互换性的最主要参数。对外螺纹而言,要保证旋合性,则其作用中径不能大于中径的最大极限值,即 $d_{2作用} \leq d_{2\max}$;如果外螺纹的单一中径过小,则内、外螺纹的联接太松,无法保证联接的可靠性,所以单一中径不能小于中径的最小极限值,即 $d_{2单一} \geq d_{2\min}$。将这两方面综合考虑就得到判断外螺纹中径合格性的原则,即

$$d_{2\min} \leq d_{2单一} \leq d_{2作用} \leq d_{2\max} \tag{8-10}$$

同理,可得到判断内螺纹中径合格性的原则,即

$$D_{2\min} \leq D_{2作用} \leq D_{2单一} \leq D_{2\max} \tag{8-11}$$

可以用简短的一句话概括为:螺纹中径合格性的原则是单一中径和作用中径都应在中径的两个极限值范围之内。

8.2.5 螺纹大、小径对互换性的影响

为保证旋合,防止在大径和小径处发生干涉,应使内螺纹大、小径的实际尺寸大于外螺纹大、小径的实际尺寸。但是若内螺纹的小径过大或外螺纹的大径过小,将影响螺纹联接的可靠性,因此必须规定其内、外螺纹大径和小径的公差。

任务 8-1 实施

1)根据普通螺纹基本牙型的参数关系(或者查表 8-2)可求得中径的公称值为
$$d_2 = d - 0.6495P = 20\text{mm} - 0.6495 \times 2.5\text{mm} = 18.376\text{mm}$$

2)计算螺距偏差的中径当量值为
$$f_P = 1.732|\Delta P_\Sigma| = 1.732 \times 50\mu\text{m} = 86.6\mu\text{m} = 0.0866\text{mm}$$

3)计算牙侧角偏差的中径当量值为
$$f_\beta = 0.073P(K_1|\Delta\beta_左| + K_2|\Delta\beta_右|) = 0.073 \times 2.5 \times (3 \times 80 + 2 \times 60)\mu\text{m}$$
$$= 0.073 \times 2.5 \times 360\mu\text{m} = 65.7\mu\text{m} = 0.0657\text{mm}$$

4)计算作用中径为
$$d_{2作用} = d_{2单一} + f_P + f_\beta = 18.176\text{mm} + 0.0866\text{mm} + 0.0657\text{mm} = 18.328\text{mm}$$

8.3 普通螺纹的公差与配合

任务 8-2 螺纹标注的识读

任务描述：解释图 8-5 所示螺纹标记的含义并计算该螺纹大径、中径、小径的极限尺寸。

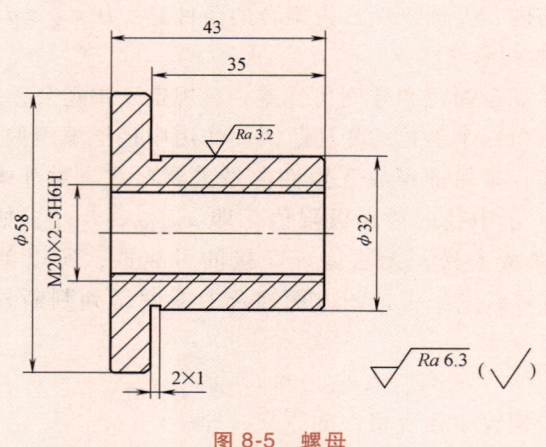

图 8-5 螺母

8.3.1 普通螺纹的公差带

国家标准 GB/T 197—2018《普通螺纹 公差》中规定了普通螺纹公差和基本偏差。

1. 螺纹的公差等级

国家标准规定的螺纹的公差等级见表 8-3。

表 8-3 螺纹的公差等级

螺纹直径	公差等级	螺纹直径	公差等级
内螺纹小径 D_1	4、5、6、7、8	外螺纹大径 d	4、6、8
内螺纹中径 D_2	4、5、6、7、8	外螺纹中径 d_2	3、4、5、6、7、8、9

其中，3 级精度最高，9 级精度最低，一般 6 级精度为基本级。各级公差值可分别查表 8-4～表 8-7。

表 8-4 内螺纹小径公差 T_{D1}（摘自 GB/T 197—2018）　　　　　（单位：μm）

螺距 P /mm	公差等级					螺距 P /mm	公差等级				
	4	5	6	7	8		4	5	6	7	8
0.75	118	150	190	236	—	2	236	300	375	475	600
0.8	125	160	200	250	315	2.5	280	355	450	560	710
1	150	190	236	300	375	3	315	400	500	630	800
1.25	170	212	265	335	425	3.5	355	450	560	710	900
1.5	190	236	300	375	475	4	375	475	600	750	950
1.75	212	265	335	425	530	4.5	425	530	670	850	1060

表 8-5　外螺纹大径公差 T_d（摘自 GB/T 197—2018）　　　　　　　　（单位：μm）

螺距 P/mm	公差等级			螺距 P/mm	公差等级		
	4	6	8		4	6	8
0.2	36	56	—	1.25	132	212	335
0.25	42	67	—	1.5	150	236	375
0.3	48	75	—	1.75	170	265	425
0.35	53	85	—	2	180	280	450
0.4	60	95	—	2.5	212	335	530
0.45	63	100	—	3	236	375	600
0.5	67	106	—	3.5	265	425	670
0.6	80	125	—	4	300	475	750
0.7	90	140	—	4.5	315	500	800
0.75	90	140	—	5	335	530	850
0.8	95	150	236	5.5	355	560	900
				6	375	600	950
1	112	180	280	8	450	710	1180

表 8-6　内螺纹中径公差 T_{D2}（摘自 GB/T 197—2018）　　　　　　　（单位：μm）

基本大径 D/mm		螺距 P/mm	公差等级				
大于	至		4	5	6	7	8
0.99	1.4	0.2	40	—	—	—	—
		0.25	45	56	—	—	—
		0.3	48	60	75	—	—
1.4	2.8	0.2	42	—	—	—	—
		0.25	48	60	—	—	—
		0.35	53	67	85	—	—
		0.4	56	71	90	—	—
		0.45	60	75	95	—	—
2.8	5.6	0.35	56	71	90	—	—
		0.5	63	80	100	125	—
		0.6	71	90	112	140	—
		0.7	75	95	118	150	—
		0.75	75	95	118	150	—
		0.8	80	100	125	160	200
5.6	11.2	0.75	85	106	132	170	—
		1	95	118	150	190	236
		1.25	100	125	160	200	250
		1.5	112	140	180	224	280
11.2	22.4	1	100	125	160	200	250
		1.25	112	140	180	224	280
		1.5	118	150	190	236	300
		1.75	125	160	200	250	315
		2	132	170	212	265	335
		2.5	140	180	224	280	355

（续）

基本大径 D/mm		螺距 P/mm	公差等级				
大于	至		4	5	6	7	8
22.4	45	1	106	132	170	212	—
		1.5	125	160	200	250	315
		2	140	180	224	280	355
		3	170	212	265	335	425
		3.5	180	224	280	355	450
		4	190	236	300	375	475
		4.5	200	250	315	400	500
45	90	1.5	132	170	212	265	335
		2	150	190	236	300	375
		3	180	224	280	355	450
		4	200	250	315	400	500
		5	212	265	335	425	530
		5.5	224	280	355	450	560
		6	236	300	375	475	600

表 8-7　外螺纹中径公差 T_{d2}（摘自 GB/T 197—2018）　　　　　（单位：μm）

基本大径 D/mm		螺距 P/mm	公差等级						
大于	至		3	4	5	6	7	8	9
0.99	1.4	0.2	24	30	38	48	—	—	—
		0.25	26	34	42	53	—	—	—
		0.3	28	36	45	56	—	—	—
1.4	2.8	0.2	25	32	40	50	—	—	—
		0.25	28	36	45	56	—	—	—
		0.35	32	40	50	63	80	—	—
		0.4	34	42	53	67	85	—	—
		0.45	36	45	56	71	90	—	—
2.8	5.6	0.35	34	42	53	67	85	—	—
		0.5	38	48	60	75	95	—	—
		0.6	42	53	67	85	106	—	—
		0.7	45	56	71	90	112	—	—
		0.75	45	56	71	90	112	—	—
		0.8	48	60	75	95	118	150	190
5.6	11.2	0.75	50	63	80	100	125	—	—
		1	56	71	90	112	140	180	224
		1.25	60	75	95	118	150	190	236
		1.5	67	85	106	132	170	212	265
11.2	22.4	1	60	75	95	118	150	190	236
		1.25	67	85	106	132	170	212	265
		1.5	71	90	112	140	180	224	280
		1.75	75	95	118	150	190	236	300
		2	80	100	125	160	200	250	315
		2.5	85	106	132	170	212	265	335

（续）

基本大径 D/mm		螺距 P/mm	公差等级						
大于	至		3	4	5	6	7	8	9
22.4	45	1	63	80	100	125	160	200	250
		1.5	75	95	118	150	190	236	300
		2	85	106	132	170	212	265	335
		3	100	125	160	200	250	315	400
		3.5	106	132	170	212	265	335	425
		4	112	140	180	224	280	355	450
		4.5	118	150	190	236	300	375	475
45	90	1.5	80	100	125	160	200	250	315
		2	90	112	140	180	224	280	355
		3	106	132	170	212	265	335	425
		4	118	150	190	236	300	375	475
		5	125	160	200	250	315	400	500
		5.5	132	170	212	265	335	425	530
		6	140	180	224	280	355	450	560
90	180	2	95	118	150	190	236	300	375
		3	112	140	180	224	280	355	450
		4	125	160	200	250	315	400	500
		6	150	190	236	300	375	475	600
		8	170	212	265	335	425	530	670
180	355	3	125	160	200	250	315	400	500
		4	140	180	224	280	355	450	560
		6	160	200	250	315	400	500	630
		8	180	224	280	355	450	560	710

从前面的表中可以发现：在同一公差等级中，内螺纹中径公差比外螺纹中径公差大32%左右，这是因为内螺纹较难加工。

国家标准对内螺纹大径和外螺纹小径不规定具体公差值，而只是规定内、外螺纹牙底实际轮廓不得超过按基本偏差所确定的最大实体牙型，即保证旋合时不发生干涉。

2. 螺纹的基本偏差

国家标准对内螺纹中径和小径规定采用 G、H 两种公差带位置，以下极限偏差 EI 为基本偏差，如图 8-6 所示。

微课：普通螺纹的公差带

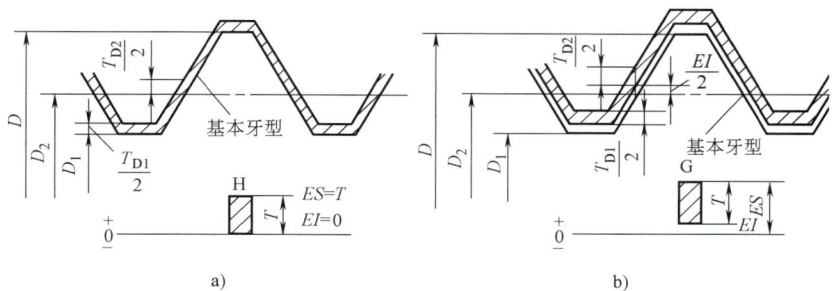

图 8-6　内螺纹的公差带

国家标准对外螺纹中径和大径规定了 a、b、c、d、e、f、g、h 共 8 种公差带位置，以上极限偏差 es 为基本偏差，如图 8-7 所示。

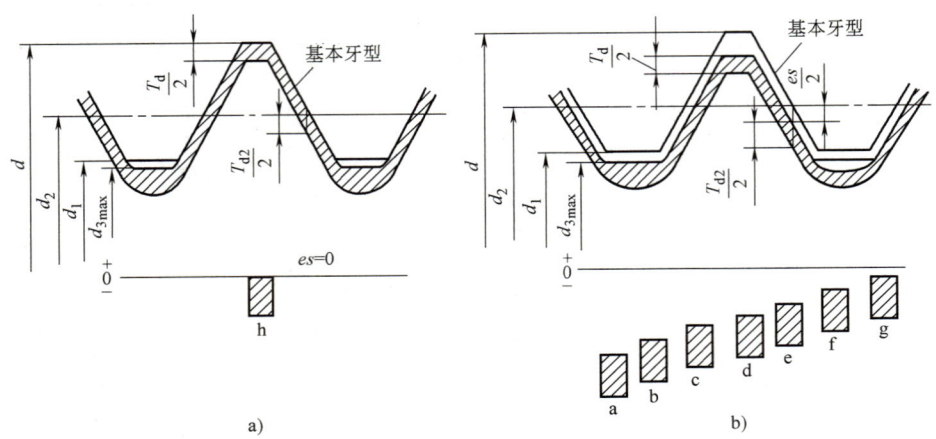

图 8-7 外螺纹的公差带

内、外螺纹的基本偏差见表 8-8。

表 8-8 内、外螺纹的基本偏差（摘自 GB/T 197—2018）

螺距 P/mm	基本偏差/μm									
	内螺纹		外螺纹							
	G EI	H EI	a es	b es	c es	d es	e es	f es	g es	h es
1	+26	0	-290	-200	-130	-85	-60	-40	-26	0
1.5	+32	0	-300	-212	-140	-95	-67	-45	-32	0
2	+38	0	-315	-225	-150	-105	-71	-52	-38	0
2.5	+42	0	-325	-235	-160	-110	-80	-58	-42	0
3	+48	0	-335	-245	-170	-115	-85	-63	-48	0
3.5	+53	0	-345	-255	-180	-125	-90	-70	-53	0
4	+60	0	-355	-265	-190	-130	-95	-75	-60	0
4.5	+63	0	-365	-280	-200	-135	-100	-80	-63	0
5	+71	0	-375	-290	-212	-140	-106	-85	-71	0
5.5	+75	0	-385	-300	-224	-150	-112	-90	-75	0
6	+80	0	-395	-310	-236	-155	-118	-95	-80	0
8	+100	0	-425	-340	-265	-180	-140	-118	-100	0

3. 螺纹的旋合长度与公差等级

螺纹的旋合长度分为三组，分别为短组（S）、中等组（N）和长组（L），各组的长度范围见表 8-9。

表 8-9 螺纹的旋合长度（摘自 GB/T 197—2018）　　　　　（单位：mm）

基本大径 D、d		螺距 P	旋合长度			
大于	至		S	N		L
			≤	>	≤	>
0.99	1.4	0.2	0.5	0.5	1.4	1.4
		0.25	0.6	0.6	1.7	1.7
		0.3	0.7	0.7	2	2
1.4	2.8	0.2	0.5	0.5	1.5	1.5
		0.25	0.6	0.6	1.9	1.9
		0.35	0.8	0.8	2.6	2.6
		0.4	1	1	3	3
		0.45	1.3	1.3	3.8	3.8
2.8	5.6	0.35	1	1	3	3
		0.5	1.5	1.5	4.5	4.5
		0.6	1.7	1.7	5	5
		0.7	2	2	6	6
		0.75	2.2	2.2	6.7	6.7
		0.8	2.5	2.5	7.5	7.5
5.6	11.2	0.75	2.4	2.4	7.1	7.1
		1	3	3	9	9
		1.25	4	4	12	12
		1.5	5	5	15	15
11.2	22.4	1	3.8	3.8	11	11
		1.25	4.5	4.5	13	13
		1.5	5.6	5.6	16	16
		1.75	6	6	18	18
		2	8	8	24	24
		2.5	10	10	30	30
22.4	45	1	4	4	12	12
		1.5	6.3	6.3	19	19
		2	8.5	8.5	25	25
		3	12	12	36	36
		3.5	15	15	45	45
		4	18	18	53	53
		4.5	21	21	63	63

长旋合长度旋合后稳定性好，且有足够的联接强度，但加工精度难以保证，当螺纹误差较大时，会出现螺纹副不能旋合的现象。短旋合长度加工容易保证，但旋合后稳定性较差。一般情况下应采用中等旋合长度。集中生产的紧固件螺纹，图样上没有注明旋合长度时，制造时螺纹公差均按中等旋合长度考虑。

根据使用场合，将螺纹的公差精度分为精密、中等及粗糙三种。精密级用于精密螺纹，如要求配合性质、变动较小的螺纹；中等级用于一般用途螺纹；粗糙级用于要求不高或制造螺纹有困难的场合，如在热轧棒料上和深盲孔内加工螺纹。

螺纹的公差等级是衡量螺纹质量的综合指标。对于不同旋合长度组的螺纹，应采用不同的公差等级，以保证同一精度下螺纹配合精度和加工难易程度相当。

8.3.2 普通螺纹公差带与配合的选用

微课：普通螺纹公差带的选用

由螺纹公差等级和不同的基本偏差代号，可得到各种公差带。为减少刀具、量具的规格数量，提高经济效益，国家标准对内螺纹推荐了 13 个公差带，见表 8-10；对外螺纹推荐了 18 个公差带，见表 8-11。

表 8-10 内螺纹的推荐公差带（摘自 GB/T 197—2018）

公差精度	公差带位置 G			公差带位置 H		
	S	N	L	S	N	L
精密	—	—	—	4H	5H	6H
中等	(5G)	6G	(7G)	5H	6H	7H
粗糙	—	(7G)	(8G)	—	7H	8H

表 8-11 外螺纹的推荐公差带（摘自 GB/T 197—2018）

公差精度	公差带位置 e			公差带位置 f			公差带位置 g			公差带位置 h		
	S	N	L	S	N	L	S	N	L	S	N	L
精密	—	—	—	—	—	—	—	(4g)	(5g4g)	(3h4h)	4h	(5h4h)
中等	—	6e	(7e6e)	—	6f	—	(5g6g)	6g	(7g6g)	(5h6h)	6h	(7h6h)
粗糙	—	(8e)	(9e8e)	—	—	—	—	8g	(9g8g)	—	—	—

上面两表中公差带优先选用顺序为：粗字体公差带、一般字体公差带、括号内公差带。带方框的粗字体公差带用于大量生产的紧固件螺纹。除特殊情况外，表 8-10 和表 8-11 以外的其他公差带不宜选用。

表 8-10 中的内螺纹公差带能与表 8-11 中的外螺纹公差带形成任意组合，但是，为了保证内、外螺纹间有足够的螺纹接触高度，推荐完工后的螺纹零件宜优先组成 H/g、H/h 或 G/h 配合。对公称直径小于或等于 1.4mm 的螺纹，应选用 5H/6h、4H/6h 或更精密的配合。

对于涂镀螺纹的公差带，如无其他特殊说明，推荐公差带适用于涂镀前螺纹。涂镀后，螺纹实际牙型轮廓上的任何点不应超越按公差位置 H 或 h 所确定的最大实体牙型。

8.3.3 普通螺纹的标记

微课：普通螺纹的标记

一个完整的螺纹标记由螺纹特征代号、尺寸代号、公差带代号及其他有必要进一步说明的个别信息组成。

1. 螺纹特征代号和尺寸代号的标记

普通螺纹特征代号用字母"M"表示，单线螺纹的尺寸代号为"公称直径×螺距"，公称直径和螺距数值的单位为 mm。对于粗牙螺纹，螺距项可以省略。多线螺纹的尺寸代号为"公称直径×Ph 导程 P 螺距"，公称直径、导程和螺距数值的单位为 mm。如果要进一步表明螺纹的线数，可在后面增加括号说明（使用英语进行说明，如双线为 two starts、三线为 three starts、四线为 four starts）。例如：

公称直径为 8mm 的单线粗牙（螺距为 1.25mm）螺纹标记为：M8。

公称直径为 8mm、螺距为 1mm 的单线细牙螺纹标记为：M8×1。

公称直径为 16mm、螺距为 1.5mm、导程为 3mm 的双线螺纹标记为：M16×Ph3P1.5 或 M16×Ph3P1.5（two starts）。

2. 螺纹公差带代号的标记

公差带代号包含中径公差带代号和顶径（指外螺纹的大径和内螺纹的小径）公差带代号。中径公差带代号在前，顶径公差带代号在后。各直径的公差带代号由表示公差等级的数值和表示公差带位置的基本偏差代号（内螺纹用大写字母、外螺纹用小写字母）组成。如果中径公差带代号与顶径公差带代号相同，只标注一个公差带代号即可。螺纹尺寸代号与公差带代号间用"-"号隔开。例如：

中径公差带代号为 5g、顶径公差带代号为 6g、公称直径为 10mm、螺距为 1mm 的单线细牙外螺纹标记为：M10×1-5g6g。

中径公差带和顶径公差带代号均为 6g、公称直径为 10mm 的单线粗牙外螺纹的标记为：M10-6g。

中径公差带代号为 5H、顶径公差带代号为 6H、公称直径为 10mm、螺距为 1mm 的单线细牙内螺纹标记为：M10×1-5H6H。

中径公差带和顶径公差带代号均为 6H、公称直径为 10mm 的单线粗牙内螺纹标记为：M10-6H。

3. 有必要说明的其他信息的标记

标记内有必要说明的其他信息包括螺纹的旋合长度组别和旋向。

对旋合长度为短组和长组的螺纹，应在公差带代号后分别标注"S"和"L"代号，并用"-"号分隔开，中等旋合长度组螺纹不标注旋合长度代号。对左旋螺纹，应在旋合长度代号之后标注代号"LH"，并用"-"号分隔开，右旋螺纹不标注旋向代号。

下面以一个完整的螺纹标记加以说明。

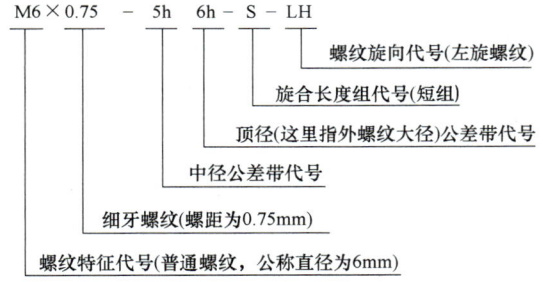

任务 8-2 实施

（1）识读螺纹标记"M20×2-5H6H"的含义 "M20×2-5H6H"是内螺纹代号，"M"表示该螺纹为普通螺纹，其公称直径 $D=20$mm，螺距 $P=2$mm，中径和顶径（小径）公差带代号分别是 5H、6H。

（2）计算螺纹大径、中径、小径的极限尺寸

1）求中径和小径的基本尺寸。根据螺纹的公称直径和螺距，查表 8-2 得中径的基本尺寸 $D_2=18.701$mm，小径的基本尺寸 $D_1=17.835$mm。

2) 求极限偏差和极限尺寸。查表 8-8,由螺距 $P=2$mm 和内螺纹基本偏差代号 H,查出螺纹的基本偏差 $EI=0$mm。

小径:查表 8-4,由螺距 $P=2$mm 和内螺纹顶径公差等级为 6 级,查出小径公差 $T_{D1}=375$μm,故小径公差带上极限偏差 $ES=EI+T_{D1}=(0+375)$μm $=+0.375$mm,所以小径的极限尺寸 $D_{1max}=18.21$mm、$D_{1min}=17.835$mm。

中径:查表 8-6,由螺距 $P=2$mm 和内螺纹中径公差等级为 5 级,查出中径公差 $T_{D2}=170$μm,故中径公差带上极限偏差 $ES=EI+T_{D2}=(0+170)$μm $=+0.17$mm,所以中径的极限尺寸 $D_{2max}=18.871$mm、$D_{2min}=18.701$mm。

大径:对于内螺纹,大径上极限偏差不做要求,且不小于实体牙型即可,所以大径 $D \geqslant 20$mm。

8.4 用螺纹千分尺检测外螺纹单一中径

任务 8-3 用螺纹千分尺检测单一中径并判断合格性

项目描述:如图 8-8 所示,根据零件图中被测螺纹规格,选择合适的螺纹千分尺和对应的测头测量螺纹单一中径;根据螺纹标注计算螺纹中径的极限尺寸;判断螺纹单一中径的合格性。

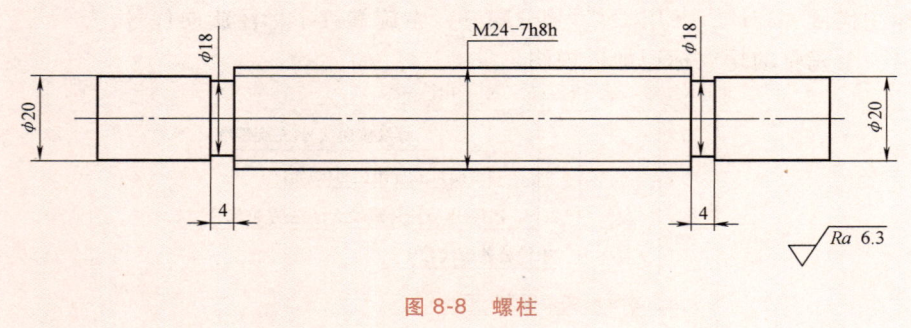

图 8-8 螺柱

实训视频:螺纹千分尺检测中径

8.4.1 螺纹千分尺的结构和测量原理

螺纹千分尺的构造与外径千分尺相似,差别仅在于两个测头的形状,另外,螺纹千分尺的测头使用的是插入式。螺纹千分尺的测头做成和螺纹牙型相吻合的形状,即一个为 V 形测头,与螺纹牙型凸起部分相吻合;另一个为圆锥形测头,与螺纹牙型沟槽相吻合,如图 8-9 所示。

这种螺纹千分尺有一套可换测头,每对测头只能用来测量一定螺距范围的螺纹。所以螺纹千分尺的测量范围分两个方面:千分尺的测量范围和每对测头所能测量螺距的范围。千分尺的测量范围有 0~25mm、25~50mm、50~75mm、75~100mm、100~

125mm、125~150mm、150~175mm、175~200mm。

用螺纹千分尺测量外螺纹中径时，测得的数值是螺纹中径的实际尺寸，它不包括螺距偏差和牙侧角偏差在中径上的当量值。但是螺纹千分尺的测头是根据牙型角和螺距的标准尺寸制造的，当被测量的外螺纹存在螺距和牙侧角偏差时，测头与被测量的外螺纹不能很好地吻合，所以测出的螺纹中径的实际尺寸误差比较大，一般误差在 0.05~0.20mm，因此螺纹千分尺只能用于工序间测量或对粗糙级的螺纹工件测量。

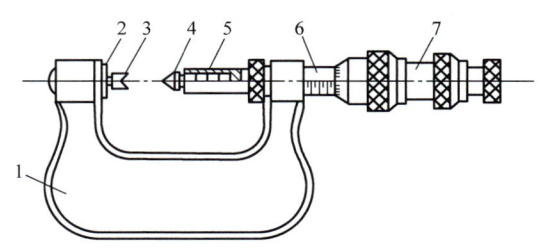

图 8-9　螺纹千分尺外形图

1—弓形架　2—量砧　3—V 形测头　4—圆锥形测头　5—测杆　6—固定套筒　7—微分筒

8.4.2　螺纹千分尺的使用注意事项

螺纹千分尺的使用注意事项与外径千分尺类似，但螺纹千分尺有如下特殊注意事项：

1）测量前，先根据螺距选择合适的测头，如图 8-10a 所示。

2）安装测头时一定要注意：圆锥形测头安装在活动量砧上，V 形测头安装在固定量砧上，不能装反了。

3）测量时，两量砧连线一定要与工件轴线垂直，且找到最大直径处才能读数，如图 8-10b 所示。

4）测量完毕后，须复查螺纹千分尺零位，误差不能超过±0.005mm。

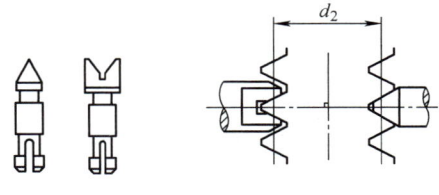

a) 测头　　　b) 测量示意图

图 8-10　螺纹千分尺的测头和测量示意图

任务 8-3　实施

- 量具的选用

根据螺纹的公称直径 $d=24$mm，选取测量范围为 0~25mm 的螺纹千分尺；粗牙螺纹，查表 8-1 得螺距 $P=3$mm，根据螺距的值选择对应的测头。

- 测量与评定步骤

1）用软布擦净测头工作面和被测外螺纹表面。

2）安装测头。将 V 形测头安装在左侧的固定量砧上、圆锥形测头安装在右侧的活动量砧上。

3）校对零位。转动微分筒到零位，锁紧测杆，推动 V 形测头，使两测头测量面接触，锁紧 V 形测头，松开测杆端的锁紧装置，旋转微分筒，使测杆退出一部分，然后使用测力装置反方向旋转微分筒，检查零位是否调整正确；如果零位不正确，再次重复本步骤，直到零位正确为止。

4) 将被测螺纹放入两测头之间,转动微分筒及测力装置,使两测头与被测螺纹接触,找正中径部位,使螺纹千分尺的轴线与被测螺纹件的轴线垂直相交。

5) 在工件的三个截面上,相隔90°的径向位置处测量,读取测量数值,并填入数据记录表(表8-12)中。

- 合格性判断

1) 根据螺纹标记"M24-7h8h",查表得螺纹中径尺寸。该螺纹的大径 $d=24$mm,螺距 $P=3$mm,查表8-2得中径 $d_2=22.051$mm。

2) 根据螺距3mm和外螺纹中径公差等级为7级,查表8-7得中径公差 $T_{d2}=250\mu m$;查表8-8得中径的基本偏差为上极限偏差 $es=0\mu m$。

故中径下极限偏差 $ei=es-T_{d2}=(0-250)\mu m=-0.25$mm。所以中径的极限尺寸 $d_{2max}=22.051$mm, $d_{2min}=21.801$mm。

3) 计算6个测得值的平均值为21.975mm,在中径的极限范值围内,所以被测螺纹单一中径合格。

表8-12 数据记录表　　　　　　　　　　　　　　(单位:mm)

M24-7h8h	方向	截面		
		Ⅰ—Ⅰ	Ⅱ—Ⅱ	Ⅲ—Ⅲ
测量数据 (单一中径)	A—A	21.969	21.984	21.967
	B—B	21.974	21.979	21.976
中径极限值	最大极限值 d_{2max}	22.051	最小极限值 d_{2min}	21.801
合格性结论	合格			

微课:三针法测中径的原理

8.5 用三针法检测螺纹单一中径

8.5.1 三针法的测量原理

用三针法测量螺纹中径是将三根直径相同的量针,按图8-11所示那样放在螺纹牙型沟槽中间,用接触式量仪或测微量具测出三根量针外母线之间的跨距 M,根据已知的螺距 P、牙侧角 β 及量针直径 d_0 的数值算出中径 d_2,即

$$M=d_2+2(A-B)+d_0$$

$$A=\frac{d_0}{2\sin\beta} \quad B=\frac{P}{4}\cot\beta$$

$$M=d_2+2\left(\frac{d_0}{2\sin\beta}-\frac{P}{4}\cot\beta\right)+d_0$$

或

$$d_2=M-d_0\left(1+\frac{1}{\sin\beta}\right)+\frac{P}{2}\cot\beta$$

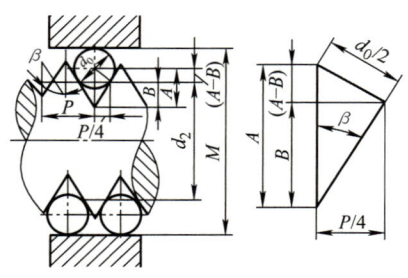

图8-11 三针法测量螺纹中径

对于公制普通螺纹 $\alpha = 60°$、$\beta = 30°$ 则

$$d_2 = M - 3d_0 + 0.866P \qquad (8-12)$$

从上述公式可知，三针法的测量精度，除与所选量仪的示值误差和量针本身的误差有关外，还与被检螺纹的螺距偏差和牙侧角偏差有关。为了消除牙侧角偏差对测量结果的影响，应选最佳量针 $d_{0(最佳)}$，使它与螺纹牙型侧面的接触点恰好在中径线上，如图 8-12 所示。

$$\angle CAO = \beta \quad AC = \frac{P}{4} \quad OA = \frac{d_{0(最佳)}}{2}$$

$$\cos\beta = \frac{AC}{OA} = \frac{P}{2d_{0(最佳)}}$$

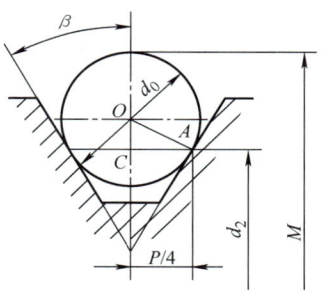

图 8-12 最佳量针

$$d_{0(最佳)} = \frac{P}{2\cos\beta} = \frac{P}{\sqrt{3}} \qquad (8-13)$$

三针法的测量精度比目前常用的其他方法的测量精度要高，而且在生产条件下，应用也较方便。

8.5.2 量针及其选用

从前面的推导可以看出，若对每一种螺距给以相应的最佳量针的直径，这样，量针的种类将达到很多。为了适应各种类型的螺纹，对量针的直径进行合并以减少规格。当量针直径偏离最佳量针直径很小时，不会对中径检测产生大的影响。经标准化了的量针直径见表 8-13。

表 8-13 量针的基本尺寸

序号	量针直径/mm	量针形式	螺纹 适用螺距			
			公制/mm	英制(每 in 上的牙数) 55°	英制(每 in 上的牙数) 60°	梯形/mm
1	0.118		0.2	—	—	—
			(0.225)	—	—	—
2	0.142		0.25	—	—	—
			0.3	—	—	—
3	0.185	Ⅰ型	—	—	80	—
			0.35	—	72	—
			0.4	—	64	—
4	0.25		0.45	—	56	—
5	0.291		0.5	—	48	—
			0.6	—	—	—
6	0.343		—	—	44	—
			—	—	40	—

（续）

序号	量针直径/mm	量针形式	螺纹 适用螺距			
			公制/mm	英制（每 in 上的牙数）		梯形/mm
				55°	60°	
7	0.433	Ⅰ型	0.7	—	—	—
			0.75	—	36	—
			0.8	—	32	—
8	0.511	Ⅰ型	—	—	28	—
			1.0	—	27	—
9	0.572	Ⅰ型	—	—	26	—
			—	—	24	—
10	0.724	Ⅱ型	1.25	20	20	—
11	0.796	Ⅱ型	—	18	18	—
12	0.866	Ⅱ型	1.5	16	16	—
13	1.008	Ⅱ型	1.75	14	14	—
			—	—	—	2
14	1.157	Ⅱ型	2.0	12	13	—
			—	—	12	—
15	1.302	Ⅱ型	—	11	$11\frac{1}{2}$	2*
			—	—	11	—
16	1.441	Ⅱ型	2.5	10	10	—
17	1.553	Ⅱ型	—	9	9	3
18	1.732	Ⅲ型	3.0	—	—	3*
19	1.833	Ⅲ型	—	8	8	—
20	2.05	Ⅲ型	3.5	7	$7\frac{1}{2}$	4
			—	—	7	—
21	2.311	Ⅲ型	4.0	6	6	4*
22	2.595	Ⅲ型	4.5	—	$5\frac{1}{2}$	5
23	2.886	Ⅲ型	5.0	5	5	5*
24	3.106	Ⅲ型	—	—	—	6
25	3.177	Ⅲ型	5.5	$4\frac{1}{2}$	$4\frac{1}{2}$	6*
26	3.55	Ⅲ型	6.0	4	4	—
27	4.12	Ⅲ型	—	$3\frac{1}{2}$	—	8
28	4.4	Ⅲ型	—	$3\frac{1}{4}$	—	8*

(续)

序 号	量针直径 /mm	量针形式	螺 纹 适用螺距 公制/mm	英制(每 in 上的牙数) 55°	英制(每 in 上的牙数) 60°	梯形/mm
29	4.773	Ⅲ型	—	—	3	—
30	5.15	Ⅲ型	—	—	—	10
31	6.212	Ⅲ型	—	—	—	12

注：1. 按表选择量针的直径测量单线螺纹中径时，除标有"＊"符号的螺距外，由于螺纹牙型半角偏差而产生的测量误差甚小，可以不计。
  2. 当用量针测量梯形螺纹中径出现量针表面低于螺纹大径和测量通端梯形螺纹塞规中径时，按带"＊"号的相应螺距来选择量针，此时必须计入牙型半角偏差对测量结果的影响。

根据量针的结构，量针分为Ⅰ、Ⅱ、Ⅲ三种型号，如图8-13所示。量针的精度分为0级和1级两种：0级量针用于测量中径公差为 $4\sim8\mu m$ 的螺纹塞规或螺纹工件，1级量针用于测量中径公差大于 $8\mu m$ 的螺纹工件。

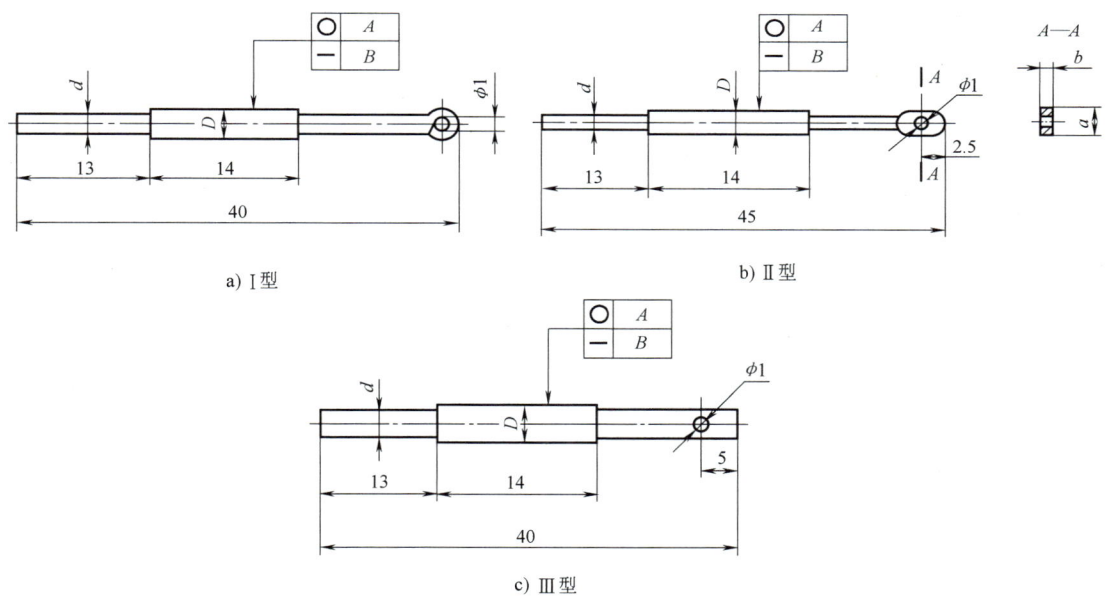

图 8-13 量针的结构图

用三针法测量螺纹中径时，建议根据被测螺纹的螺距按表8-13选用相应公称直径的量针。

在实际测量中，如果成套的三针中没有所需的最佳量针直径时，可选择与最佳量针直径相近的三针来测量。

测量 M 值所用的计量器具的种类很多，如外径千分尺或杠杆千分尺，应根据工件的精度要求来选择。图8-14所示为采用杠杆千分尺来测量 M 值的示意图。一般情况下，在外径

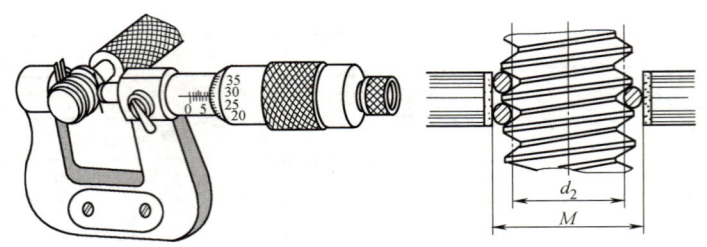

检测视频：三针法测螺纹中径

图 8-14 采用外径千分尺来测量 M 值的示意图

千分尺的固定测砧一侧放置两根量针，测微螺杆一侧放置一根量针并且与另一侧的两根量针对中。

8.6 用工具显微镜检测螺纹的主要参数

任务 8-4　用工具显微镜检测螺纹件的单一中径、螺距和牙侧角

项目描述：如图 8-15 所示，使用工具显微镜测量螺纹的单一中径、螺距及牙侧角；计算螺纹的作用中径；判断该螺纹中径的合格性。

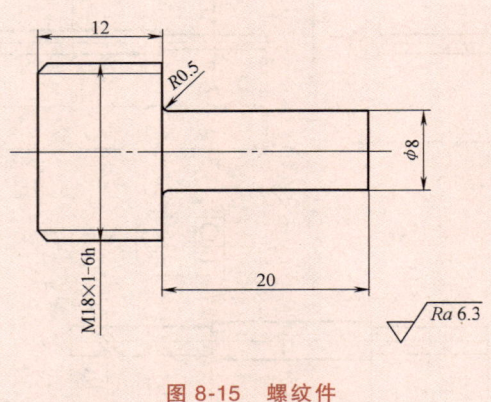

图 8-15　螺纹件

8.6.1　工具显微镜简介

数字式大型工具显微镜（图 8-16）是机械制造行业广泛使用的一种多用途计量仪器。该仪器采用光栅尺作为长度测量传感器，以编码器作为角度测量传感器，长度和角度值采用数字显示，具有较高的测量精度和操作效率。工具显微镜的典型测量对象有：

1) 各种成形零件（如样板、样板铣刀、样板车刀、冲模和凸轮）的形状。
2) 外螺纹（螺纹塞规、丝杠和蜗杆等）的中径、大径、小径、螺距、牙侧角。
3) 齿轮滚刀的导程、齿形和牙型角。
4) 钻模或孔板上孔的位置度、键槽的对称度等几何误差。

仪器带有光学定位器、顶针架、双像目镜、轮廓目镜等多种附件，可以完成各种复杂的

测量工作。在工具显微镜上使用的测量方法有影像法、轴切法、干涉法等。其中影像法是最基本的方法，初学者应该掌握。

JX14B1 数字式大型工具显微镜的光路图如图 8-17 所示。从光源 1 射出的光，通过非球面聚光镜 2、滤光片 3、可变光栏 4，经反光镜 6 反射垂直向上，通过聚光镜 7 形成远心光束照明位于工作台 8 上的被测件，分别由物镜 9、10 或 11 将被测件放大了的轮廓成像在目镜的分划板 14 上，通过目镜 15 便可观察到这个轮廓像。用来观察的目镜有各种不同类型，可以方便地更换，以便适合各种类型被测件的需要。正像棱镜 12 是为了在目镜内观察到正像而采用的。图 8-17 所示的目镜是测角目镜，其上有一读数显微镜 16，借助游标对度盘 13 进行读数，其分度值为 1′。

图 8-16 JX14B1 数字式大型工具显微镜的实物图

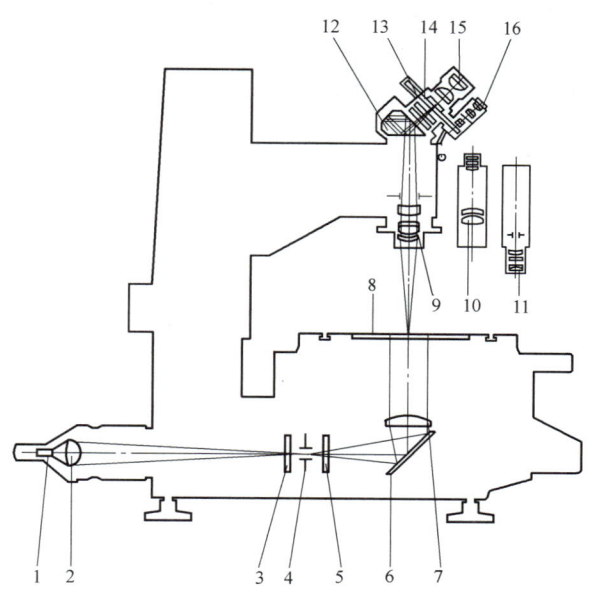

图 8-17 JX14B1 数字式大型工具显微镜的光路图
1—光源　2—非球面聚光镜　3—滤光片　4—可变光栏
5—玻璃片　6—反光镜　7—聚光镜　8—工作台
9、10、11—物镜　12—正像棱镜　13—游标对度盘
14—分划板　15—目镜　16—读数显微镜

8.6.2　工具显微镜测螺纹的方法

1. 显微镜立柱倾斜的调整

在对螺纹参数（大径除外）进行测量时，由于螺纹升角的存在，为了同时看清螺牙的两侧，应将显微镜立柱倾斜。转动立柱倾斜调节手轮 28（图 8-18），使显微镜立柱倾斜，直到目镜中看到的螺牙的两侧同时清晰为止。当测量从螺纹的一侧换到另一侧时，只要将显微镜立柱向相反的方向倾斜。由于倾斜机构的转轴与顶针轴线在同一平面内，显微镜立柱左右倾斜，瞄准点不发生位移。如果要精确地确定立柱倾斜角度，可根据下面公式计算倾斜角，即

$$\varphi = \arctan(nP/\pi d_2) \tag{8-14}$$

式中，n 是螺纹线数；P 是螺距理论值，单位为 mm；d_2 是中径公称尺寸，单位为 mm。

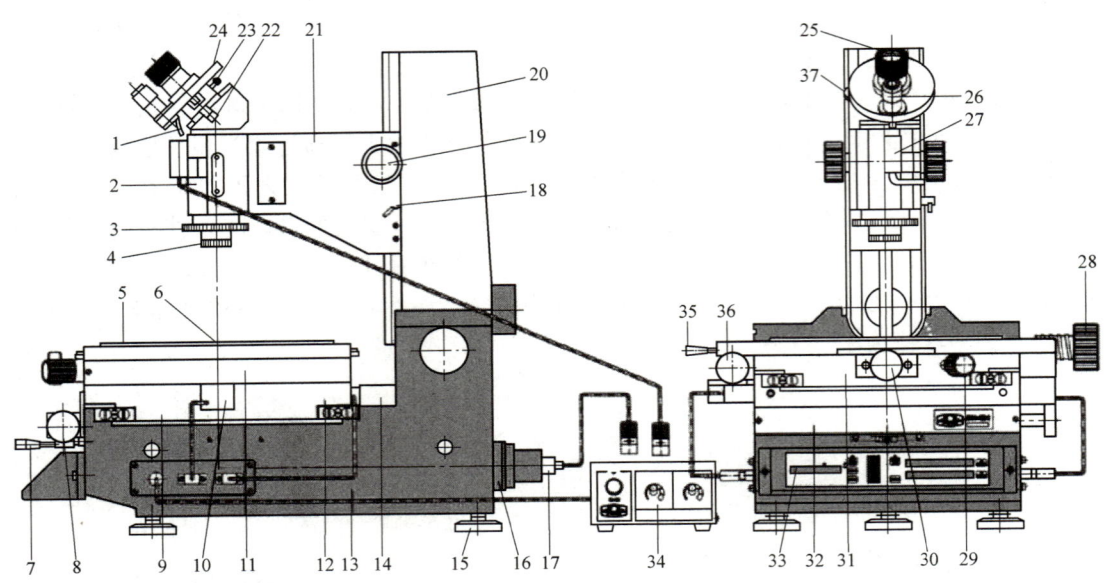

图 8-18　数字式大型工具显微镜外形图

1—反光镜　2—显微镜管　3—精调焦手轮　4—物镜　5—圆工作台　6—玻璃载物台　7、35—锁紧手柄
8、36—微动旋钮　9、31—轴向滑板　10—编码器　11、32—光栅线位移传感器　12、14—光栅电缆
13—底座　15—可调底脚　16—光栏调节旋钮　17—照明灯　18—立柱锁紧手柄　19—粗调焦手轮
20—立柱　21—显微镜悬臂　22—固定螺钉　23—弹性顶杆　24—目镜安装支座　25—主目镜
26—测角目镜　27—视场用照明灯　28—立柱倾斜调节手轮　29—圆工作台锁紧手轮
30—圆工作台旋转手轮　33—数显面板　34—变压器　37—测角目镜旋转手轮

立柱倾斜角 φ 见表 8-14。

表 8-14　立柱倾斜角 φ（牙型角 $\alpha=60°$）

螺纹外径 d/mm	10	12	14	16	18	20
螺距 P/mm	1.5	1.75	2	2	2.5	2.5
立柱倾斜角 φ	3°01′	2°56′	2°52′	2°29′	2°47′	2°27′
螺纹外径 d/mm	22	24	27	30	36	42
螺距 P/mm	2.5	3	3	3.5	4	4.5
立柱倾斜角 φ	2°13′	2°27′	2°10′	2°17′	2°10′	2°07′

2. 影像法测量牙侧角

螺纹牙槽左侧的牙廓与垂直于螺纹轴线平面间的夹角为左牙侧角；螺纹牙槽右侧的牙廓与垂直于螺纹轴线平面间的夹角为右牙侧角。由于牙槽的左右牙廓与其成形刀具的左右刃口一一对应，因此测量时应分别测出左、右牙侧角，这样有益于指导加工。一般采用影像法测量牙侧角，除此之外还可以用干涉法和轴切法测量，这里介绍影像法测量牙侧角的方法。如图 8-18 所示，安装测角目镜 26，调节反光镜 1，使测角目镜 26 中的角度刻线被照亮；调节测角目镜 26 视度，使角度刻线最清晰；安装被测件，调整工作台，使被测度的一个边位于视场中；调好焦距，转动测角目镜旋转手轮 37，使米字线分划板上中心虚线与牙廓牙侧平行，微动工作台，使虚线与被测边之间留出一条缝隙；旋转测角目镜旋转手轮 37，使缝隙两端等宽，如图 8-19a 所示；读取测角目镜中的角度，如图 8-19b 所示的角度为 30°34′。上述留有缝隙的瞄准法称为离线法。

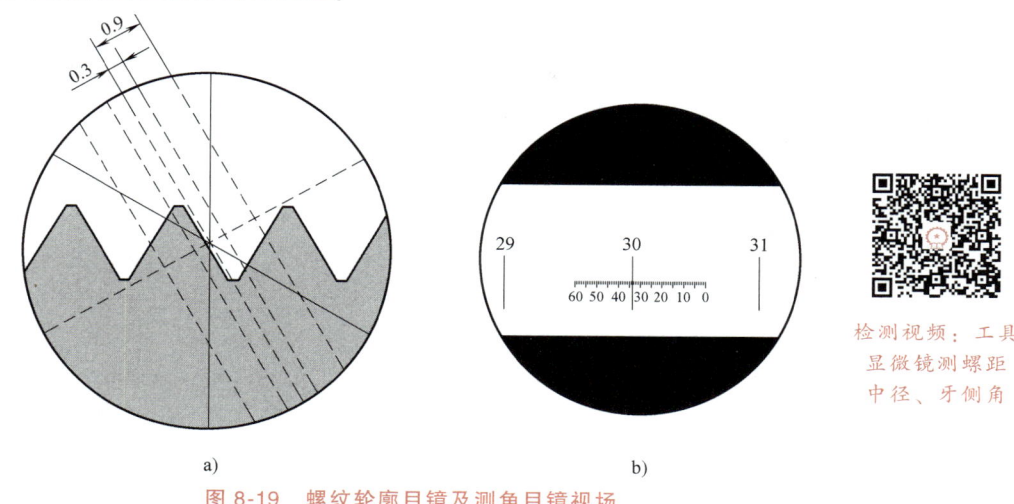

图 8-19 螺纹轮廓目镜及测角目镜视场

因为仪器的顶尖、V 形架和工件的顶针孔、定位外圆柱面等安装、定位基准存在误差，造成螺纹轴线与测量轴线（仪器坐标）不重合，所以牙侧角的测得值不够准确而存在系统误差。应在与螺纹轴线对称的两个位置对同一侧的牙侧角进行测量，取平均值来抵消这一误差的影响。按图 8-20 所示测出牙侧角，并按下列公式计算出左、右牙侧角，即

$$\beta_{左} = (\beta_1 + \beta_3)/2$$
$$\beta_{右} = (\beta_2 + \beta_4)/2 \quad (8\text{-}15)$$

3. 影像法测量中径

用影像法在工具显微镜上测量中径就是测量螺纹牙型沟槽等于基本螺距一半的

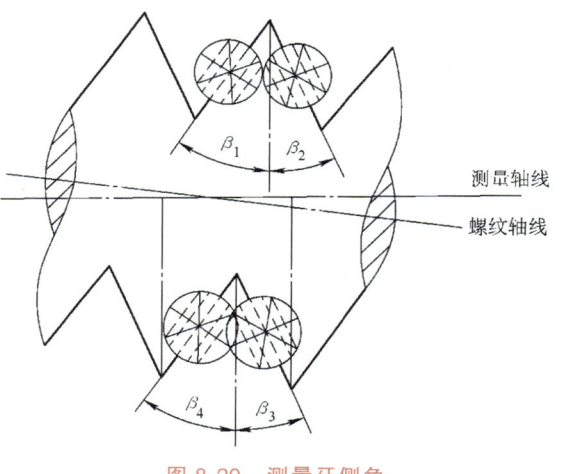

图 8-20 测量牙侧角

地方的直径。测量时先移动工作台滑板，使牙槽右牙廓出现在视场中央，目镜米字线中点移至位于牙高 1/2 处；转动测角目镜旋转手轮 37，使米字线分划板上中心虚线与牙槽右牙廓平行，瞄准时，用米字线压住牙廓，由于米字线有一定宽度，应使被测件影像所遮盖的虚线宽度占虚线总宽度的一半，此法称压线法（图 8-21 所示位置 Ⅰ）。将 Y 坐标数显值清零，然后移动 Y 坐标到径向的另一侧，并使显微镜立柱向另一侧倾斜，移动 Y 坐标再次瞄准牙廓（图 8-21 所示位置 Ⅱ），记下 Y 坐标数显值为 d'_2。移动 X 坐标，到相邻的异侧牙廓，瞄准（图 8-21 所示位置 Ⅲ）并将 Y 坐标数显值清零。移动 Y 坐标到径向的另一侧，并使显微镜立柱向另一侧倾斜，移动 Y 坐标再次瞄准牙廓（图 8-21 所示位置 Ⅳ），记下 Y 坐标数显值为 d''_2；两次读数的平均值即为中径。

$$d_{2单一} = (d_2' + d_2'')/2 \tag{8-16}$$

4. 影像法测量螺距

螺距的测量方法与中径类似，不同的是：测量中径两次瞄准移动的是 Y 坐标；测量螺距移动的是 X 坐标。测量螺距也应该分别测量左、右牙廓的螺距，取其平均值（图8-22），以便消除螺纹轴线与仪器 X 坐标不平行引起的测量误差。螺距偏差分为相邻螺距偏差和累积螺距偏差；前者测量相邻两牙得到；后者隔若干牙测量得到。

$$P = (P_1 + P_2)/2 \tag{8-17}$$

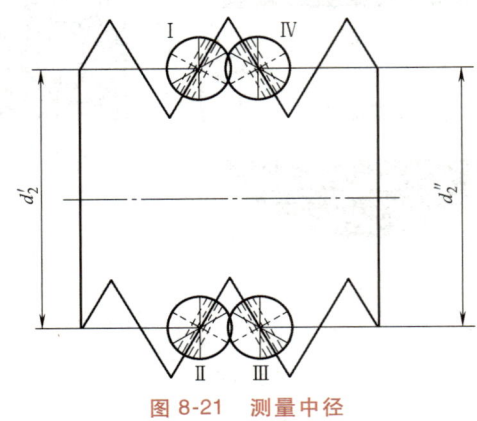

图8-21 测量中径

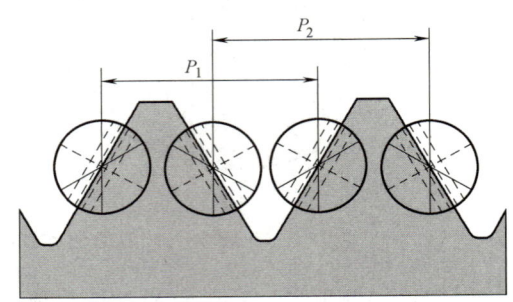

图8-22 测量螺距

8.6.3 工具显微镜的维护保养

大型工具显微镜的安装地点应远离灰尘、振动、腐蚀性气体、潮湿等环境，也不能置于暖气设备或水源附近，室内最好有恒温装置，维持室温在20℃左右有利于保证测量数据的精确性，相对湿度最好不超过60%，否则光学零件容易生霉。

仪器应经常保持清洁，特别是镜头光学零件和导轨。安装测量刀时要特别注意避免碰撞刃口，在接触工件时，要轻轻靠紧，不能过于用力，否则会造成测量刀的报废。光学零件表面的灰尘可用清洁脱脂的细软毛笔轻轻拂拭。若有油污，可先用洁净的软细布蘸少许酒精（30%）和乙醚（70%）的混合液轻拭不洁之处，最后用脱脂棉花或镜头纸拭干。除工作台玻璃板外，其他光学表面应尽量避免擦拭，以免表面膜层受到损坏。

清洗裸露金属外表面和工作台上的玻璃板，可用脱脂棉花蘸少许溶剂汽油擦拭，金属面可涂少量防锈油。放在工作台玻璃板上测量的零件，要先修去毛刺，以免划伤玻璃。

任务8-4 实施

1) 计算螺纹"M18×1-6h"中径的极限尺寸。该螺纹是公称直径为18mm、中径公差带代号为6h的细牙普通外螺纹。

根据 $d=18$mm、螺距 $P=1$mm，查表8-2得中径 $d_2=17.350$mm。

查表8-7，由螺距 $P=1$mm 和外螺纹中径公差等级为6级，查出中径公差 $T_{d2}=118\mu$m；查表8-8，由螺距 $P=1$mm 和外螺纹基本偏差代号h，查出螺纹的基本偏差为上极限 $es=0\mu$m。

中径下极限偏差 $ei = es - T_{d2} = (0-118)\mu m = -0.118mm$。

中径的极限尺寸 $d_{2max} = d_2 + es = 17.350mm$，$d_{2min} = d_2 + ei = 17.232mm$。

2) 使用工具显微镜测量螺纹的单一中径、螺距及牙侧角，把数据填入表 8-15 中（具体测量过程见 8.6.2 中相关内容）。

3) 计算螺距偏差和牙侧角偏差的中径当量，由此计算出螺纹的作用中径。

$$f_P = 1.732|\Delta P_\Sigma| = 1.732 \times 0.019mm = 0.033mm$$

$$f_\beta = 0.073P(K_1|\Delta\beta_{左}| + K_2|\Delta\beta_{右}|) = 0.073 \times 1 \times (2 \times 22 + 2 \times 24)\mu m = 6.7\mu m = 0.0067mm$$

$$d_{2作用} = d_{2单-} + f_P + f_\beta = 17.296mm + 0.033mm + 0.0067mm = 17.336mm$$

4) 根据螺纹的合格性判断原则，即 $d_{2作用} \leq d_{2max}$，$d_{2单-} \geq d_{2min}$，判断该螺纹中径合格。

表 8-15 工具显微镜检测螺纹数据记录表 （单位：mm）

单一中径	d_2'		d_2''		d_2		—		—
	17.287		17.305		17.296		—		—
螺距	nP_1		nP_2		nP		ΔP_Σ		f_P
	5.022		5.016		5.019		0.019		0.033
牙侧角	β_1	β_2	β_3	β_4	$\beta_{左}$	$\beta_{右}$	$\Delta\beta_{左}$	$\Delta\beta_{右}$	f_β
	30°58′	29°52′	29°46′	30°56′	30°22′	30°24′	22′	24′	0.0067
作用中径	$d_{2作用} = 17.336$									
中径极限值	最小极限值 d_{2min}			17.232			最大极限值 d_{2max}			17.350
合格性结论	合格								

8.7 螺纹的综合检验

螺纹的综合检验是指用螺纹量规来检验螺纹，其检测的基础就是前面介绍的螺纹中径合格性的判断原则（泰勒原则），即按螺纹的最大实体牙型做成通端螺纹量规，以检验螺纹的旋合性；再按螺纹中径的最小实体尺寸做成止端螺纹量规，以控制螺纹联接的可靠性，从而保证螺纹结合件的互换性。螺纹综合检验只能评定内、外螺纹的合格性，不能测出实际参数的具体数值，但检验效率高，适用于批量生产的中等精度的螺纹。

检测视频：螺纹综合测量仪的使用　　微课：螺纹的综合检验

8.7.1 用螺纹工作量规检验外螺纹

在车间生产中，检验螺纹所用的量规称为螺纹工作量规。图 8-23 所示为检验外螺纹大径用的光滑卡规和检验外螺纹用的螺纹环规。这些量规都有通规和止规，它们的检验项目如下。

1. 通端螺纹环规（T）

它主要用来检验外螺纹作用中径（$d_{2作用}$），其次是控制外螺纹小径的上极限尺寸

（$d_{1\max}$）。因此，通端螺纹环规应有完整的内螺纹牙型，其长度等于被检螺纹的旋合长度。合格的外螺纹都应被通端螺纹环规顺利地旋入，这样就保证了外螺纹的作用中径未超出最大实体牙型的中径，即 $d_{2作用} < d_{2\max}$。同时，外螺纹的小径也不超出它的上极限尺寸。

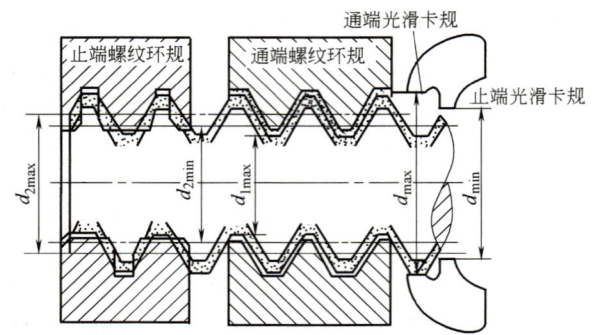

图 8-23 检验外螺纹大径用的光滑卡规和检验外螺纹用的螺纹环规

2. 止端螺纹环规（Z）

它只用于检验外螺纹单一中径一个参数。为了尽量减少螺距偏差和牙侧角偏差的影响，必须使它的中径部位与被检外螺纹接触，因此止端螺纹环规的牙型做成截短的不完整的牙型，并将止端螺纹环规的长度缩短到 2~3.5 牙。合格的外螺纹不应完全通过止端螺纹环规，但仍允许旋合一部分。具体规定是：对于小于或等于 3 个螺距的外螺纹，止端螺纹环规不得旋合通过；对于大于 3 个螺距的外螺纹，止端螺纹环规的旋合量不得超过 2 个螺距。没有完全通过止端螺纹环规的外螺纹，说明其单一中径没有超出最小实体牙型的中径，即 $d_{2单一} > d_{2\min}$。

3. 光滑卡规

它用来检验外螺纹的大径尺寸。通端光滑卡规应该通过被检外螺纹的大径，这样可以保证外螺纹大径不超过它的上极限尺寸；止端光滑卡规不应该通过被检外螺纹大径，这样就可以保证外螺纹大径不小于它的下极限尺寸。

将以上内容整理后就得到检验外螺纹的量规的使用规则，见表 8-16。

表 8-16 检验外螺纹的量规的使用规则

量规名称	代号	功能	特征	使用规则
通端螺纹环规	T	检查外螺纹作用中径和小径	完整的内螺纹牙型	应与工件外螺纹旋合通过
止端螺纹环规	Z	检查外螺纹单一中径	截短的内螺纹牙型	允许与工件螺纹两端旋合不超过 2 个螺距；对 3 个或少于 3 个螺距的工件，不得旋合通过
通端光滑环规	T	检查外螺纹大径	内圆柱面或平行的两个平面	应通过外螺纹大径
止端光滑环规	Z	检查外螺纹大径	内圆柱面或平行的两个平面	不应通过外螺纹大径

微课：用螺纹工作量规检验内螺纹

8.7.2 用螺纹工作量规检验内螺纹

图 8-24 所示为检验内螺纹小径用的光滑塞规和检验内螺纹用的螺纹塞规。这些量规都有通规和止规，它们对应的检验项目如下：

1. 通端螺纹塞规（T）

它主要用来检验内螺纹的作用中径（$D_{2作用}$），其次是控制内螺纹大径的下极限尺（$D_{\min}$）。因此通端螺纹塞规应有完整的牙型，其长度等于被检螺纹的旋合长度。合格的内螺纹都应被通端螺纹塞规顺利地旋入，这样就保证了内螺纹的作用中径未超出最大实体牙型的中径，即 $D_{2作用} > D_{2\min}$。同时内螺纹的大径不小于它的下极限尺寸，即 $D > D_{\min}$。

2. 止端螺纹塞规（Z）

它只用于检验内螺纹的单一中径。为了尽量减少螺距偏差和牙侧角

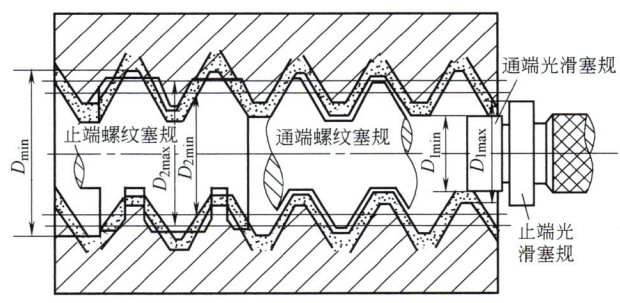

图 8-24　检验内螺纹小径用的光滑塞规和检验内螺纹用的螺纹塞规

偏差的影响，止端螺纹塞规缩短到 2~3.5 牙，并做成截短的不完整的牙型。合格的内螺纹不完全通过止端螺纹塞规，但仍允许旋合一部分，即对于小于或等于 3 个螺距的内螺纹，止端螺纹塞规不得旋合通过；对于大于 3 个螺距的内螺纹从两端旋合不得多于 2 个螺距。没有完全通过止端螺纹塞规的内螺纹说明它的单一中径没有超过最小实体牙型的中径，即 $D_{2单一} < D_{2\max}$。

3. 光滑塞规

它是用来检验内螺纹小径尺寸的。通端光滑塞规应通过被检内螺纹小径，这样就保证了内螺纹小径不小于它的下极限尺寸；止端光滑塞规不应通过被检内螺纹小径，这样就保证了内螺纹小径不超过它的上极限尺寸。

将以上内容整理后就得到检验内螺纹的量规的使用规则，见表 8-17。

表 8-17　检验内螺纹的量规的使用规则

量规名称	代号	功能	特征	使用规则
通端螺纹塞规	T	检查内螺纹作用中径和大径	完整的外螺纹牙型	应与工件内螺纹旋合通过
止端螺纹塞规	Z	检查内螺纹单一中径	截短的外螺纹牙型	允许与工件螺纹两端旋合不超过 2 个螺距；对 3 个或少于 3 个螺距的工件，不得旋合通过
通端光滑塞规	T	检查内螺纹小径	外圆柱面	应通过内螺纹小径
止端光滑塞规	Z	检查内螺纹小径	外圆柱面	可进入内螺纹小径两端，但进入量不应超过 1 个螺距

8.7.3　使用螺纹量规的注意事项

1）虽然通端螺纹量规较好地体现了泰勒原则，但螺纹配合有 3 组旋合长度，而螺纹量规一般是按中等旋合长度设计制造的，所以对旋合长度有特殊要求时（如长旋合长度），必须有适合长度的量规才能确保检验精度。

2）止端螺纹量规虽然减少了配合牙数、截短了牙型，但仍然不能完全排除螺距和牙侧角偏差的影响，难免会误收一些单一中径已超出最小实体牙型中径的螺纹。因此，应对工艺过程、机床、刀具保证螺距和牙侧角偏差的有效性进行验证或抽查，以避免产生成批不合

格品。

3）螺纹量规精度较高，应精心保管，特别要防止配合牙部碰伤，使用前要仔细检查。

4）螺纹量规应定期检定，绝不能使用标识不明、质量状况不清的量规。

习题与实践

一、判断题

1. 外螺纹与内螺纹相比，前者中径公差的等级的选择范围较宽。　　　　　　　　（　　）
2. 当螺距无误差时，螺纹的单一中径等于中径。　　　　　　　　　　　　　　　（　　）
3. 普通螺纹的公差精度与公差等级和旋合长度有关。　　　　　　　　　　　　　（　　）
4. 作用中径是在螺纹配合中实际起作用的中径。　　　　　　　　　　　　　　　（　　）
5. 内、外螺纹的作用中径都是增大了的假想中径。　　　　　　　　　　　　　　（　　）
6. 国家标准对普通螺纹除规定中径公差外，还规定了螺距公差和牙侧角公差。　　（　　）
7. 作用中径反映了实际螺纹的中径偏差、螺距偏差和牙侧角偏差的综合作用。　　（　　）
8. 内螺纹中径的上极限偏差等于基本偏差加螺纹公差。　　　　　　　　　　　　（　　）

二、选择题

1. 外螺纹大径过小，内螺纹小径过大，将影响螺纹的（　　　　）。
   A. 可旋合性　　　　　　B. 联接可靠性　　　　　C. 联接的自锁性
2. 可以用普通螺纹中径公差限制（　　　　）。
   A. 累积螺距偏差　　　　B. 牙侧角偏差　　　　　C. 大径偏差
   D. 小径偏差　　　　　　E. 中径偏差
3. 普通螺纹外螺纹的基本偏差是（　　　　）。
   A. ES　　　　　　　　B. EI　　　　　　　　C. es　　　　　　　　D. ei
4. 国家标准对内、外螺纹规定了（　　　　）。
   A. 中径公差　　　　　　B. 顶径公差　　　　　　C. 底径公差
5. 下列 3 种螺纹标记，（　　　）是外螺纹代号；（　　　）是螺纹配合代号；（　　　）是长旋合长度；（　　　）是细牙螺纹。
   A. M10×1-5H　　　　　B. M20×2-5h6h-L　　　　C. M20-6H/6g

三、填空题

1. 衡量螺纹互换性的主要指标是_____。
2. 螺纹种类按用途可分为_____和_____两类。
3. 一般螺纹旋合长度越长，_____累积误差越大。
4. 对螺纹旋合长度，规定有 3 种。短旋合长度用代号_____表示，中等旋合长度用代号_____表示，长旋合长度用代号_____表示。
5. 普通内螺纹和外螺纹分别规定了_____种和_____种基本偏差代号。
6. 国家标准规定，对内、外螺纹公差精度分为_____、_____和_____三种。
7. 相互结合的内、外螺纹的旋合条件是_____。
8. 在螺纹标记中，旋合长度代号_____不需标出。
9. 标记 M10-5g6g 中，6g 为_____螺纹的_____公差带代号。
10. M10×1-5g6g-S 的含义：M10_____，1_____，5g_____，6g_____，S_____。
11. 螺纹的基本偏差，对于内螺纹，基本偏差是_____，用代号_____表示；对于外螺纹，基本偏差是_____，用代号_____表示。

12. 国家标准规定，普通螺纹的公称直径是指_____的基本尺寸。
13. 普通螺纹的理论牙型角 α 等于_____。

四、综合题

1. 试述三针法检测外螺纹单一中径的特点及如何选择量针直径。
2. 试说明下列螺纹标记中各代号的含义。
①M24-6H；②M24×2-5H6H-LH；③M20-7g6g-S；④M30-6H/6g；⑤M36×2-5g6g-L。
3. 内、外螺纹合格性判断的依据是什么？
4. 查表写出 M20×2-6H/5g6g 的大、中、小径尺寸，中径和顶径的上、下极限偏差和公差。
5. 某螺母 M24×2-7H，加工后实测结果为：单一中径为 22.710mm，螺距偏差的中径当量 F_P = 0.018mm，牙侧角偏差的中径当量 F_β = 0.022mm，试判断该螺母的合格性。
6. 有一螺纹 M30×2-6h，测得单一中径 $d_{2单}$ = 28.329mm，累积螺距误差 ΔP_Σ = +35μm，牙侧角偏差 $\Delta\beta_左$ = -30′、$\Delta\beta_右$ = +65′，求作用中径并判断该螺纹的合格性。

第9章

渐开线圆柱齿轮公差及其检测（网络资源）

9.1 齿轮的使用要求及误差来源
    任务9-1 齿轮齿圈径向跳动的测量
    9.1.1 齿轮的使用要求
    9.1.2 齿轮加工误差的来源
    9.1.3 齿轮现行国家标准简介
9.2 渐开线圆柱齿轮轮齿同侧齿面偏差
    9.2.1 齿距偏差
    9.2.2 齿廓偏差
    9.2.3 切向综合偏差
9.3 渐开线圆柱齿轮径向综合偏差与径向跳动
    9.3.1 径向综合偏差
    9.3.2 齿轮的径向跳动
9.4 渐开线圆柱齿轮的精度结构
    9.4.1 精度等级
    9.4.2 齿轮偏差的允许值
    9.4.3 齿轮精度等级的确定
    9.4.4 齿轮检验项目的确定
    9.4.5 齿轮精度等级及其在图样上的标注
9.5 渐开线圆柱齿轮副的精度
    9.5.1 齿轮副的切向综合偏差
    9.5.2 齿轮副的接触斑点
    9.5.3 侧隙和齿厚极限偏差
9.6 渐开线圆柱齿轮检测
    9.6.1 齿距偏差的检测
    9.6.2 齿廓偏差的检测
    9.6.3 齿轮径向跳动的检测
    任务9-1 实施
    任务9-2 用齿厚游标卡尺测量齿厚偏差
    9.6.4 齿厚偏差的检测
    任务9-2 实施

微课：齿轮传动的要求

微课：齿轮加工误差的主要来源

第9章网络资源

微课：齿距偏差

微课：齿廓偏差

微课：齿轮精度等级

微课：齿轮副接触斑点的检测

检测视频：齿轮公法线长度的检测

检测视频：齿轮径向跳动的检测

检测视频：齿厚偏差的检测

参 考 文 献

[1] 关增建. 量天度地衡万物：中国计量简史 [M]. 郑州：大象出版社，2012.
[2] 郑颖，郑钦予. 古代计量拾零 [M]. 北京：中国标准出版社，2017.
[3] 薛岩，刘永田，等. 公差配合新标准解读及应用示例 [M]. 北京：化学工业出版社，2014.
[4] 朱超，段玲. 互换性与零件几何量检测 [M]. 北京：清华大学出版社，2009.
[5] 张琳娜. 图解GPS几何公差规范及应用 [M]. 北京：机械工业出版社，2017.
[6] 甘永立. 几何误差检测问答 [M]. 上海：上海科学技术出版社，2009.
[7] 邓泽民. 职业教育教学设计 [M]. 4版. 北京：中国铁道出版社，2016.
[8] 蔡跃. 职业教育活页式教材开发指导手册 [M]. 上海：华东师范大学出版社，2020.
[9] 薛庆红. 公差配合与技术测量 [M]. 北京：高等教育出版社，2018.
[10] 王颖. 公差选用与零件测量 [M]. 2版. 北京：高等教育出版社，2018.
[11] 梁国明，范守训. 制造业质量检验员手册 [M]. 北京：机械工业出版社，2003.
[12] 张泰昌. 几何量检测1000问 [M]. 北京：中国标准出版社，2006.
[13] 梁国明，张保勤. 常用量具的使用与保养270问 [M]. 北京：国防工业出版社，2007.
[14] 成大先. 机械设计手册：第1卷 [M]. 4版. 北京：化学工业出版社，2004.
[15] 傅成昌，傅晓燕. 公差与配合问答 [M]. 4版. 北京：机械工业出版社，2007.